"博学而笃志，切问而近思。"

（《论语》）

博晓古今，可立一家之说；
学贯中西，或成经国之才。

作者简介

王勇，男，1964年出生.现为复旦大学信息科学与工程学院电子工程系副教授，曾任教育部电子信息与电气信息类基础课教学指导分委员会委员，先后主讲"模拟电子学基础"、"数字逻辑基础"、"模拟与数字电路实验"等电子学基础课程，长期从事电子信息科学与技术专业的教学和研究工作.编著有《模拟与数字电路实验》、《模拟电子学基础学习指导与教学参考》、《数字逻辑基础学习指导与教学参考》.

陈光梦，男，1950年出生.现已从复旦大学信息科学与工程学院电子工程系退休，长期从事电路与系统的教学和科研工作，曾参加国家教委组织的中华学习机的研制工作，参加过上海多家工厂的工业自动化改造项目.编著有《可编程逻辑器件的原理与应用》、《数字逻辑基础》、《模拟电子学基础》、《高频电路基础》、《数字逻辑基础学习指导与教学参考》.

电子学基础系列

ELECTRONICS

模拟电子学基础与数字逻辑基础学习指南

学习指南

王勇　陈光梦　编著

复旦大学出版社

MONI DIANZIXUE JICHU YU SHUZI LUOJI JICHU XUEXI ZHINAN

内 容 提 要

　　本书是普通高等教育"十一五"国家级规划教材《数字逻辑基础》和"十二五"国家级规划教材《模拟电子学基础》的配套教学用书，章节按照《模拟电子学基础》和《数字逻辑基础》进行编排.每章基本分为3个部分：第一部分是本章内容的重点和难点，并以例题讲解和问题回答的方式对重点和难点进行讲解；第二部分是《模拟电子学基础》和《数字逻辑基础》的习题与思考题的详细解答；第三部分则介绍了在《模拟电子学基础》和《数字逻辑基础》中没有涉及的一些扩充内容.

　　本书适用于高等学校的电气、电子类和其他相关专业，可以作为学生的辅导资料，也可以作为教师的教学参考，还可以供相关领域工程技术人员参考.

前　　言

在本书的编写过程中,编者脑海中经常浮现出教学过程中学生问的这样那样的问题.这些问题有的缘于基本概念不清楚,有的缘于对课程中的难点不理解,有的问题则是学生自己的一些不自信的想法和观点.因此在编写这本书时,编者尽量站在学生的立场上,寻找学生在学习"模拟电子学基础"和"数字逻辑基础"课程中可能遇到的难点、模糊点甚至错误的想法,通过对基本概念、重要的知识点和难点的讲解,引导学生正确理解所学知识.理解是学习的一个重要过程,只有理解了才能知道所学知识的奥妙,才能真正掌握知识、运用知识,也才能从学习中激发学习兴趣、体会到学习的乐趣.

本书是复旦大学信息科学与工程学院陈光梦同志编写的《模拟电子学基础》和《数字逻辑基础》两本教材的配套教学用书,章节按照《模拟电子学基础》和《数字逻辑基础》进行编排.本书的特点是:

1. 列出了每章的重点和难点

每章的第一部分首先简要地回顾本章的基本内容、重点和难点,然后以问题回答或例题讲解的方式对一些重要的不易理解和掌握的基本概念、基本分析方法和解题思路进行详细讲解,有的例题给出多种解题思路和方法并加以比较.

2. 分析和解答了每章的习题,并对其中某些问题展开讨论

每章的第二部分是对《模拟电子学基础》和《数字逻辑基础》中的习题和思考题的解答,比较简单的题目仅提供解题过程和答案,复杂的则附以一定的说明文字,对于具有典型意义的问题则进行比较详细的分析讨论,有些问题还在原系题目的基础上加以引申,以开拓读者的思路.

3. 增加了补充和加深的内容

为了帮助读者更好地理解《模拟电子学基础》和《数字逻辑基础》的内容,在习题解答之后的第三部分均以一定篇幅介绍在《模拟电子学基础》和《数字逻辑基础》两书中没有涉及的一些扩充内容. 这部分内容可以作为教师在讲课时的选讲或参考内容,也可以作为能力比较强的学生或相关工程技术人员参考.

本书的"模拟电子学基础"部分由陈光梦负责撰写各章第一部分和第三部分的内容,王勇撰写第 1 章到第 5 章的第二部分(习题解答),第 6 章的习题解答由陈光梦撰写,最后由陈光梦进行整理. 本书的"数字逻辑基础"部分由王勇完成.

由于《模拟电子学基础》和《数字逻辑基础》的特点是涉及面比较广,有些内容在一般的教科书中较少讨论,而本书是针对复旦大学出版社《模拟电子学基础》和《数字逻辑基础》两本教材习题的解析和补充,所以本书可以作为模拟电子学和数字逻辑基础课程教学的补充资料,也可以作为一般工程技术人员乃至学生在从事设计工作和学习时的参考资料.

由于编写时间紧促,书中难免有错误和不妥之处,恳请读者批评指正.

王　勇　陈光梦

2012 年 12 月于复旦大学

目　　录

上篇　模拟电子学基础

上 篇

模拟电子学基础

第 1 章   电路分析基础

§1.1   要点与难点分析

本章主要讲解线性电子线路常用的分析方法,为进一步学习模拟电子线路打下良好基础. 常用的分析方法按电路类型分类如下.

1   线性电阻电路分析方法

适用于电路中只包含线性电阻、独立源、线性受控源的电子线路分析,如放大器静态工作点分析、不考虑放大器频率特性时的交流小信号分析,由于电路中没有记忆元件,电路中任意时刻的响应只与当前时刻的激励有关. 线性电阻电路分析方法主要有方程分析法(如网孔分析法和节点分析法)及等效分析法(如叠加定理和等效电源定理分析方法),实际分析计算过程中往往结合使用方程分析法和等效分析法.

2   包含记忆元件的电路分析方法

适用于电路中包含电容、电感等记忆元件的电子线路分析,如稳态分析、瞬态分析等. 包含记忆元件的电路分析方法主要有直接时域分析法(其特点是直接在时域列写满足基尔霍夫定律的微分方程,适用于低阶电路的瞬态分析,如一阶电路三要素分析法)和变换分析法(其特点是将电路的激励函数和响应进行变换,在变换域列写代数方程,可以求解电路的一些变换域特性,如稳态频率分析、相量分析,也可以求解电路的时域瞬态特性,如阶跃响应等).

由于线性电容、电感等记忆元件在变换域的伏安关系是线性代数方程,因此在变换域电路的分析方法仍可使用方程分析法(如网孔分析法和节点分析法)和等效分析法(如叠加定理和等效电源定理分析方法).

在进行电路分析时,应该注意任何器件在电路中要满足两个约束:一个是元件约束,即器件自身的伏安关系;另一个是拓扑约束,即器件所在节点的节点方程和所在回路的回路方程.

一、线性电阻电路方程分析方法

方程分析法主要包括网孔分析法(回路电流法)和节点分析法(节点电位法),是分析线性电子线路最常用的分析方法,其难点在于独立源和受控源的处理.如在列写回路方程时,遇到独立电流源或受控电流源,而在列写节点方程时,遇到独立电压源或受控电压源,可以区分成以下六种情况.

1 在列写回路方程时遇到电流源,而该电流源所在支路是电路中的一条独立支路

例 1-1 用网孔电流法求解图 1-1 电路.

解 图 1-1 电路中,电流源 I_s 所在支路是电路中的一条独立支路,即只有一个网孔电流流过该支路.可以设网孔 3 的网孔电流就等于电流源 I_s,由于该网孔电流已知,所以在列写网孔方程时只需列写网孔 1 和网孔 2 两个网孔方程:

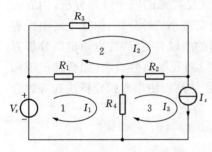

图 1-1   例 1-1 的电路

$$\begin{cases} (R_1 + R_4)I_1 - R_1 I_2 - R_4 I_3 = V_s \\ (R_1 + R_2 + R_3)I_2 - R_1 I_1 - R_2 I_3 = 0 \\ I_3 = I_s \end{cases}$$

求解上述方程即求得各网孔电流.

2 在列写回路方程时遇到电流源,而该电流源可以用等效电源定理转换为电压源

例 1-2 用网孔电流法求解图 1-2 电路.

解 本来电流源 I_s 和 R_5 构成一个网孔,但若把 I_s 和 R_5 等效成电压源串联电阻,则可少列一个网孔方程.等效变换后电路如图 1-3 所示.

网孔方程为

$$\begin{cases} (R_1 + R_5)I_1 - R_5 I_2 - R_1 I_3 = V_s - R_5 I_s \\ -R_5 I_1 + (R_2 + R_4 + R_5)I_2 - R_2 I_3 = R_5 I_s \\ -R_1 I_1 - R_2 I_2 + (R_1 + R_2 + R_3)I_3 = \alpha_m I_2 \end{cases}$$

求解上述方程即求得各网孔电流.

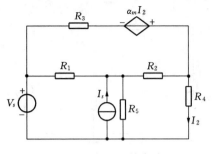

图 1-2　例 1-2 的电路

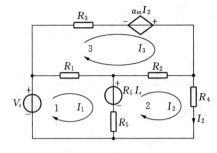

图 1-3　等效电路

3　在列写回路方程时遇到电流源，而该电流源所在支路既不是电路中的一条独立支路，也不能用等效电源定理转换为电压源

例 1-3　用网孔电流法求解图 1-4 电路.

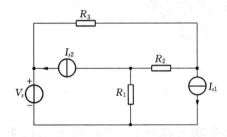

图 1-4　例 1-3 的电路

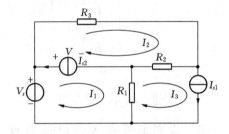

图 1-5　用网孔电流法求解例 1-3 的电路

解　电流源 I_{s2} 所在支路不是电路中的一条独立支路，也不能用等效电源定理转换为电压源. 可以把该电流源两端的电压作为变量列入网孔方程，而将该电流源电流与有关网孔电流的关系作为补充方程，一并求解. 设 I_{s2} 两端的电压为 V，如图 1-5 所示.

网孔方程为

$$\begin{cases} R_1 I_1 - R_1 I_3 = V_s - V \\ (R_2 + R_3) I_2 - R_2 I_3 = V \\ I_3 = I_{s1} \\ I_2 - I_1 = I_{s2} \end{cases}$$

求解上述方程即求得各网孔电流.

4　在列写节点方程时遇到电压源，可以将电压源一端设为参考节点

例 1-4　用节点分析法求解图 1-6 电路.

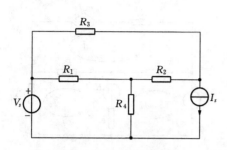 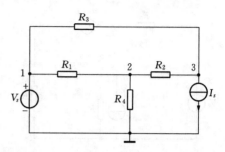

图 1-6   例 1-4 的电路   图 1-7   用节点分析法求解例 1-4 的电路

解   设参考节点如图 1-7 所示.

节点 1 的节点电位为 V_s，只需列写节点 2 和节点 3 的方程：

$$\begin{cases} -\dfrac{1}{R_1}V_1 + \left(\dfrac{1}{R_1} + \dfrac{1}{R_2} + \dfrac{1}{R_4}\right)V_2 - \dfrac{1}{R_2}V_3 = 0 \\[3mm] -\dfrac{1}{R_3}V_1 - \dfrac{1}{R_2}V_2 + \left(\dfrac{1}{R_2} + \dfrac{1}{R_3}\right)V_3 = -I_s \\[3mm] V_1 = V_s \end{cases}$$

求解上述方程即求得各节点电位.

5   在列写节点方程时遇到电压源串联电阻情况，可以将电压源串联电阻等效为电流源并联电阻

例 1-5   用节点分析法求解图 1-8 电路.

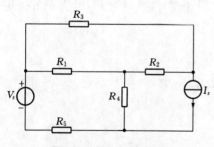 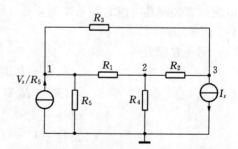

图 1-8   例 1-5 的电路   图 1-9   用节点分析法求解例 1-5 的电路

解   将 V_s 串联 R_5 支路等效为电流源并联电阻，并设参考节点如图 1-9 所示.

节点方程为

$$\begin{cases} \left(\dfrac{1}{R_1} + \dfrac{1}{R_3} + \dfrac{1}{R_5}\right)V_1 - \dfrac{1}{R_1}V_2 - \dfrac{1}{R_3}V_3 = \dfrac{V_s}{R_5} \\[3mm] -\dfrac{1}{R_1}V_1 + \left(\dfrac{1}{R_1} + \dfrac{1}{R_2} + \dfrac{1}{R_4}\right)V_2 - \dfrac{1}{R_2}V_3 = 0 \\[3mm] -\dfrac{1}{R_3}V_1 - \dfrac{1}{R_2}V_2 + \left(\dfrac{1}{R_2} + \dfrac{1}{R_3}\right)V_3 = -I_s \end{cases}$$

求解上述方程即求得各节点电位.

6　在列写节点方程时遇到电压源既没有串联电阻,也不能设其一端为参考节点情况

例 1-6　用节点分析法求解图 1-10 电路.

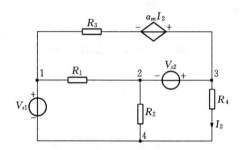

图 1-10　例 1-10 的电路

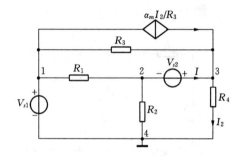

图 1-11　等效电路

解　如设节点 4 为参考节点,则节点 1 的电位为 V_{s1},为了列写节点 2 和节点 3 的方程,可以设电压源 V_{s2} 的电流为 I,并将 V_{s2} 与节点电位的关系列写一补充方程.另外该电路有一个将其受控电压源串联电阻等效为受控电流源的并联电阻,如图 1-11 所示.

节点方程为

$$\begin{cases} V_1 = V_{s1} \\[2mm] -\dfrac{1}{R_1}V_1 + \left(\dfrac{1}{R_1} + \dfrac{1}{R_2}\right)V_2 = -I \\[2mm] -\dfrac{1}{R_3}V_1 + \left(\dfrac{1}{R_4} + \dfrac{1}{R_3}\right)V_3 = I + \dfrac{\alpha_m I_2}{R_3} \\[2mm] I_2 = \dfrac{V_3}{R_4} \\[2mm] V_3 - V_2 = V_{s2} \end{cases}$$

求解上述方程即求得各节点电位,注意当受控源控制量 I_2 不是未知量(节点电位)时,应将控制量与未知量的关系列写出来.

二、线性电阻电路等效分析法

线性电阻电路等效分析法适用于电路的局部响应求解,其重点是等效电源定理和叠加定理,其中等效电源定理中等效电源内阻的求解是这部分内容的难点,根据具体电路,可以将等效电源内阻的求解方法归纳为三种:电阻串并联求解法(适用于有源二端网络内无受控源情况)、外加电源法、开路电压除短路电流法.

1 等效电源内阻的求解方法一:电阻串并联求解法

例 1-7 求图 1-12 电路中 ab 两端的戴文宁等效内阻.

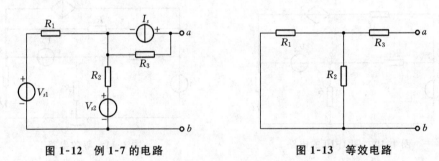

图 1-12 例 1-7 的电路   图 1-13 等效电路

解 由于有源二端网络内无受控源,可以直接令网络内所有独立源等于零,得等效电路如图 1-13 所示.

从而求得等效内阻为 $R_1 \; / \! / \; R_2 + R_3$.

2 等效电源内阻的求解方法二:外加电源法

例 1-8 求图 1-14 电路中 ab 两端的戴文宁等效内阻.

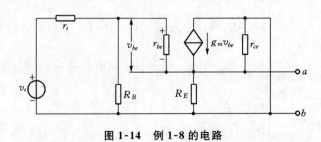

图 1-14 例 1-8 的电路

解 在 ab 两端外加电压源 v, 并令网络内独立源 v_s 等于零, 得等效电路如图 1-15 所示.

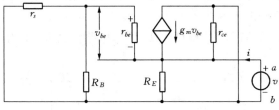

图 1-15   等效电路

求出外加电压源 v 流出的电流 i 即可. 由图 1-15 可得

$$\begin{cases} i = \dfrac{v}{r_{ce}} + \dfrac{v}{R_E} + \dfrac{v}{r_{be} + R_B \mathbin{/\mkern-5mu/} r_s} - g_m v_{be} \\[3mm] v_{be} = -\dfrac{v r_{be}}{r_{be} + R_B \mathbin{/\mkern-5mu/} r_s} \end{cases}$$

从而求得 ab 两端的戴文宁等效内阻, $r_o = \dfrac{v}{i} = r_{ce} \mathbin{/\mkern-5mu/} R_E \mathbin{/\mkern-5mu/} \dfrac{r_{be} + R_B \mathbin{/\mkern-5mu/} r_s}{1 + g_m r_{be}}$.

3   等效电源内阻的求解方法三: 开路电压除短路电流法

例 1-9 求图 1-16 电路中 ab 两端的戴文宁等效内阻.

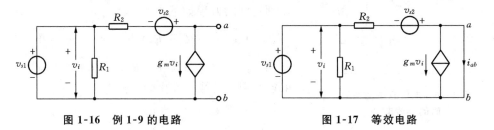

图 1-16   例 1-9 的电路   **图 1-17   等效电路**

解 ab 两端的开路电压为 $v_{ab} = v_{s2} - g_m v_{s1} R_2 + v_{s1}$.

ab 两端短路的等效电路如图 1-17 所示.

短路电流 $i_{ab} = \dfrac{v_{s2} + v_{s1}}{R_2} - g_m v_{s1}$, 从而求得 ab 两端的戴文宁等效内阻为 R_2.

该题如果用外加电源法则更为简单, 读者不妨试一下.

4   叠加定理用于求解线性电路

叠加定理在线性电路的分析中应用比较广泛, 在放大电路求解中也经常用到叠加定理.在应用叠加定理求解电路时,除了不作用的独立源等于零(电压源短路、电流源开路),其他元件包括受控源一定要保留,另外应注意不同电源作用时电路中同一响应参考方向的一致性.

　　例 1-10　应用叠加定理求解图 1-18 所示电路负载 R_L 上的电流.

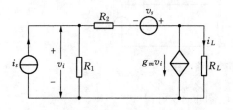　　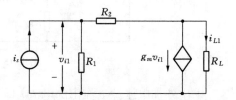

　　图 1-18　例 1-10 的电路　　　　　　**图 1-19**　电流源单独作用时的等效电路

　　解　电流源单独作用时对应的等效电路如图 1-19 所示.

列写回路方程如下:

$$i_{L1}R_L - v_{i1} + (i_{L1} + g_m v_{i1})R_2 = 0$$

　　而 $v_{i1} = (i_s - i_{L1} - g_m v_{i1})R_1$,解以上两方程,可以求得 i_s 单独作用在负载上产生的电流 i_{L1}.

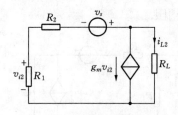

　　　　　　　　　　电压源 v_s 单独作用时对应的等效电路如图 1-20 所示.

　　　　　　　　　　列写回路方程如下:

$$(i_{L2} + g_m v_{i2})(R_1 + R_2) + i_{L2}R_L - v_s = 0$$

　　图 1-20　电压源单独作用　　而 $v_{i2} = -(i_{L2} + g_m v_{i2})R_1$,解以上两方程求得
　　　　时的等效电路　　　　　　i_s 单独作用在负载上产生的电流 i_{L2}.

　　　　　　　　　　最后求得 $i_L = i_{L1} + i_{L2}$.

三、包含记忆元件的电路分析方法

　　这部分的重点是要求掌握稳态分析和瞬态分析的方法,电路的变换域分析可使用上述电阻电路的方程分析法和等效分析法,但阻抗的概念取代了电阻的概念,其中难点是根据频率响应函数画出相应的波特图.

1　稳态分析

　　例 1-11　已知某放大电路的交流小信号等效电路如图 1-21 所示,求电压传递

函数 $\dfrac{v_o(s)}{v_s(s)}$.

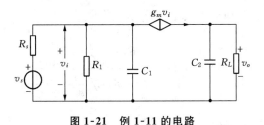

图 1-21　例 1-11 的电路

解　先将所有的物理量转换为 s 域模型,对应的电路图如图 1-22 所示.

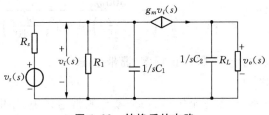

图 1-22　转换后的电路

为了简化电路分析,可利用电源转移等效,将受控源等效转移,如图 1-23 所示.

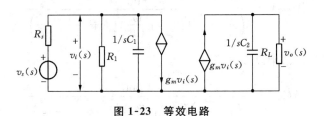

图 1-23　等效电路

这样等效后,电路中各节点方程不变,而左边一个受控源实际上变为 $1/g_m$ 大小的电阻,因此电路进一步化简为图 1-24.

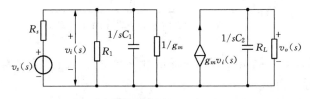

图 1-24　进一步化简后的电路

则

$$\begin{cases} v_o(s) = g_m v_i(s) \dfrac{1}{sC_2} /\!/ R_L \\[2mm] v_i(s) = v_s(s) \dfrac{R_1 /\!/ \dfrac{1}{sC_1} /\!/ \dfrac{1}{g_m}}{R_s + R_1 /\!/ \dfrac{1}{sC_1} /\!/ \dfrac{1}{g_m}} \end{cases}$$

由上两式可求得电压传递函数 $\dfrac{v_o(s)}{v_s(s)}$.

例 1-12 已知某放大电路的电压传递函数

$$A(j\omega) = \frac{500 j\omega}{\left(1 + j\dfrac{\omega}{2}\right)\left(1 + j\dfrac{\omega}{10^4}\right)\left(1 + j\dfrac{\omega}{5 \times 10^6}\right)}$$

(1) 求放大电路的上、下限截止频率,通带电压增益.

(2) 画出波特图.

解 (1) 这是一个具有三个极点、一个零点的带通系统,如果从传递函数本身无法直接看出上、下限截止频率,可以对传递函数做化简处理,如对本题传递函数分子分母都除以 $j\omega$,可得

$$A(j\omega) = \frac{500}{\left(\dfrac{1}{j\omega} + \dfrac{1}{2}\right)\left(1 + j\dfrac{\omega}{10^4}\right)\left(1 + j\dfrac{\omega}{5 \times 10^6}\right)}$$

再对分子分母都乘以 2,可得

$$A(j\omega) = \frac{1\,000}{\left(1 + \dfrac{2}{j\omega}\right)\left(1 + j\dfrac{\omega}{10^4}\right)\left(1 + j\dfrac{\omega}{5 \times 10^6}\right)}$$

从上式可以直接看出通带电压增益为 1 000,上限截止频率近似为 10^4,下限截止频率近似为 2. 如果将传递函数转换成带通传递函数形式,即:

$$A(j\omega) = \frac{A}{\left(1 + \dfrac{\omega_0}{j\omega}\right)\left(1 + j\dfrac{\omega}{\omega_1}\right)\left(1 + j\dfrac{\omega}{\omega_2}\right)}$$

如果满足 $\omega_0 \ll \omega_1 \ll \omega_2$,则系统通带电压增益为 A,上限截止频率近似为 ω_1,下限截止频率近似为 ω_0.

因此在求解类似题目时,应该先对传递函数表达式的分子分母进行因式分解,

然后进一步转化为易于观察的形式,便于求出系统的上、下限截止频率以及通带增益,也便于画出波特图.

（2）波特图如图 1-25 所示.

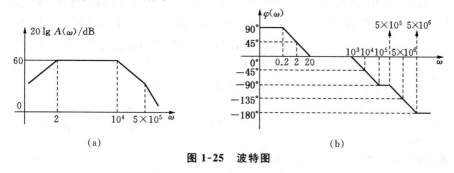

图 1-25   波特图

请读者注意,如果系统传递函数为

$$A(j\omega) = \cfrac{A}{\left(1 + \cfrac{\omega_0}{j\omega}\right)\left(1 + \cfrac{\omega_1}{j\omega}\right)\left(1 + j\,\cfrac{\omega}{\omega_2}\right)\left(1 + j\,\cfrac{\omega}{\omega_3}\right)}$$

假定 $\omega_0 < \omega_1 < \omega_2 < \omega_3$,那么波特图又是什么样的呢?（此时其幅频波特图在低频段会多出一个拐点.）

2   瞬态分析

瞬态分析可以用变换法(拉普拉斯变换),也可以在时域求解微分方程来分析电路的瞬态特性.特别对于低阶电路(如一阶电路),三要素法应用比较广泛.

例 1-13   图 1-26 所示电路中,电源 V_s 为直流电,$t < 0$ 时开关 S 断开已久,在 $t = 0$ 时开关闭合,求电容 C 两端电压 $u_C(t)$.

解

解法 1   直接求解微分方程的方法,又称经典法

由于解微分方程需要初始条件,而初始条件可由换路定律来求解.

换路定律:在换路瞬间,电容上两端电压不能突变,电感上的电流不能突变,如果把电路换

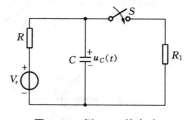

图 1-26   例 1-13 的电路

路发生时刻取为计时起点,即取为 $t = 0$,以 $t = 0_-$ 表示换路前的最后瞬间,$t = 0_+$ 表示换路后的最前瞬间,则

$$\begin{cases} u_C(0_+) = u_C(0_-) \\ i_L(0_+) = i_L(0_-) \end{cases}$$

在该题中,开关闭合前电路已经处于稳定状态,电容 C 两端开路,两端电压为 $u_C(0_-) = V_s$,这样在开关闭合瞬间,电容两端电压仍为 V_s,即 $u_C(0_+) = V_s$.

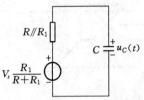

图 1-27　简化电路

换路后,将电容两端进行戴文宁等效,得到简化电路如图 1-27 所示.

从而列写换路后的回路方程如下:

$$u_C(t) + (R \mathbin{/\mkern-5mu/} R_1)C \frac{\mathrm{d}u_C(t)}{\mathrm{d}t} = V_s \frac{R_1}{R+R_1}$$

解此微分方程得

$$u_C(t) = u_C(\infty) + [u_C(0_+) - u_C(\infty)]\mathrm{e}^{-t/\tau}$$

其中,

$$\begin{cases} u_C(\infty) = V_s \dfrac{R_1}{R+R_1} \\ u_C(0_+) = V_s \\ \tau = (R \mathbin{/\mkern-5mu/} R_1)C \end{cases}$$

分别称为稳态值(换路后电路达到稳态时的响应值)、初始值、时间常数(换路后电容两端戴文宁等效内阻与电容 C 的乘积,又称为一阶电路三要素).对电感电路相应的时间常数定义为 $\tau = \dfrac{L}{R}$,R 为换路后电容或电感两端戴文宁等效内阻.这样一阶电路可以先求解三要素,然后用三要素直接写出电路的响应表达式,这种求解方法称为三要素法.

解法 2　采用拉普拉斯变换法求解

由于要考虑初始条件,因此电容 C 的复频域模型如图 1-28 所示.

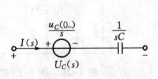

图 1-28　电容的复频域模型

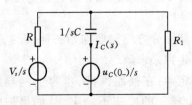

图 1-29　等效电路

因此,变换域对应的等效电路如图 1-29 所示.

列方程如下:

$$I_C(s)\frac{1}{sC} + \frac{u_C(0_-)}{s} + I_C(s)R_1 /\!/ R = \frac{V_s}{s}\frac{R_1}{R+R_1}$$

求得

$$I_C(s) = \frac{\dfrac{V_s}{s}\dfrac{R}{R+R_1}}{\dfrac{1}{sC}R_1 /\!/ R}$$

进而求得

$$U_C(s) = \frac{u_C(0_-)}{s} + I_C(s)\frac{1}{sC} = \frac{V_s}{s}\frac{R_1}{R+R_1} + \frac{\dfrac{V_s}{s}\dfrac{R}{R+R_1}}{s+1/\tau}$$

其中, $\tau = CR_1 /\!/ R$.

$$u_C(0_-) = V_s = u_C(0_+)$$

利用拉普拉斯反变换, 求得时域响应为

$$u_C(t) = u_C(\infty) + [u_C(0_+) - u_C(\infty)]e^{-t/\tau}$$

其中,

$$u_C(\infty) = V_s\frac{R_1}{R+R_1}$$

§1.2 习 题 解 答

1. 用基尔霍夫定理求下图所示电路中 R_L 上的输出电压.

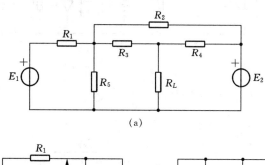

(a)

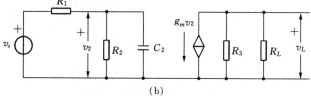

(b)

解 对图(a)所示电路,设各支路电流及其参考方向如下图所示:

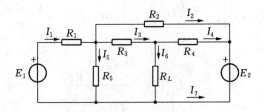

由基尔霍夫定律可得

$$I_1 = I_2 + I_3 + I_5$$

$$I_3 = I_6 + I_4$$

$$I_2 + I_4 + I_7 = 0$$

$$R_1 I_1 + R_5 I_5 - E_1 = 0$$

$$R_3 I_3 + R_4 I_4 - R_2 I_2 = 0$$

$$R_3 I_3 + R_L I_6 - R_5 I_5 = 0$$

$$R_L I_6 - R_4 I_4 - E_2 = 0$$

解上面 7 个方程求得 I_6,则 R_L 上的电压为 $R_L I_6$.

对图(b)所示电路,设支路电流及其参考方向如下图所示:

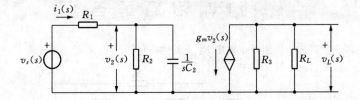

由基尔霍夫定律可得

$$i_1(s)\left(R_1 + R_2 \mathbin{/\!/} \frac{1}{sC_2}\right) = v_s(s)$$

求得

$$i_1(s) = \frac{v_s(s)}{R_1 + R_2 \mathbin{/\!/} \dfrac{1}{sC_2}}$$

$$v_2(s) = i_1(s)R_2 \mathbin{/\!/} \frac{1}{sC_2}$$

$$v_L(s) = - g_m v_2(s)R_3 \mathbin{/\!/} R_L$$

2. 画出下图电路的戴文宁等效电路和诺顿等效电路.

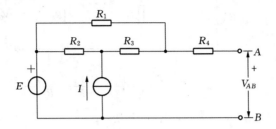

解 利用叠加定理求得 AB 两端的开路电压

$$V_{AB} = E + I[R_2 \mathbin{/\mkern-5mu/} (R_3 + R_1)]\frac{R_1}{R_1 + R_3}$$

AB 两端的等效电阻为 $\qquad R = R_4 + R_1 \mathbin{/\mkern-5mu/} (R_2 + R_3)$

戴文宁等效电路如下图所示:

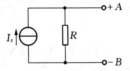

令 $I_s = V_{AB}/R$, 则诺顿等效电路如下图所示:

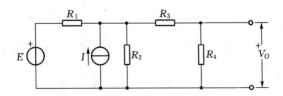

3. 用叠加定理求解下图电路的输出电压.

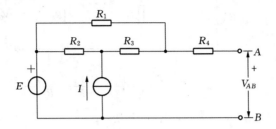

解 由叠加定理得电压源 E 单独作用时的等效电路如下图所示:

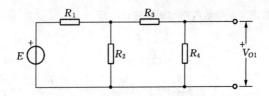

则
$$V_{O1} = E \frac{R_2 \ // \ (R_3 + R_4)}{R_1 + R_2 \ // \ (R_3 + R_4)} \cdot \frac{R_4}{R_3 + R_4}$$

电流源 I 单独作用时的等效电路如下图所示：

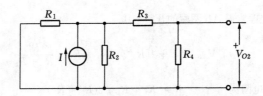

则
$$V_{O2} = I[R_1 \ // \ R_2 \ // \ (R_3 + R_4)] \cdot \frac{R_4}{R_3 + R_4}$$

由叠加定理得：$V_O = V_{O1} + V_{O2}$.

4. 下图两种电路通常称为星形连接与三角形连接. 试证明：星形连接与三角形连接等效互换的
条件是：

$$R_A = \frac{R_{CA} R_{AB}}{R_{AB} + R_{BC} + R_{CA}}, \ R_B = \frac{R_{AB} R_{BC}}{R_{AB} + R_{BC} + R_{CA}}, \ R_C = \frac{R_{BC} R_{CA}}{R_{AB} + R_{BC} + R_{CA}}$$

$$R_{AB} = R_A + R_B + \frac{R_A R_B}{R_C}, \ R_{BC} = R_B + R_C + \frac{R_B R_C}{R_A}, \ R_{CA} = R_C + R_A + \frac{R_C R_A}{R_B}$$

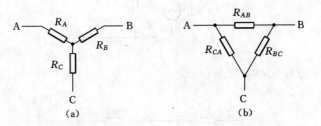

(a) (b)

证明 如果图中星形连接与三角形连接可以等效互换，则从两电路 AB、BC、AC 看进去的
等效电阻应该相同，即：

$$R_A + R_B = R_{AB} \ // \ (R_{CA} + R_{BC})$$
$$R_C + R_B = R_{BC} \ // \ (R_{AB} + R_{CA})$$
$$R_A + R_C = R_{CA} \ // \ (R_{AB} + R_{BC})$$

解此方程组即可证明:

$$R_A = \frac{R_{CA}R_{AB}}{R_{AB} + R_{BC} + R_{CA}}, \quad R_B = \frac{R_{AB}R_{BC}}{R_{AB} + R_{BC} + R_{CA}}, \quad R_C = \frac{R_{BC}R_{CA}}{R_{AB} + R_{BC} + R_{CA}}$$

$$R_{AB} = R_A + R_B + \frac{R_A R_B}{R_C}, \quad R_{BC} = R_B + R_C + \frac{R_B R_C}{R_A}, \quad R_{CA} = R_C + R_A + \frac{R_C R_A}{R_B}$$

5. 下图所示电路称为单 T 网络. 假设其中 $R_1 = nR$, n 为大于 1 的整数. 试证明其电压传递函

数为: $H(s) = \dfrac{v_o(s)}{v_i(s)} = \dfrac{1 + ns^2 R^2 C^2 + 2sRC}{1 + ns^2 R^2 C^2 + 2sRC + snRC}$ (提示:可以利用上一题星形网络与三

角形网络的转换关系先行化简电路).

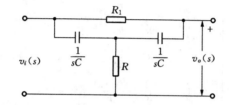

解　利用上一题星形网络与三角形网络的转换关系,化简电路如下图所示:

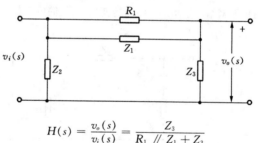

则
$$H(s) = \frac{v_o(s)}{v_i(s)} = \frac{Z_3}{R_1 \mathbin{/\!/} Z_1 + Z_3}$$

其中, $Z_1 = \dfrac{2}{sC} + \dfrac{1}{Rs^2 C^2}$, $Z_3 = 2R + \dfrac{1}{sC}$, 代入上式即可推出

$$H(s) = \frac{v_o(s)}{v_i(s)} = \frac{1 + ns^2 R^2 C^2 + 2sRC}{1 + ns^2 R^2 C^2 + 2sRC + snRC}$$

6. 计算下图所示双 T 网络中, $C_1 = C_2 = C$, $C_3 = 2C$, $R_1 = R_2 = R$, $R_3 = R/2$. 试计算电压
传递函数,并据此画出它的稳态频率特性曲线(对数幅频特性和相频特性).

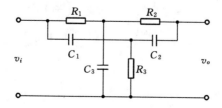

解　利用节点电位法求解,设参考节点如下图所示:

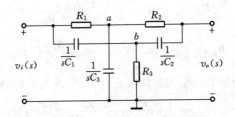

则节点方程为

$$\begin{cases} v_a(s)\left(sC_3 + \dfrac{1}{R_1} + \dfrac{1}{R_2}\right) - \dfrac{v_i(s)}{R_1} - v_o(s)\dfrac{1}{R_2} = 0 \\[2mm] v_b(s)\left(sC_2 + sC_1 + \dfrac{1}{R_3}\right) - v_i(s)sC_1 - v_o(s)sC_2 = 0 \\[2mm] v_o(s)\left(sC_2 + \dfrac{1}{R_2}\right) - \dfrac{v_a(s)}{R_2} - v_b(s)sC_2 = 0 \end{cases}$$

求解以上方程组可得 $v_o(s)$,即可求得传递函数.

也可以利用星形网络与三角形网络的转换关系,化简电路如下图所示:

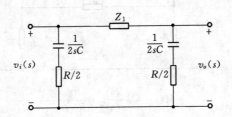

其中,$Z_1 = \dfrac{2R(1 + sRC)}{1 + s^2 R^2 C^2}$,

$$\frac{v_o(s)}{v_i(s)} = \frac{1 + s^2 R^2 C^2}{1 + 4sRC + s^2 R^2 C^2}$$

令 $s = \mathrm{j}\omega$,可得频率特性为

$$\frac{v_o(\mathrm{j}\omega)}{v_i(\mathrm{j}\omega)} = \frac{1 - \left(\dfrac{\omega}{\omega_0}\right)^2}{1 - \left(\dfrac{\omega}{\omega_0}\right)^2 + 4\mathrm{j}\dfrac{\omega}{\omega_0}}$$

其中,$\omega_0 = 1/RC$.

幅频特性图如下:

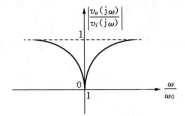

相频特性图如下：

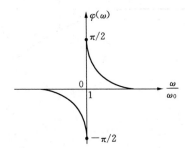

7. 试求下列电路的电压传递函数,并据此画出它们的稳态频率特性曲线(对数幅频特性和相频特性).

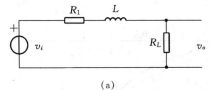

(a)

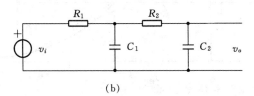

(b)

　解　对图(a)所示电路,电压传递函数为

$$H(s) = \frac{v_o}{v_i} = \frac{R_L}{R_1 + sL + R_L} = \frac{R_L/(R_1 + R_L)}{1 + \dfrac{s}{\omega_0}}$$

其中, $\omega_0 = \dfrac{R_1 + R_L}{L}$.

　幅频特性与相频特性分别为

$$|\,H(\mathrm{j}\omega)\,| = \frac{R_L/(R_1 + R_L)}{\sqrt{1 + \left(\dfrac{\omega}{\omega_0}\right)^2}}, \ \varphi(\omega) = \angle H(\mathrm{j}\omega) = -\arctan\left(\frac{\omega}{\omega_0}\right)$$

对数幅频特性为

$$A(\omega) = 20\lg \mid H(\text{j}\omega) \mid = 20\lg \frac{R_L}{R_1 + R_L} - 10\lg\left[1 + \left(\frac{\omega}{\omega_0}\right)^2\right]$$

幅频特性图如下：

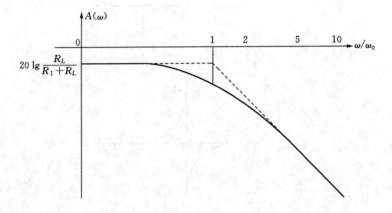

相频特性图如下：

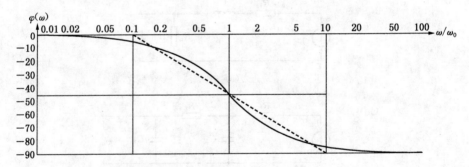

对图(b)所示电路，电压传递函数为

$$H(s) = \frac{v_o}{v_i} = \frac{1}{1 + s(R_1 C_1 + R_2 C_2 + R_1 C_2) + s^2 R_1 R_2 C_1 C_2}$$

设 $a = R_1 C_1 + R_2 C_2 + R_1 C_2$ 且 $b = R_1 R_2 C_1 C_2$，可以证明 $a^2 > 4b$，则

$$H(s) = \frac{v_o}{v_i} = \frac{1}{1 + as + bs^2} = \frac{1}{\left(1 + s\dfrac{a + \sqrt{a^2 - 4b}}{2}\right)\left(1 + s\dfrac{a - \sqrt{a^2 - 4b}}{2}\right)}$$

令 $\begin{cases} \omega_2 = \dfrac{2}{a - \sqrt{a^2 - 4b}} \\ \omega_1 = \dfrac{2}{a + \sqrt{a^2 - 4b}} \end{cases}$，并设 $\omega_2 > \omega_1 > 0$，则

$$H(j\omega) = \cfrac{1}{\left(1 + j\,\dfrac{\omega}{\omega_1}\right)\left(1 + j\,\dfrac{\omega}{\omega_2}\right)}$$

这是一个具有两个转折点的低通网络.

$$|\,H(j\omega)\,| = \cfrac{1}{\sqrt{1 + \left(\dfrac{\omega}{\omega_1}\right)^2}\sqrt{1 + \left(\dfrac{\omega}{\omega_2}\right)^2}}\,,\ \varphi(\omega) = \angle H(j\omega) = -\arctan\left(\dfrac{\omega}{\omega_1}\right) - \arctan\left(\dfrac{\omega}{\omega_2}\right)$$

对数幅频特性为

$$A(\omega) = 20\lg|\,H(j\omega)\,| = -10\lg\left[1 + \left(\dfrac{\omega}{\omega_1}\right)^2\right] - 10\lg\left[1 + \left(\dfrac{\omega}{\omega_2}\right)^2\right]$$

幅频特性图(渐近波特图)如下:

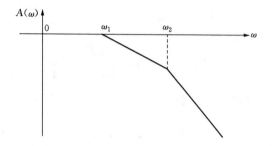

相频特性图(渐近波特图)如下:

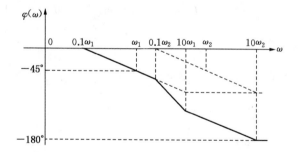

8. 试求下图电路的电压传递函数,并据此画出它的稳态频率特性曲线(对数幅频特性和相频特性).

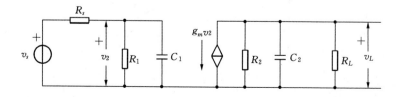

解　$v_2 = v_s \dfrac{R_1 \ // \ \dfrac{1}{sC_1}}{R_s + R_1 \ // \ \dfrac{1}{sC_1}}$ ，$v_L = - g_m v_2 \left(R_2 \ // \ \dfrac{1}{sC_2} \ // \ R_L \right)$

由上两式求得电压传递函数为

$$H(s) = \frac{v_L}{v_s} = - \frac{\dfrac{R_1}{R_1 + R_s}}{1 + sC_1 R_1 \ // \ R_s} \cdot \frac{g_m R_L \ // \ R_2}{1 + sC_2 R_L \ // \ R_2}$$

令 $\begin{cases} \omega_1 = \dfrac{1}{C_1 R_1 \ // \ R_s} \\[3mm] \omega_2 = \dfrac{1}{C_2 R_L \ // \ R_2} \\[3mm] H_0 = (g_m R_L \ // \ R_2) \dfrac{R_1}{R_1 + R_s} \end{cases}$ ，并设 $\omega_2 > \omega_1 > 0$，则

$$H(j\omega) = \frac{- H_0}{\left(1 + j \dfrac{\omega}{\omega_1} \right) \left(1 + j \dfrac{\omega}{\omega_2} \right)}$$

这是一个具有两个转折点的低通网络.

$$| H(j\omega) | = \frac{H_0}{\sqrt{1 + \left(\dfrac{\omega}{\omega_1} \right)^2} \sqrt{1 + \left(\dfrac{\omega}{\omega_2} \right)^2}}$$

$$\varphi(\omega) = \angle H(j\omega) = \pi - \arctan \left(\frac{\omega}{\omega_1} \right) - \arctan \left(\frac{\omega}{\omega_2} \right)$$

对数幅频特性为

$$A(\omega) = 20 \lg | H(j\omega) | = 20 \lg H_0 - 10 \lg \left[1 + \left(\frac{\omega}{\omega_1} \right)^2 \right] - 10 \lg \left[1 + \left(\frac{\omega}{\omega_2} \right)^2 \right]$$

幅频特性图如下：

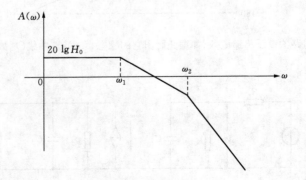

相频特性图如下：

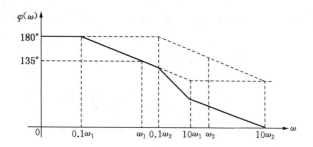

9. 试求下图两个电路的输出阻抗，并分析它们的不同.

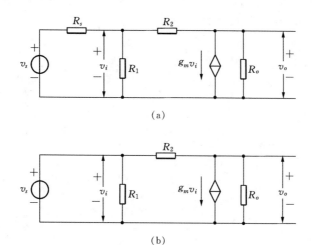

（a）

（b）

解　对图(a)所示电路用外加电源法求解输出阻抗，外加电压源后电路如下图所示：

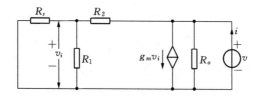

列写回路方程如下：

$$(i - g_m v_i)[(R_2 + R_s \mathbin{/\!/} R_1) \mathbin{/\!/} R_o] = v$$

而 $v_i = \dfrac{R_1 \mathbin{/\!/} R_s}{R_1 \mathbin{/\!/} R_s + R_2}$ ，求得

$$r_o = \left(\frac{R_2 + R_s \;/\!/\; R_1}{1 + g_m R_s \;/\!/\; R_1} \right) /\!/\; R_o$$

对图(b)所示电路用外加电源法求解输出阻抗,外加电压源后电路如下图所示:

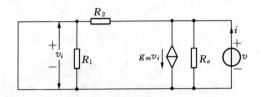

求得 $r_o = R_2 \;/\!/\; R_o$.

　　图(b)所示电路由于没有 R_s,理想电压源与 R_1 并联,在求输出电阻时,R_1 被短路,故图(b)所示电路输出电阻与 R_1 无关.

第2章 半导体器件

§2.1 要点与难点分析

本章主要讲解半导体二极管、双极型晶体管、场效应晶体管等基本的半导体器件的结构、工作原理、伏安特性和等效电路模型.第1章电路分析基础主要讲解了以电阻、电容、电感、受控源、独立源等基本元器件构成的电子电路的分析方法,这一章则要求在理解半导体器件基本结构和工作原理的基础上,掌握半导体器件不同工作状态下的等效电路模型,并利用这些模型进行简单半导体电路的分析计算.

理解半导体 PN 结的特性对于掌握半导体器件的工作原理是非常重要的,围绕 PN 结有许多重要概念易于混淆,需要反复推敲,如扩散电流、漂移电流、阻挡层、势垒电容、扩散电容等,只有正确理解这些概念才能进一步掌握三极管的工作原理.

在教学过程中,不断有学生提出这样一些问题:为什么三极管是这样一种构造而不是别的形式?工作在放大区的三极管为什么可以实现信号放大?信号放大的本质是什么?搞清楚这些问题是进一步学习放大电路的基础,因此这一章应该侧重基本概念的理解,从最初的半导体器件发明出发,设定要解决的问题,思考解决问题的方法,这对进一步体会、理解半导体器件的设计思路和结构特点非常有益.

理解器件的工作原理后,应该进一步学会使用它,也就是器件具体应用电路的分析、计算和设计.任何器件在电路中要满足自身的元件约束,这就是器件的伏安特性.二极管伏安特性是其两端电压与电流的关系,而三极管由于是三端元件,其伏安特性包括输入特性和输出特性.由于半导体器件伏安特性的数学模型往往是非线性的且比较复杂,直接利用这些数学模型分析电路,会给半导体电路分析带来很大的困难,也不利于理解掌握电路的工作原理,因此工程上往往针对实际器件的主要特性,力求用最简单的电路模型简化电路分析过程,也便于从分析结果中直观地观察电路的主要特性.当然如果采用计算机辅助分析,利用复杂模型可以获得比较精确的计算结果.半导体器件常用的简化电路模型包括直流大信号电路模型、低频交流小信号电路模型和高频交流小信号电路模型.

一、基本概念理解

下面讲解的是一些学生经常提问和容易混淆的基本概念,理解这些基本概念,对于掌握半导体器件的工作原理、进一步理解基本放大电路的工作原理是很有帮助的.

例 2-1 信号放大的本质是什么?工作在放大区的三极管为什么可以实现信号放大?进一步分析三极管的结构特点(以 NPN 三极管为例).

解 放大是电子电路的最重要概念之一,几乎所有的模拟、数字或模拟数字混合系统都需要用放大器将信号放大到可使用电平.理想的放大器可以抽象为 4 种理想受控源,分别是电压控制电压源、电压控制电流源、电流控制电压源、电流控制电流源.以电压控制电流源为例,其框图如图 2-1 所示.

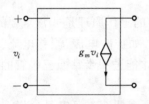

图 2-1   电压控制电流源

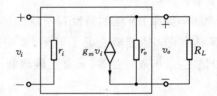

图 2-2   实际电压控制电流源放大器

实际放大器总有一定的输入电阻和输出电阻,如果放大器输出端连接电阻负载,则实际电压控制电流源放大器的框图如图 2-2 所示(以电压控制电流源为例).

在该框图中隐含了直流电源,信号放大的本质就是将直流电源的功率转换成交流信号功率,并在负载上产生信号电压或电流输出.负载上的信号功率一定大于信号源输入到放大器输入端的信号功率.

注意到图 2-2 与三极管工作在放大区的小信号简化等效电路有类似的模型,因此工作在放大区的三极管具备将直流电源的功率转换为交流信号功率并输出给外接负载的能力.现在反过来考虑三极管的结构特点,也就是说,三极管的结构特点必须保证其具备这种转换能力.以双极型三极管 NPN 为例,它由两个背靠背PN 结构成,发射区高浓度掺杂、基区很薄、集电区低浓度掺杂且面积较大,工作在放大区的三极管是发射结正向偏置、集电结反向偏置,这样发射结在正偏电压的作用下,多子自由电子扩散运动加剧,大量自由电子由发射区扩散到基区,而集电结在反偏电压控制下,漂移运动加剧,由于基区很薄,集电区面积较大,从发射区扩散到基区的自由电子除少部分与基区空穴复合,大部分漂移到集电区,集电结漂移电流的大小及其变化与集电结反偏电压几乎没有关系(不考虑基区宽度调制效应),而只受发射结正偏电压的控制(反偏电压把发射区扩散过来的自由电子拉向集电区,而自由电子的多少取决于发射结正偏电压,几乎与集电结反偏电压无关),这就形成一个受控电流源.三极管的结构参数和静态工作点决定了这个受控电流源的参数和等效电路模型的参数.

　　例 2-2　三极管小信号等效电路与三极管直流等效电路有什么区别? 常用三极管 h 参数、y 参数小信号等效电路有什么区别和联系? 三极管小信号等效电路是如何推导出的(以共发射极 y 参数低频小信号等效电路为例)? 如何将共发射极电路模型直接转换为共基极和共集电极电路模型?

　　解　在具体的三极管小信号放大电路中,三极管各极电压和电流均为直流量上叠加交流量组成,三极管直流等效电路是三极管在外加直流偏置电路作用下的等效电路模型,反映了各极电压和电流直流量的关系,用于计算、分析和设计三极管的静态工作点.三极管小信号等效电路则反映了三极管各极电压和电流交流量的关系,用于三极管放大电路交流小信号参数的计算、分析和设计.

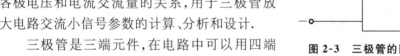

图 2-3　三极管的四端网络等效

　　三极管是三端元件,在电路中可以用四端网络来等效,如图 2-3 所示.

　　常用三极管小信号等效电路有 h 参数和 y 参数等效电路. h 参数等效电路中,用输入电流和输出电压为自变量,将输出电流和输入电压用输入电流和输出电压表示,对应方程为

$$v_1 = h_i i_1 + h_r v_2$$

$$i_2 = h_f i_1 + h_o v_2$$

$$h_i = \left. \frac{v_1}{i_1} \right|_{v_2=0}, \quad h_r = \left. \frac{v_1}{v_2} \right|_{i_1=0}$$

$$h_f = \left. \frac{i_2}{i_1} \right|_{v_2=0}, \quad h_o = \left. \frac{i_2}{v_2} \right|_{i_1=0}$$

等效电路如图 2-4 所示.

　　h 参数需要根据输出端短路和输入端开路时的输入输出电压与电流的测量结果来求.在高频情况下,晶体管的集电极–基极等极间分布电容的影响增大,以致在输入端开路时,由于电容作用也存在高频电流,故测定 h 参数较为困难,这时可以

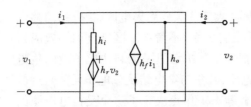

图 2-4   三极管小信号 h 参数等效电路

将输入端和输出端短路进行测量,即用 y 参数模型.

y 参数等效电路是用输入电压和输出电压为自变量,将输入电流和输出电流用输入电压和输出电压表示,对应方程为

$$i_1 = y_i v_1 + y_r v_2$$

$$i_2 = y_f v_1 + y_o v_2$$

$$y_i = \frac{i_1}{v_1}\bigg|_{v_2=0}, \quad y_r = \frac{i_1}{v_2}\bigg|_{v_1=0}$$

$$y_f = \frac{i_2}{v_1}\bigg|_{v_2=0}, \quad y_o = \frac{i_2}{v_2}\bigg|_{v_1=0}$$

等效电路如图 2-5 所示.

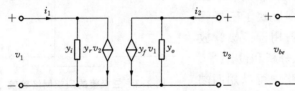

图 2-5   三极管小信号 y 参数等效电路

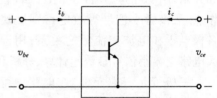

图 2-6   共发射极低频电路

三极管小信号等效电路中的各个参数可以根据三极管输入、输出端的伏安关系数学模型来求解,现以图 2-6 共发射极低频 y 参数为例,简要说明求解过程.

$$i_B = I_{BQ} + i_b = f_1(v_{BE}, v_{CE})$$

$$= f_1(V_{BEQ}, V_{CEQ}) + \frac{\partial i_B}{\partial v_{BE}}\bigg|_Q v_{be} + \frac{\partial i_B}{\partial v_{CE}}\bigg|_Q v_{ce} + 高阶项$$

$$i_C = I_{CQ} + i_c = f_2(v_{BE}, v_{CE})$$

$$= f_2(V_{BEQ}, V_{CEQ}) + \frac{\partial i_C}{\partial v_{BE}}\bigg|_Q v_{be} + \frac{\partial i_C}{\partial v_{CE}}\bigg|_Q v_{ce} + 高阶项$$

忽略高阶项,可得

$$i_b = \frac{\partial i_B}{\partial v_{BE}}\bigg|_Q v_{be} + \frac{\partial i_B}{\partial v_{CE}}\bigg|_Q v_{ce} = g_{be}v_{be} + g_{bc}v_{ce}$$

$$i_c = \frac{\partial i_C}{\partial v_{BE}}\bigg|_Q v_{be} + \frac{\partial i_C}{\partial v_{CE}}\bigg|_Q v_{ce} = g_m v_{be} + g_{ce}v_{ce}$$

$$g_{be} = \left.\frac{\partial i_B}{\partial v_{BE}}\right|_Q = \frac{1}{r_{b'e}}; \; g_{bc} = \left.\frac{\partial i_B}{\partial v_{CE}}\right|_Q = \frac{1}{\beta r_{ce}} \approx 0$$

$$g_m = \left.\frac{\partial i_C}{\partial v_{BE}}\right|_Q = \frac{\alpha}{r_e}; \; g_{ce} = \left.\frac{\partial i_C}{\partial v_{CE}}\right|_Q = \frac{1}{r_{ce}}$$

对应等效电路模型如图 2-7 所示.

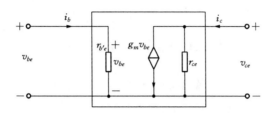

图 2-7 共发射极 y 参数等效电路

选择不同的自变量,等效电路的模型就不同,不过它们都应该是等价的,彼此可以进行转换.

有了共发射极等效电路模型,可以直接转换为共基极和共集电极电路模型,其中共基极模型如图 2-8 所示.

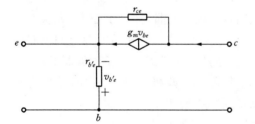

图 2-8 共基极 y 参数等效电路

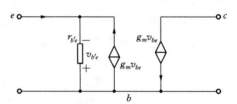

图 2-9 简化后的共基极 y 参数等效电路

忽略 r_{ce},则等效电路可以进一步简化为图 2-9.

左边的受控源转化为电导 $g_m = \alpha/r_e$,它与 $r_{b'e}$ 并联为 r_e,于是电路又简化为图 2-10.

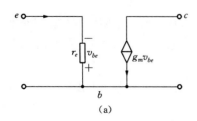

(a)

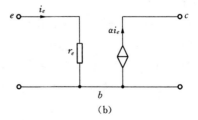

(b)

图 2-10 进一步简化后的共基极 y 参数等效电路

共集电极电路模型如图 2-11 所示.

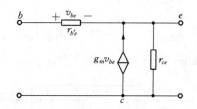

图 2-11   共集电极 *y* 参数等效电路

例 2-3   什么是场效应管的漏端预夹断? 为什么预夹断后漏源之间仍有漏极电流且该电流基本不受漏源电压的控制?

解   场效应管栅源电压控制栅源间导电沟道的宽窄,而漏源电压用于形成漏极电流,当栅源电压控制的导电沟道形成,而漏栅之间的电压导致近漏端的导电沟道消失,就形成场效应管的预夹断.

预夹断后,近漏端的夹断区形成漏源间电流通路上电阻最大的区域,若漏源间电压的绝对值进一步增加,则增加的部分电压基本都加到夹断区上,当载流子到达夹断区后,就会在夹断区强电场的作用下穿过夹断区,这与双极型晶体管的集电极电流穿过反向偏置的集电结类似. 由于夹断区仅仅是近漏端很小的区域,从夹断点到源极的沟道长度(对应沟道电阻)和电压几乎不变,故预夹断后漏源之间仍有漏极电流且该电流基本不受漏源电压的控制. 当然如果考虑沟道长度调制效应(随着漏源电压绝对值的增加,夹断区扩大,夹断点向源极移动,导致沟道长度缩短),则漏极电流随漏源电压绝对值的增加而略有增加.

例 2-4   场效应管与双极型晶体管相比较有哪些不同?

解   (1) 场效应管中只有多子参与导电(单极型三极管),而双极型晶体管中多子和少子都参与导电. 由于少子浓度易受温度影响,不稳定,而多子浓度主要取决于掺杂浓度,相对稳定. 因此场效应管在温度稳定性、低噪声等方面优于双极型晶体管.

(2) 场效应管栅极基本不取电流,所以场效应管输入电阻比双极型晶体管高.

(3) 场效应管的漏极与源极可以互换使用,互换后特性变化不大. 而双极型晶体管的集电极和发射极互换后特性差异很大.

(4) 耗尽型绝缘栅场效应管栅源电压可正、可负、可零,使用比双极型晶体管灵活.

(5) 场效应管集成工艺比双极型晶体管简单,且具有耗电省、工作电源电压范围宽等优点,因此场效应管被广泛应用于大规模和超大规模集成电路中.

二、二极管电路分析

二极管应用电路比较多,如二极管整流电路、二极管波形整形电路、二极管箝位电路、二极管逻辑门电路、二极管模拟开关、稳压二极管电路以及二极管其他线性、非线性应用电路等.在有多个二极管的电路分析中(如本章的习题2),可针对输入信号某个固定电平(如零电平)判断各管的工作状态,然后逐渐增加或减小输入信号,根据二极管管外电路电平的变化确定二极管工作状态的转换点.

例 2-5　二极管全波整流应用电路如图 2-12 所示,设 $v_1 = v_2 = v_s = \sqrt{2}E\sin\omega t$,注意其中负载电阻有串联电压 E.画出负载电流 i_L 的波形图,求出负载电流的平均值.

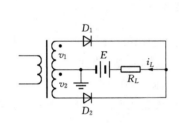

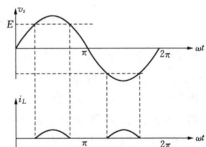

图 2-12　二极管全波整流应用电路　　　　　　**图 2-13　负载电流的波形图**

解　对于二极管整流电路分析,一般应分别对输入交流波形的正半周和副半周电路中所有二极管的工作状态进行判断,然后再进行相应的分析计算.

在输入信号正半周,二极管 D_2 截止,二极管 D_1 在 $0 < v_s < E$ 时截止,在 $v_s > E$ 时导通;在输入信号负半周,二极管 D_1 截止,二极管 D_2 在 $0 < |v_s| < E$ 时截止,在 $|v_s| > E$ 时导通.所以 i_L 的波形图如图 2-13 所示.

令 $\sqrt{2}E\sin\omega t = E$,解得交点处的 $\omega t = \pi/4$ 和 $3\pi/4$,所以 i_L 的平均值

$$I_L = \frac{1}{\pi}\int_{\pi/4}^{3\pi/4}\frac{\sqrt{2}E\sin\omega t - E}{R_L}\mathrm{d}\omega t = \frac{E}{2\pi R_L}(4 - \pi)$$

例 2-6　二极管二倍压整流电路如图 2-14 所示,简述其工作原理.

解　在输入信号正半周,二极管 D_1 导通、D_2 截止,电容 C_1 被充电到 v_2 的峰值电压 V_{2m};在输入信号负半周,二极管 D_2 导通、D_1 截止,电容 C_2 被充电,由于加

到 C_2 上的电压为变压器副边电压加上 C_1 两端电压,故 C_1 两端充电电压最大值为

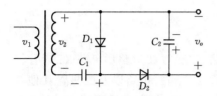

图 2-14 二极管二倍压整流电路

$2V_{2m}$. 利用同样的原理可实现多倍压整流,如图 2-15 所示.

需要说明的是这里在分析电路时,假定电路是空载的,且电路已经处于稳态,实际上当电路带上负载后,输出电压将不可能达到 V_{2m} 的倍数.

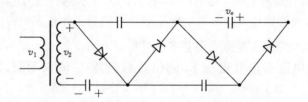

图 2-15 二极管多倍压整流电路

例 2-7 设负载电阻为 500 kΩ,信号源为周期是 1 ms、峰峰值为 30 V、内阻为 50 Ω 的方波电压信号源,请设计一个二极管双向限幅电路,使通过负载的方波电压范围为 $(-0.7 \sim 5.7\ \text{V})$,设给定二极管的额定电流为 10 mA.

解 采用图 2-16 所示的二极管双向限幅电路,设二极管的导通电压为 0.7 V.

当该电路的输出电压 V_o 在 $(-E_2 -0.7 \sim 0.7+E_1)$V 范围内时,两个二极管都不导通,相当于开路,输出电压 $V_o = \dfrac{R_L}{R_L+R+R_s}V_s$;当输出电压 V_o 超出 $(-E_2 -0.7 \sim 0.7+E_1)$V 的范围时,总有一个二极管导通,限幅范围为 $(-E_2 -0.7 \sim 0.7 +E_1)$V,因此取 $E_1 = 5$ V,$E_2 = 0$ V. 由于信号源内阻很小,二极管限流电阻主要

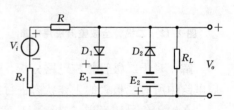

图 2-16 二极管双向限幅电路

由电阻 R 决定,流过二极管的最大电流近似为 $(30-0.7)/R$,二极管的额定电流为 10 mA,可以确定电阻 R 的阻值近似为 3 kΩ.

三、双极型三极管电路分析

在本章对晶体三极管的电路分析主要侧重三极管工作状态判断、静态工作点的简单计算以及小信号等效电路参数的计算.三极管工作状态判断以及静态工作

点的简单计算一般采用三极管直流或大信号简化等效电路. 先看发射结是否导通,确定三极管是否截止,若发射结导通,则假定三极管工作在放大区,利用放大区模型计算其静态工作点,若计算结果表明三极管集电极电流超过其集电结饱和电流或集电结为正偏,则确定其工作在饱和区,而若集电极电流小于其集电结饱和电流或集电结反偏,则其工作在放大区. 小信号等效电路模型则侧重概念理解,特别是交直流参数之间的关系,为第 3 章基本放大电路的学习打好基础.

例 2-8　图 2-17 为由三极管构成的简单非门电路,计算当输入分别是 5 V 和 0 V 时对应的输出电平. 已知三极管 $\beta = 20$, $V_{BE(on)} = 0.7\ \text{V}$, $V_{CE(sat)} = 0.1\ \text{V}$.

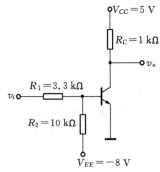

图 2-17　简单非门电路

解　在判断三极管工作状态时,一般可利用等效电源定理,将三极管发射结和集电结的外接电路简化成等效电压源串联电阻的单回路,在本题中,集电结的外接电路已不需化简,发射结回路从三极管基极断开,求得左边电路开路电压(可以用叠加定理),

$$v_B = v_i\ \frac{R_2}{R_1 + R_2} + V_{EE}\ \frac{R_1}{R_1 + R_2}$$

等效内阻　$R_B = R_1 \mathbin{/\mkern-5mu/} R_2$

化简后的等效电路见图 2-18.

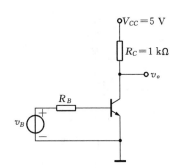

图 2-18　化简后的等效电路

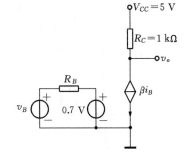

图 2-19　输入电压为高电平时的等效电路

当输入为低电平 0 V 时, $v_B \approx -2.0\ \text{V}$ 所以三极管截止,输出电压 $v_o = V_{CC} = 5\ \text{V}$.

当输入为高电平 5 V 时, $v_B \approx 1.8\ \text{V}$, 假定三极管工作在放大区,利用工作在放大区的三极管直流和大信号简化电路模型,可以得到如图 2-19 所示的等效电路.

则基极电流 $i_B = \dfrac{v_B - 0.7}{R_B} = 0.44(\text{mA})$

集电极电流 $i_C = \beta i_B = 8.8(\text{mA})$

而集电极深饱和电流为 $I_{CS} = \dfrac{V_{CC} - V_{CE(sat)}}{R_C} = 4.9(\text{mA})$

由于三极管工作在放大区的集电极电流大于集电极饱和电流,原先三极管工作在放大区的假定错误,故三极管处于深饱和状态,其输出电压 $v_o = V_{CE(sat)} = 0.1\,\text{V}$.

或者根据假定三极管工作在放大区,计算得到集电极电流再直接计算电压,

$$V_{CE} = V_{CC} - i_C R_C = 5(\text{V}) - 8.8(\text{V}) = -3.3(\text{V}) < V_{CE(sat)}$$

因此三极管 C、E 两端电压低于其饱和压降,集电结正偏,这与三极管工作在放大区集电结反偏假设不符,故三极管工作在深饱和区.

例 2-9　施密特触发器 7413 中的施密特电路如图 2-20 所示,两个三极管的参数分别为:$\beta = 100$,$V_{BE(on)} = 0.7\,\text{V}$,$V_{CE(sat)} = 0.2\,\text{V}$.

(1) 当输入 $v_i = 0\,\text{V}$ 时,判断 T_1、T_2 管的工作状态,并计算 E 点的电位 v_E.

(2) 证明当输入 $v_i > 2.4\,\text{V}$ 时,T_1 饱和、T_2 截止;当 $v_i < 1.5\,\text{V}$ 时,T_1 截止、T_2 饱和.

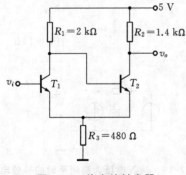

图 2-20　施密特触发器

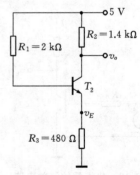

图 2-21　T_2 及其外围电路

解

(1) 当输入 $v_i = 0\,\text{V}$ 时,由于 T_1 发射极电位大于等于零,所以 T_1 截止.此时 T_2 及其外围电路等效如图 2-21 所示.

假定 T_2 工作在放大区,则

$$I_{B2}R_1 + 0.7 + (1+\beta)I_{B2}R_3 = 5(\text{V})$$

$$V_{CE2} = 5 - (1+\beta)I_{B2}R_3 - \beta I_{B2}R_2$$

求得: $I_{B2} \approx 0.083$ mA, $V_{CE2} < 0$, 故 T_2 工作在放大区不成立, T_2 工作在深饱和区. 有

$$I_{B2}R_1 + 0.7 + (I_{B2} + I_{C2})R_3 = 5(\text{V})$$

$$I_{C2}R_2 + (I_{B2} + I_{C2})R_3 + V_{CE(sat)} = 5(\text{V})$$

求得: $I_{B2} \approx 1.3$ mA, $I_{C2} \approx 2.2$ mA, $v_E = (I_{B2} + I_{C2})R_3 \approx 1.7$ V.

(2) 由于 $v_E \approx 1.7$ V, 而 T_1 发射结导通压降为 0.7 V, 故当输入电压 v_i 刚刚大于 2.4 V 时, T_1 开始导通进入放大区, 则 T_1 集电极电位下降, 导致 T_2 管工作电流下降, 进一步导致 v_E 电位下降, 又会使 T_1 发射结电位差增加, T_1 工作电流又上升, 形成正反馈, 从而使电路迅速转为 T_1 饱和、T_2 截止的稳定状态. 所以当输入 $v_i > 2.4$ V 时, T_1 饱和、T_2 截止.

而当在 T_1 饱和、T_2 截止的稳定状态下, 输入 v_i 从大于 2.4 V 开始下降, 那么 v_i 下降多少才会使 T_1 脱离饱和区而进入放大区呢? 假定 T_1 脱离饱和区的条件为 V_{CE1} 接近 0.7 V 但小于 0.7 V, 则 T_1 及其外围电路等效为图 2-22, 注意此时 T_2 仍截止. 则

$$0.7 + (I_{B1} + I_{C1})R_3 \approx v_i$$

$$(I_{B1} + I_{C1})R_3 + 0.7 + I_{C1}R_1 \approx 5(\text{V})$$

$$I_{C1} = \beta I_{B1}$$

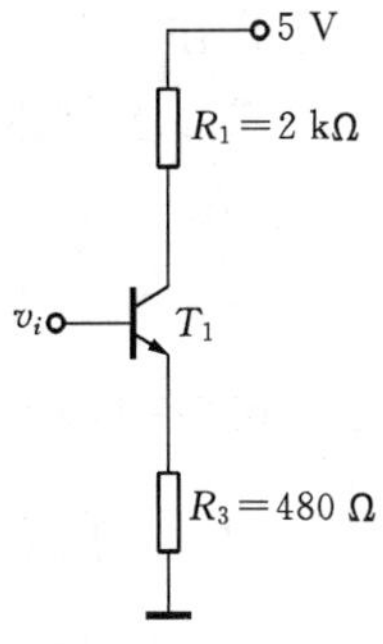

求得: $I_{C1} \approx 1.7$ mA, $v_i \approx 1.5$ V, $v_E \approx 0.8$ V.

当 $v_i < 1.5$ V 时, T_1 脱离饱和区进入放大区, 随着 T_1 工作电流的下降, T_1 集电极电位上升, 使 T_2 逐渐脱离截止区, T_2

图 2-22　T_1 及其外围电路

工作电流上升, 使 v_E 电位上升, 进一步使 T_1 发射结电位差下降, T_1 工作电流的进一步下降, 如此正反馈, 从而使电路迅速转为 T_1 截止、T_2 饱和的稳定状态.

例 2-10　TTL 反相器的典型电路如图 2-23 所示, 试分析在输入为高电平 3.4 V 和输入低电平 0.2 V 时各个三极管的工作状态. 设三极管的正向电流放大倍数为 50, 倒置工作时(发射结反偏、集电结正偏)电流放大倍数为 0.1.

解　当输入低电平时, T_1 发射结导通, T_1 基极电位被嵌位在 0.9 V, 由于 T_1 集电结、T_2 和 T_4 发射结同时导通需要 2.1 V 电压, 即 T_1 基极电位至少应为 2.1 V, 故当输入低电平时, T_2 和 T_4 截止, 此时 T_1 集电极通过 T_2 集电结、电阻 R_2

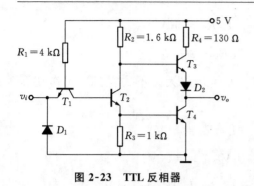

图 2-23 TTL 反相器

接电源, T_2 集电结反偏电阻很大, 故 T_1 处于深饱和状态. 由于 T_2 截止, T_2 集电极电位为高电平, 使 T_3 导通, 输出高电平.

当输入高电平时, 若不接 T_2、T_4, 则 T_1 基极电位为 4.1 V, 因此若接上 T_2、T_4, 则 T_1 集电结、T_2、T_4 将同时导通, 此时 T_1 处于倒置工作的放大状态, 即发射结反偏, 集电结正偏. 由于 T_1 基极电位嵌位在 2.1 V, 可以求出 T_1 的基极电流为 0.725 mA, 则 T_1 的集电极电流为 0.072 5 mA. 假定 T_2 工作在放大区, 则 T_2 集电极电流为 3.625 mA, 这样会使 T_2 集电极电位小于 0, 所以 T_2 工作在放大区假设不成立, T_2 应工作在深饱和状态, 此时 T_2 集电极电位约为 0.9 V, 因此 T_3 截止. 与 T_2 一样, 同理可证明 T_4 工作在深饱和状态.

例 2-11 两级放大电路如图 2-24 所示, 设各管 β 相同, $|V_{BE(on)}| = 0.7$ V. 各管工作在放大区, 请列写求解电路的静态工作点 I_{C1}、I_{C2} 的方程.

解 多级直接耦合放大电路分析静态工作点, 应尽可能围绕各三极管的发射结列写回路方程.

$$0.7 + I_{B1} R_1 /\!/ R_2 + (1+\beta_1) I_{B1} R_4 = 12 \frac{R_2}{R_1+R_2}$$

$$(I_{C1} - I_{B2}) R_3 = 0.7 + I_{E2} R_5$$

$$I_{C1} = \beta I_{B1}$$

$$I_{E2} = 1 + \beta I_{B2}$$

求解上述方程即可求得电路的静态工作点.

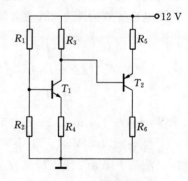

图 2-24 两级放大电路

四、场效应三极管电路分析

场效应三极管类型比较多, 主要有结型和 MOS 型两大类, 其中结型导电沟道本来就有, 外加栅源电压控制反偏 PN 结的阻挡层宽度, 从而改变导电沟道的宽度达到控制漏极电流的目的. 增强型 MOS 管外加栅源电压控制导电沟道(反型层)的形成和宽度, 而耗尽型 MOS 反型层预先存在, 外加栅源电压可正、可负、可零. 场效应管是压控器件,栅极不取电流,所以其伏安关系没有输入特性,只有输出特性和转移特性.在其大信号和小信号电路模型中,栅源之间是开路的,但栅源之间的电压可由外电路控制,在利用简化电路模型分析场效应电路时,一定要注意栅极和源极在电路中的节点位置.

    例 2-12 由 MOS 场效应管构成的模拟开关电路如图 2-25(a)和(b)所示,假定控制电压在 0 V 和 5 V 电平之间进行转换,设场效应管的开启电压是 2 V,图(a)中衬底极接在电路最低电位上,为保证模拟开关正常工作,请问对输入信号有什么限制?

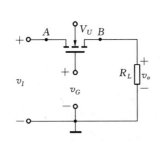   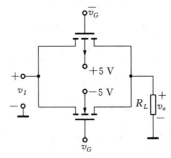

(a) N 沟道 MOS 场效应管构成的模拟开关电路   (b) 被广泛采用的模拟开关电路

图 2-25   MOS 场效应管构成的模拟开关电路

    解 图 2-25(a)是 N 沟道 MOS 场效应管,只有在栅源电压和栅漏电压都大于开启电压的情况下,才能保证管子工作在非饱和区,此时场效应管的漏源间导通并具有一定的导通电阻,而当栅源电压小于开启电压时,场效应管截止,漏源间处于断开状态.

    当输入电压大于零时,此时 A 为漏极,B 为源极,当栅极电压为高电平 5 V 时,为保证场效应管导通(工作在非饱和区),要求栅源、栅漏电压大于开启电压,因此输入电压不能大于 3 V,栅漏电压大于开启电压,栅源电压也大于开启电压.而当栅极电压为低电平 0 V 时,栅源电压小于开启电压,场效应管截止.

    当输入电压小于零时,此时 A 为源极,B 为漏极,当栅极电压为高电平 5 V 时,栅源电压和栅漏电压都大于开启电压,场效应管导通.而当栅极电压为低电平 0 V 时,为保证场效应管截止,要求栅漏电压小于开启电压,因此输入电压不能低于 −2 V.只要输入电压高于 −2 V,场效应管可靠截止.

    因此输入信号必须在 −2 V 到 3 V 之间的范围内变化.实际上为了保证导通时的栅漏间的导通电阻足够小,一般要求栅源电压与开启电压的差值大于一定数值.另外由于输入电压变化影响了栅源偏压,所以这种模拟开关的导通电阻受输入电压的控制,为了克服导通电阻随输入电压变化的缺点,广泛采用的模拟开关电路如图 2-25(b)所示.当输入电压由低向高变化时,N 沟道场效应管的导通电阻由小变大,而 P 沟道场效应管的导通电阻由大变小,当输入电压由高向低变化时则相反,由于两个管子是并联关系,总的导通电阻是两个导通电阻的并联,因此该电路可以获得较小且比较恒定的导通电阻.

例 2-13 场效应管分压偏置电路如图 2-26(a)所示,设耗尽型 MOS 场效应管的转移特性曲线为图 2-26(b),请计算电路的静态工作点并判断场效应管工作状态,定性说明增加或减小 R_s 对静态工作点的影响.

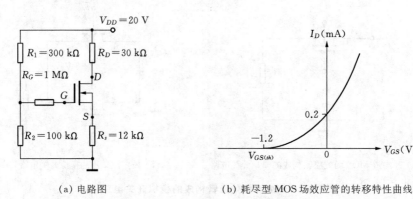

(a) 电路图   (b) 耗尽型 MOS 场效应管的转移特性曲线

图 2-26   场效应管分压偏置电路

解 假定场效应管工作在饱和区,利用其直流大信号简化电路模型,得到直流等效电路如图 2-27 所示.

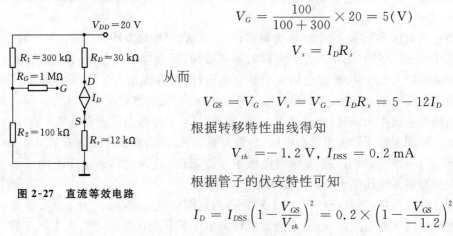

图 2-27   直流等效电路

$$V_G = \frac{100}{100 + 300} \times 20 = 5(\text{V})$$

$$V_s = I_D R_s$$

从而

$$V_{GS} = V_G - V_s = V_G - I_D R_s = 5 - 12 I_D$$

根据转移特性曲线得知

$$V_{th} = -1.2\,\text{V},\ I_{DSS} = 0.2\,\text{mA}$$

根据管子的伏安特性可知

$$I_D = I_{DSS} \left(1 - \frac{V_{GS}}{V_{th}}\right)^2 = 0.2 \times \left(1 - \frac{V_{GS}}{-1.2}\right)^2$$

求得：
$$\begin{cases} V_{GSQ} = 0.476\ \mathrm{V} \\ I_{DQ} = 0.377\ \mathrm{mA} \end{cases},\quad \begin{cases} V_{GSQ} = -3.5\ \mathrm{V} \\ I_{DQ} = 0.708\ \mathrm{mA} \end{cases}$$

而 $\begin{cases} V_{GSQ} = -3.5\ \mathrm{V} \\ I_{DQ} = 0.708\ \mathrm{mA} \end{cases}$ 因不符合实际情况舍去，故

$$V_{DS} = V_{DD} - I_D(R_D + R_S) = 4.17(\mathrm{V})$$

$$V_{GD} = V_{GS} - V_{DS} = -3.69(\mathrm{V})$$

　　根据求解结果可知该耗尽型场效应管栅源之间正偏压工作，而栅漏间电压小于开启电压，近漏端导电沟道消失，故管子工作在饱和区。

　　根据方程 $V_{GS} = V_G - I_D R_s$，可以在转移特性曲线图上作出直流负载线，因此本题也可以直接通过作图法求得静态工作点。负载线的斜率为 $-1/R_s$，所以增加 R_s 直流负载线斜率绝对值减小，静态工作点沿转移特性曲线工作点下移，所以导致电流 I_D 减小，如图 2-28 所示。栅源电压绝对值减小，反之则都增加。

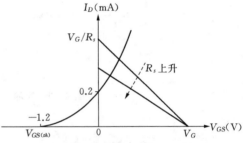

图 2-28　耗尽型 MOS 场效应管的
转移特性曲线变化

　　例 2-14　MOS 场效应管的栅极和漏极或者栅极和源极相连是否可能工作在放大区？如果可能，请画出在这种相连情况下的小信号电路模型。

　　解　MOS 场效应管的栅极和漏极相连可能工作在放大区的是增强型 MOS 场效应管，由于栅漏间的电压为零，近漏端的反型层消失，而如果此时场效应管栅源间电压大于开启电压，则场效应管工作在放大区（对耗尽型 MOS 场效应管栅极和漏极相连不可能工作在放大区）。

　　MOS 场效应管的栅极和源极相连可能工作在放大区的是耗尽型 MOS 场效应管，耗尽型 MOS 场效应管栅源电压可正、可负、可零。如果此时栅漏间电压使近漏端的反型层消失，则场效应管工作在放大区。

　　对于小信号电路模型，以 N 沟道耗尽型和增强型为例，可见图 2-29(a)和(b)。

　　所以在这种相连的情况下，场效应三极管小信号模型变成了两端元件电阻，这种电阻又称为有源电阻。

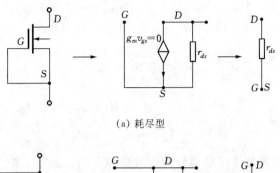

（a）耗尽型

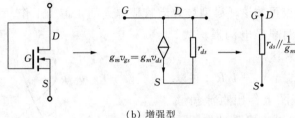

（b）增强型

图 2-29　N 沟道小信号电路模型

§2.2　习 题 解 答

1. 有人说,因为在 PN 结中存在内建电场,所以将一个二极管的两端短路,在短路线中将由于此电场的存在而流过电流. 此说是否正确? 为什么?

　答　此种说法不正确,在半导体 PN 结中同时有空穴和自由电子两种载流子,而在空间电荷区中又存在漂移电流和扩散电流两种电流. 由于在 PN 结接触界面附近存在载流子浓度梯度,于是形成了扩散电流. 由于扩散和复合作用在 PN 结接触界面附近形成势垒层,势垒层是由不能移动的带电离子构成的,在势垒层电场力作用下又产生了漂移电流,在动态平衡以后,扩散电流等于漂移电流,因此在热平衡稳定状态下流过 PN 结的电流等于零,内建电势差起到维持这个动态平衡的作用. 在无光照和外加电场等外部作用的情况下,动态平衡使流过 PN 结的电流等于零.

2. 下图是一种二极管整流电路,称为全波整流电路. 其中 $v_1 = v_2$. 试分析它的工作原理,画出输出电压的波形并计算输出电压的平均值.

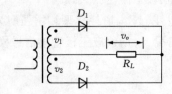

解　在输入信号的正半周,D_1 导通、D_2 截止;在输入信号的负半周,D_2 导通、D_1 截止.输入信号与输出的关系如下图所示:

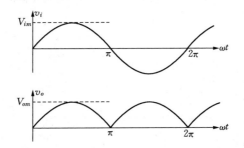

输出电压的平均值为

$$V_{om} \frac{1}{\pi} \int_0^\pi \sin \omega t \, \mathrm{d}(\omega t) = \frac{2}{\pi} V_{om}$$

3. 下图也是一种二极管整流电路,称为桥式整流电路.试分析它的工作原理,画出输出电压的波形并计算输出电压的平均值.

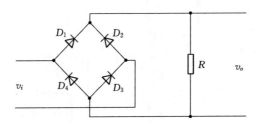

解　在输入信号的正半周,D_1 导通、D_2 截止;在输入信号的负半周,D_2 导通、D_1 截止.输入信号与输出的关系如下图所示:

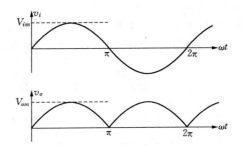

输出电压的平均值为

$$V_{om} \frac{1}{\pi} \int_0^\pi \sin \omega t \, \mathrm{d}(\omega t) = \frac{2}{\pi} V_{om}$$

4. 假设下图中二极管均为理想二极管,试画出 $v_i \sim v_o$ 的电压传输特性曲线.

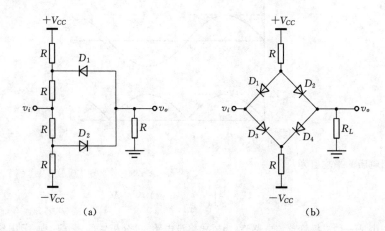

(a)   (b)

解 对图(a)所示电路,定义节点 A、B 如下图所示:

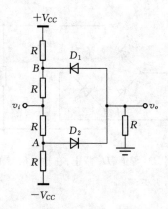

当 $-V_{CC} < V_i < V_{CC}$ 时,D_1、D_2 都截止;输出 v_o 等于零.

当 $V_i > V_{CC}$ 时,节点 A 的电位开始大于零,D_2 导通,D_1 截止;输出

$$v_o = \frac{\dfrac{v_i + V_{CC}}{2R}R - V_{CC}}{R + R/2}R = \frac{v_i - V_{CC}}{3}$$

当 $v_i < -V_{CC}$ 时,节点 B 的电位开始小于零,D_1 导通,D_2 截止;输出

$$v_o = \frac{\dfrac{V_{CC} - v_i}{2R}R + v_i}{R + R/2}R = \frac{v_i + V_{CC}}{3}$$

转移特性图如下图所示:

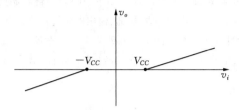

图(b)所示电路是一个二极管模拟开关或二极管桥式模拟门. 当 V_{CC} 是较大正值时, 全部二极管导通, 输入信号被传送到输出端, 但具有双向限幅功能, 其中, 输出正向限幅电压为

$\dfrac{V_{CC}}{R+R_L}R_L$; 输出负向限幅电压为 $-\dfrac{V_{CC}}{R+R_L}R_L$.

当 $|v_i| \leqslant \dfrac{V_{CC}}{R+R_L}R_L$ 时, 输入与输出相同;

当 $|v_i| > \dfrac{V_{CC}}{R+R_L}R_L$ 时, 输出限幅在 $-\dfrac{V_{CC}}{R+R_L}R_L$ 和 $\dfrac{V_{CC}}{R+R_L}R_L$ 两个电平上.

转移特性图如下图所示:

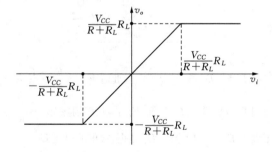

求解该电路, 可以将电路分解为直流电源作用和信号源作用两部分, 直流电源确定二极管的工作状态, 而信号源作用叠加在二极管上, 例如当信号源正值增加时, D_2、D_3 电流增加, 而 D_1、D_4 电流减小, 当 D_1、D_4 电流趋于零时, 输出限幅在 $\dfrac{V_{CC}}{R+R_L}R_L$.

5. 下图左侧电路称为限幅电路, 假设二极管为理想二极管, 试说明该电路具有右侧所示的电压传输特性. 若考虑二极管的阈值电压, 则该电路的电压传输特性有何改变?

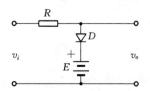   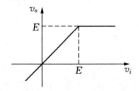

解 若不考虑二极管的阈值电压,当输入电压大于 E 时,二极管导通,输出电压被箝位在电平 E 上不变,故该电路具有如上图右图所示的电压传输特性.如果考虑二极管的阈值电压,当输入电压大于 $V_{BE(on)}+E$ 时,二极管导通,输出电压被箝位在电平 $(V_{BE(on)}+E)$ 上不变,故该电路电压传输特性应将上图右图中的 E 改为 $V_{BE(on)}+E$.

6. 下图是一种双向限幅电路.假设二极管为理想二极管,试画出 $v_i \sim v_o$ 的电压传输特性曲线.

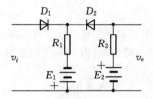

解 定义节点 A 如下图所示:

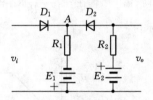

当 $v_i < V_A < E_2$ 时,D_1 截止、D_2 导通,此时 $V_A = \dfrac{E_2+E_1}{R_1+R_2}R_1 - E_1$,即:当 $v_i < V_A = \left(\dfrac{E_2+E_1}{R_1+R_2}R_1 - E_1\right)$ 时,D_1 截止、D_2 导通,输出电压限幅在 $V_A = \dfrac{E_2+E_1}{R_1+R_2}R_1 - E_1$.

当输入电压大于 E_2 时,D_1 导通、D_2 截止,输出限幅在 E_2.

而当 $\left(\dfrac{E_2+E_1}{R_1+R_2}R_1 - E_1\right)=V_A < v_i < E_2$ 时,D_1、D_2 都导通,输出跟随输入变化.转移特性曲线如下图所示(假定 $V_A < 0$):

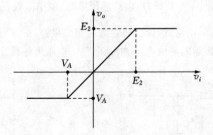

7. 下图也是一种双向限幅电路.试用带阈值的理想二极管模型分析 $v_i \sim v_o$ 的电压传输特性曲

线. 若考虑二极管导通后具有比较小的导通电阻, 上述电压传输特性曲线有什么改变?

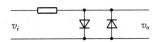

解　由于是带阈值的理想二极管, 则当输入信号的绝对值大于二极管的导通电压时, 输出限幅在二极管导通电压阈值的正负值上, 当输入信号的绝对值小于二极管的导通电压时, 两个二极管都截止, 输出跟随输入变化.

转移特性曲线如下图所示:

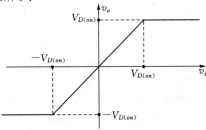

若考虑二极管导通电阻, 则当二极管导通后, 输出信号的绝对值随输入信号的绝对值增加而略有增加(线性增加).

8. 设下图电路中, 稳压管的主要参数为 $V_Z = 5\text{ V}$、$I_Z = 10\text{ mA}$、$I_{Z(\min)} = 2\text{ mA}$、$I_{Z(\max)} = 20\text{ mA}$、$r_z = 5\ \Omega$. 若输入电压的最大值为 12 V、最小值为 8 V, 负载电阻为 1 kΩ, 试计算符合要求的限流电阻 R 的阻值范围, 在此范围内选择一个合适的阻值并计算此电路的稳压系数和动态内阻.

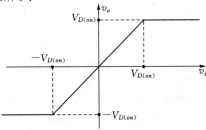

解　输入电压最大时, 流过稳压管的电流不应超过其最大值 $I_{Z(\max)}$, 当输入电压最小时, 流过稳压管的电流不应小于其最小值 $I_{Z(\min)}$, 即:

$$\frac{12-5}{20+\dfrac{5}{1}} < R < \frac{8-5}{2+\dfrac{5}{1}}$$

注意上式忽略了稳压管自身的电压变化. 根据上式, 取 $R = 350\ \Omega$, 估算输入电压分别为 12 V 和 8 V 时稳压管电流的变化为

$$\left(\frac{12-5}{0.35}-\frac{5}{1}\right)-\left(\frac{8-5}{0.35}-\frac{5}{1}\right) = 11.43\text{(mA)}$$

则　　　　　　　　　　　　　　$\Delta v_o = 11.43 \times 5 = 57.15\text{(mV)}$

$$\frac{\Delta v_o}{v_o} \times 100\% = 1.14\%$$

而 $\frac{\Delta v_i}{v_i} \times 100\% = 50\%$,则稳压系数为 0.022 8,动态内阻近似为 $r_z = 5\ \Omega$.

9. 有人认为:由于 PNP 晶体管的极性与 NPN 晶体管的极性相反,集电极电流的方向也相反, 所以它们的交流小信号模型中相关电流源的电流应该反相,如下图所示.此说法是否正确? 为什么?

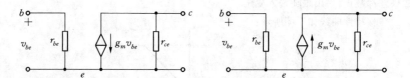

解 此种说法不正确,PNP 晶体管与 NPN 晶体管集电极电流相反,是指其直流电流方向 相反.但是在交流小信号模型中,相关电流源的方向是指流过晶体管的电流增量的方向. 在 NPN 晶体管中,v_{be} 为正时,I_c 增加,所以相关电流源方向由集电极指向发射极;在 PNP 晶体管中,v_{be} 为正时,I_c 减少,由于直流 I_c 的方向由发射极指向集电极,I_c 减少相当于 增加一个集电极指向发射极的增量电流,所以相关电流源方向仍然由集电极指向发 射极.

10. 在以下电路中,晶体管参数为:$\beta = 100$,$r_{bb'} = 60\ \Omega$,$C_{ob} = 0.5\ \text{pF}$,$f_T = 100\ \text{MHz}$,$V_A = 100\ \text{V}$. 估算的它们的静态工作点、低频小信号模型参数 r_{be}、g_m、r_{ce} 以及高频小信号模型参 数 C_π、C_μ.

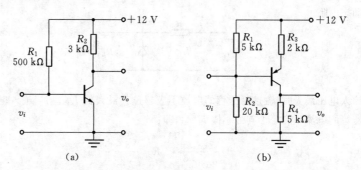

(a)   (b)

解 假定图中所有信号源对于直流信号均为开路,则有下面的讨论.
对图(a)所示电路,首先计算电路的静态工作点,

$$\begin{cases} 12 = 0.7 + I_B \times 500 \\ V_{CE} = 12 - 100 \times I_B \times 3 \end{cases},\ 得 \begin{cases} I_B = 0.022\ 6\ \text{mA} \\ V_{CE} = 5.22\ \text{V} \end{cases}$$

则 $r_{be} = r_{bb'} + (1+\beta) \times \dfrac{V_T}{I_{EQ}} = 60 + \dfrac{26}{I_B} \approx 60 + 1\ 150 = 1\ 210(\Omega)$

$$g_m = \frac{I_{CQ}}{V_T} = \frac{2.26}{26} = 86.92(\text{mS})$$

$$r_{ce} \approx \frac{V_A}{I_{CQ}} = \frac{100}{2.26} \approx 44.25(\text{k}\Omega)$$

$$C_\mu \approx C_{ob}$$

$$C_\pi = \frac{\beta_0}{2\pi f_T r_{b'e}} - C_{b'c} = \frac{100}{2 \times 3.14 \times 100 \times 10^6 \times 1\,210} - 0.5 \times 10^{-12} \approx 131.1(\text{pF})$$

对图(b)所示电路,首先计算电路的静态工作点,

$$12 \times \frac{5}{20+5} = 0.7 + I_B \times (5 \,//\, 20) + (1+\beta) \times I_B \times 2$$

求得 $$I_C \approx 0.85 \text{ mA}$$

$$V_{EC} \approx 12 - (5+2) \times 0.85 = 6.05(\text{V})$$

则 $r_{be} = r_{bb'} + \beta \times \dfrac{V_T}{I_{CQ}} = 60 + \dfrac{26}{I_C} \times 100 \approx 60 + 3\,058.8 = 3\,118.8(\Omega)$

$$g_m = \frac{I_{CQ}}{V_T} = \frac{0.85}{26} = 32.69(\text{mS})$$

$$r_{ce} \approx \frac{V_A}{I_{CQ}} = \frac{100}{0.85} \approx 117.65(\text{k}\Omega)$$

$$C_\mu \approx C_{ob}$$

$$C_\pi = \frac{\beta_0}{2\pi f_T r_{b'e}} - C_{b'c} = \frac{100}{2 \times 3.14 \times 100 \times 10^6 \times 3\,118.8} - 0.5 \times 10^{-12} \approx 50.56(\text{pF})$$

11. 晶体管的 β 和 $V_{BE(on)}$ 都会由于温度的影响而改变. 若已知 β 的变化率为 $\dfrac{\mathrm{d}\beta}{\beta} \cdot \dfrac{1}{\mathrm{d}T} = 1\%/℃$,

$V_{BE(on)}$ 的变化率为 $\dfrac{\mathrm{d}V_{BE(on)}}{\mathrm{d}T} = -2 \text{ mV}/℃$. 当环境温度升高 25 ℃ 时,上一题中的两个电路的

集电极电流将各升高多少?

解 根据题目给出的已知条件,当环境温度升高 25 ℃ 时,

$$\beta = 100 + 25 = 125$$

$$V_{BE(on)} = 0.7 - 25 \times 2 \times 10^{-3} = 0.65(\text{V})$$

对第 10 题中的图(a),有

$$I_C = \frac{12 - 0.65}{500} \times 125 = 2.84(\text{mA}), 升高 2.84 - 2.26 = 0.58(\text{mA})$$

对第 10 题中的图(b),有

$$12 \times \frac{5}{20+5} = 0.65 + I_B \times (5 \,//\, 20) + (125+1) \times I_B \times 2$$

$$I_C = 125 \times I_B \approx 0.875(\text{mA})$$

仅升高 0.025 mA,可见图(b)电路的稳定性要好得多.

12. 假定以下电路中晶体管的 β 均为100,确定它们是否工作在放大区. 若不是,将电路作最小的修改以使晶体管工作正常.

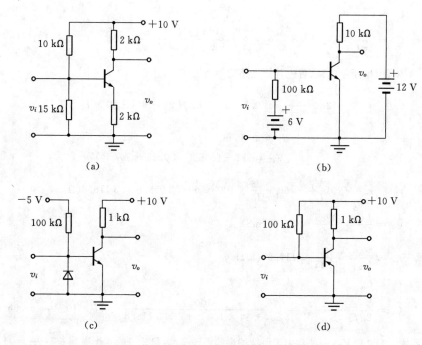

(a)

(b)

(c)

(d)

解 假定图中所有信号源对于直流信号均为开路,则有下面的讨论.

对图(a)所示电路,先假定三极管工作在放大区,则基极回路方程为

$$10 \times \frac{15}{10+15} = 0.7 + I_B \times (10 \mathbin{/\mkern-5mu/} 15) + (1+100) \times I_B \times 2$$

由此得

$$I_C = 100 \times I_B \approx 2.65(\text{mA})$$

$$V_{CE} = 10 - I_C \times 2 - \frac{101}{100} \times I_C \times 2 < 0$$

故三极管没有工作在放大区. 为使三极管工作在放大区,一种方法是减小基极电流使其脱离饱和区,为此将 10 kΩ 的基极偏置电阻增大,或将集电极电阻减小.

对图(b)所示电路,先假定三极管工作在放大区,则基极回路方程为

$$6 = 0.7 + I_B \times 100$$

由此得

$$I_C = 100 \times I_B \approx 5.3(\text{mA})$$

$$V_{CE} = 12 - I_C \times 10 < 0$$

故三极管没有工作在放大区. 为使三极管工作在放大区,一种方法是将集电极偏置电阻减小使其脱离饱和区,当然也可以减小发射极回路的直流电源数值,以减小基极电流使其脱离饱和区.

对图(c)所示电路,三极管发射结处于反向偏置状态,三极管工作在截止区,为此一种比较简单的办法是将−5 V 直流电源改为+5 V 直流电源.

对图(d)所示电路,三极管是 PNP,发射结处于反向偏置状态,集电结的偏置状态也不正确,为此一种比较简单的办法是将 10 V 直流电源改为−10 V 直流电源,适当增加 100 K 电阻的阻值.

13. 已知下图场效应管的 $\frac{1}{2}\mu_n C_{OX}\frac{W}{l} = 0.5 \text{ mA/V}^2$, $V_{GS(on)} = 3 \text{ V}$, $V_A = 80 \text{ V}$. $R_{G1} = 30 \text{ k}\Omega$, $R_{G2} = 18 \text{ k}\Omega$, $R_{G3} = 1 \text{ M}\Omega$, $R_D = 5 \text{ k}\Omega$, $V_{DD} = 12 \text{ V}$. 试求该场效应管静态工作点和低频小信号模型参数.

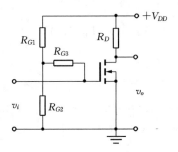

解 假定图中所有信号源对于直流信号均为开路,设场效应管工作在饱和区,考虑沟道长度调制效应有

$$V_{GS} = V_{DD} \times \frac{R_{G2}}{R_{G1} + R_{G2}} = 4.5(\text{V})$$

$$I_D = \frac{\mu_n C_{OX} W}{2l}(V_{GS} - V_{GS(on)})^2 \left(1 + \frac{V_{DS}}{V_A}\right)$$

$$V_{DS} = V_{DD} - I_D R_D = 12 - 5I_D$$

求得
$$I_D \approx 1.21 \text{ mA}$$
$$V_{DS} \approx 5.96 \text{ V}$$

$$g_m = \frac{\mu_n C_{OX} W}{l}(V_{GS} - V_{GS(on)}) = 1.5(\text{mS})$$

$$r_{ds} = \frac{V_A}{I_{DQ}} = \frac{80}{1.21} \approx 66.17(\text{k}\Omega)$$

14. 已知下图场效应管的 $I_{DSS} = 6 \text{ mA}$, $V_{GS(off)} = -2 \text{ V}$, $V_A = 100 \text{ V}$. $R_G = 1 \text{ M}\Omega$, $R_s = 3 \text{ k}\Omega$,

$R_D = 5 \text{ k}\Omega$, $V_{DD} = 12 \text{ V}$. 试求该场效应管的静态工作点和低频小信号模型参数.

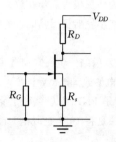

解 这是一个自给偏置的结型场效应放大器,为计算方便,先忽略沟道长度调制效应,由电路图可得

$$V_{GS} = - I_D R_s$$

$$I_D = I_{DSS} \left(1 - \frac{V_{GS}}{V_{GS(off)}} \right)^2 = 6 \times \left(1 - \frac{3I_D}{2} \right)^2$$

$$V_{DS} = V_{DD} - I_D(R_D + R_s)$$

求得

$$I_{D1} \approx 0.93 \text{ mA}$$

$$I_{D2} \approx 0.48 \text{ mA}$$

由于 $I_{D1} \approx 0.93 \text{ mA}$ 时,$V_{GS} = -2.79 \text{ V} < V_{GS(off)}$,所以此电流不符合电路要求,可能的工作点只有一个,即 $I_D = 0.48 \text{ mA}$,则

$$g_m = - \frac{2}{V_{GS(off)}} \sqrt{I_{DSS} \cdot I_{DQ}} = - \frac{2}{-2} \times \sqrt{6 \times 0.48} = 1.697 (\text{mS})$$

$$r_{ds} = \frac{V_A}{I_{DQ}} = \frac{100}{0.48} = 204.28 (\text{k}\Omega)$$

15. 略.

16. 分析以下场效应管电路,确定它们能否工作在饱和区并说明理由.

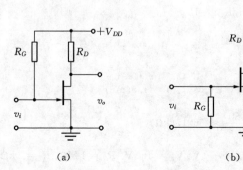

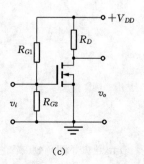

(a)　　　　　　　　　　(b)　　　　　　　　　　(c)

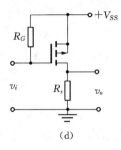

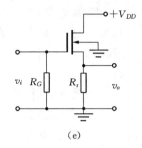

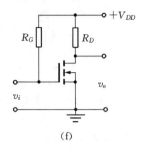

　　　　　　(d)　　　　　　　　　　　　(e)　　　　　　　　　　　　(f)

　　解　假定图中所有信号源对于直流信号均为开路,则有下面的讨论.

　　　　图(a)电路不能工作在饱和区,原因是对于 N 沟道结型场效应管,V_{GS} 应小于零,而图中电路大于零.

　　　　图(b)电路不能工作在饱和区,原因是对于 N 沟道结型场效应管,V_{GS} 应小于零,而图中电路等于零.

　　　　图(c)电路可能工作在饱和区.

　　　　图(d)电路不能工作在饱和区,原因是对于 P 沟道增强型 MOS 场效应管,V_{GS}、V_{DS} 应小于零,而图中电路大于零.

　　　　图(e)、图(f)电路可能工作在饱和区.

17. 略.

§2.3　用于参考的扩充内容

2.3.1　半导体器件的 Pspice 模型

一、二极管的 Pspice 模型

　　在本章讲解二极管电路模型时,我们提到了二极管的伏安特性是一个非线性模型,在电子线路 EDA 软件中,采用的半导体器件模型往往比较复杂,模型参数也比较多,本节简要介绍这些半导体器件的 CAD 模型,供读者参考.

　　不同版本、不同类型二极管模型的具体参数有所差别,其中决定二极管直流特性的参数有:I_s(反向饱和电流,单位:A)、N(发射系数)、R_s(寄生串联体电阻或欧姆电阻,单位:Ω)、I_{sr}(复合电流参数,单位:A)、$Nr(I_{sr}$ 的发射系数)、B_v(反向击穿电压,单位:V)、I_{bv}(反向击穿时电流,单位:A). 频率特性和瞬态特性参数有:C_{jo}(零偏置 PN 结势垒电容,单位:F)、V_j(PN 结内建势垒,单位:V)、M(PN 结梯度因子)、F_c(正偏耗尽电容公式系数)、T_t(渡越时间或载流子平均寿命,单位:s)、

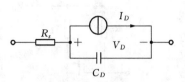

图 2-30   二极管模型

E_g(禁带宽度,单位:eV)等. 描述二极管模型的参数还有温度参数 X_{ti}(I_s 的温度系数)和噪声参数 K_f(闪烁噪声系数)、A_f(闪烁噪声指数).

二极管模型如图 2-30 所示.

R_s 是上述寄生串联体电阻或欧姆电阻,C_D 是等效电容,I_D 是二极管电流. 设二极管端电压为 V_D,则二极管数学模型一般描述为

$$I_D = I_s(\mathrm{e}^{V_D/\eta V_T} - 1)$$

其中,

$$I_s = A_j q \left(\frac{D_n}{L_n N_A} + \frac{D_p}{L_p N_D} \right) n_i^2$$

式中,A_j 是 PN 结面积,N_A、N_D 是受主杂质和施主杂质的掺杂浓度,D_n、D_p 是自由电子和空穴扩散系数,n_i 是本征浓度,η 是发射系数,q 是电子电荷量,L_n、L_p 分别是自由电子和空穴扩散长度.

反偏时,如果反偏电压等于反向击穿电压,则二极管电流就是 I_{BV}(反向击穿时电流).

二极管势垒电容公式为 $C_T = C_0 \left(1 - \dfrac{V_D}{V_B} \right)^{-m}$,其中 C_0 是零偏置 PN 结势垒电容,m 是 PN 结梯度因子.

二极管扩散电容公式为 $C_D = \tau I_D$,其中 τ 是渡越时间或载流子平均寿命.

二、双极型晶体管的 Pspice 模型

双极型晶体管模型常用的有 Ebers-Moll 模型(EM 模型)和 Gummel-Poon 模型(GP 模型),EM 模型不断改进,目前较通用的 EM3 模型. Pspice 模型采用 EM2 和改进的 GP 模型.

双极型晶体管常用的 Pspice 模型参数如表 2-1 所示.

表 2-1   双极型晶体管常用 Pspice 模型参数

参　　数	符号	单位	参　　数	符号	单位
反向饱和电流	I_s	A	零偏置 B-C 结势垒电容	C_{jc}	F
I_s 的温度系数	X_{ti}		B-C 结梯度因子	M_{jc}	
禁带宽度	E_g	电子伏特	B-C 结内建势垒	V_{jc}	V

（续表）

参　　数	符号	单位	参　　数	符号	单位
正向厄尔利电压	V_{af}	V	正偏压势垒电容公式中的系数	F_c	
理想最大正向电流增益	B_f		零偏置 B-E 结势垒电容	C_{je}	F
B-E 结泄漏发射系数	N_e		B-E 结梯度因子	M_{je}	
B-E 结泄漏饱和电流	I_{se}	A	B-E 结内建势垒	V_{je}	V
正向 β_F 大电流下降点	I_{kf}	A	反向渡越时间	T_r	s
β 的温度指数	X_{tb}		正向渡越时间	T_f	s
理想最大反向电流增益	B_r		T_f 的大电流参数	I_{tf}	
B-C 结泄漏发射系数	N_c		T_f 随集电结电压变化的电压	V_{tf}	V
B-C 结泄漏饱和电流	I_{sc}	A	T_f 随偏置变化系数	X_{tf}	
反向 β_R 大电流下降点	I_{kr}	A	基极体电阻	R_b	Ω
集电极体电阻	R_c	Ω			

双极型晶体管的 EM2 等效电路模型如图 2-31 所示.

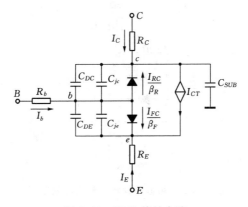

图 2-31　EM2 等效电路

其中大部分参数前面已经作了介绍, C_{SUB} 为衬底电容. 电流源电流为

$$I_{CT} = I_{FC} - I_{RC} = I_s [\mathrm{e}^{(qV_{be}/kT)} - \mathrm{e}^{(qV_{bc}/kT)}]$$

三、结型场效应管的 Pspice 模型

结型场效应管常用 Pspice 模型参数如表 2-2 所示.

表 2-2　结型场效应管常用 Pspice 模型参数

参　数	符号	单位	参　数	符号	单位
跨导系数	$Beta$	A/V²	I_{sr} 的发射系数	Nr	
跨导系数温度系数	$Betatce$	%/℃	I_s 的温度系数	X_{ti}	
漏极电阻	R_d	Ω	零偏置栅漏电容	Cgd	F
源极电阻	R_s	Ω	栅极 PN 结梯度因子	M	
沟道长度调制系数	$Lambda$	1/V	栅极 PN 结内建电势	Pb	V
开启或夹断电压	Vto	V	正偏势垒电容系数	Fc	
开启或夹断电压的温度系数	$Vtotc$	%/℃	零偏置栅源电容	Cgs	F
栅极 PN 结饱和电流	I_s	A	闪烁噪声系数	Kf	
复合电流参数	I_{sr}	A	闪烁噪声系数	Af	
栅极 PN 结发射系数	N				

图 2-32 给出了一个 N 沟道结型场效应管的等效电路模型. 其中, 二极管模拟反偏 PN 结, 受控源模拟漏源电流, 电容模拟栅源和栅漏间的电容.

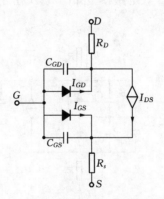

图 2-32　N 沟道结型场效应管等效电路

四、MOS 场效应管的 Pspice 模型

MOS 场效应管的常用 Pspice 模型参数如表 2-3 所示.

表 2-3　MOS 场效应管常用 Pspice 模型参数

参　数	符号	单位	参　数	符号	单位
体材料阈值参数	$Gamma$	V¹ᐟ²	跨导参数	Kp	A/V²
阈值电压的沟道宽度效应系数	$Delta$		零偏阈值电压	Vto	V

（续表）

参　　　数	符号	单位	参　　　数	符号	单位
静态反馈系数	Eta		零偏 B-D 结电容	Cbd	F
迁移率调制系数	$Theta$		衬底结电势	Pb	V
载流子最大漂移速度	V_{max}	m/s	正偏势垒电容系数	Fc	
结深	Xj	m	零偏 G-S 结电容	$Cgso$	F
氧化层厚度	Tox	m	零偏 G-D 结电容	$Cgdo$	F
载流子表面迁移率	U_o	cm² /V . s	漏极电阻	Rd	Ω
表面电势	Phi	V	源极电阻	Rs	Ω

　　图 2-33 给出了一个 N 沟道 MOS 场效应管的等效电路模型. 其中, 二极管模拟反偏 PN 结, 受控源模拟漏源电流, 电容模拟栅源、栅漏、衬源、衬漏间的电容.

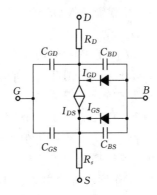

图 2-33　N 沟道 MOS 场效应管的等效电路模型

2.3.2　VMOS 管及其他功率 MOS 管介绍

　　双极型功率晶体管为了解决集电极散热问题, 一般采用集电极直接固定在金属底座上、金属底座又与管壳相连的结构, 必要时金属底座上加装散热器. 由于 MOS 场效应管工作在放大区时, 近漏端的夹断区功率消耗相对较大, 但由于漏区面积很小, 热量散发不快也不易安装散热器, 因此 MOS 管不能承受较大功率. VMOS 管则加大了漏区的散热面积, 较好地解决了散热问题. 图 2-34 是 N 沟道增强型 VMOS 管的结构示意图.

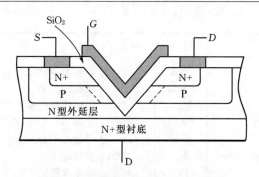

图 2-34　N 沟道增强型 VMOS 管

VMOS 因存在 V 型槽而得名,当栅源电压大于开启电压时,在 P 区靠近 V 型绝缘层,形成以自由电子为主的反型层,该反型层与 N 型外延层相通形成 V 型导电沟道.当漏源间加正电压时,就形成漏源电流.由于漏极散热面积大,便于安装散热器,因此 VMOS 可以制作成大功率管.VMOS 管上限工作频率较高,但承受的电压和电流比其他功率 MOS 管相对较小.

在功率 MOS 管中,还有双扩散 MOS 功率管和绝缘栅双极型功率管(Insulated Gate Bipolar Transistor,简称 IGBT),它们都有较大的漏极散热面积,便于安装散热器.双扩散 MOS 功率管可承受的电流高达数百安,电压高达几百伏甚至上千伏.与双极型功率晶体管相比,双扩散 MOS 功率管具有输入激励电流小、不产生二次击穿、开关工作速度高(开关频率高达 100 kHz～500 kHz)等优点,但其工作在非饱和区的导通电阻较双极型功率管工作在饱和区的导通电阻大(尤其在高压情况下迅速增大),IGBT 工作饱和导通电阻较小,且能承受高压和大电流,但开关频率比双扩散 MOS 管低(一般限于 50 kHz 以下).

第 3 章　晶体管放大器

§3.1　要点与难点分析

　　本章主要讲解单管放大器及其组合放大电路的工作原理、性能特点和分析方法. 在进行这一章学习时, 要带着这样一个问题来学: 怎样用三极管设计一个合适的满足一定性能要求的基本放大电路? 这个问题其实包含许多小问题, 如: 要放大什么样的信号(即信号源是电流源还是电压源? 内阻是多少? 频率范围是多少? 信号幅度有多大?), 要驱动什么样的负载(如对电阻型负载, 主要是负载电阻的大小, 负载需要多大范围的驱动电流或电压等)? 如何选取三极管(对三极管类型、工作频率、额定功率等方面有哪些要求)? 如何构造合适的放大电路(包括三极管的组态、偏置电路的设计)? 要解决这些问题, 我们需要理解放大器输入输出电阻、增益和带宽等基本概念; 掌握三类基本放大电路的分析方法和性能特点; 了解稳定直流偏置电路的设计原则以及组合放大电路的构造原则等. 带着设计性的问题来学习, 有助于引导我们正确理解、分析放大电路的结构、工作过程和性能特点.

　　在具体的放大电路中, 往往是交直流信号并存, 却各具有不同的通路, 同一个电阻或器件在直流通路和交流通路所起的作用并不相同. 直流偏置电路给三极管提供合适、稳定的静态工作点. 放大电路的交流通路反映了信号放大的过程, 从信号源如何接入放大器开始, 这一过程还包括信号源信号如何有效地作用到放大器的输入端和三极管的控制端, 三极管对信号的传输控制和放大(显然不同组态, 这种传输控制和放大作用是不同的)、信号如何有效地作用到放大器的外接负载上等, 当然对于多级放大电路而言, 后级放大电路就是前级的负载, 而前级放大电路的输出电阻就是后级放大电路的等效信号源内阻.

　　本章的难点是各类放大电路输入输出电阻、增益的求解以及组合放大电路分析, 尤其是输出电阻的求解, 因此对于基本放大器不同情况下输出电阻的求解是本章例题讲解的重点之一.

一、放大器直流偏置电路的分析

　　放大器直流偏置电路的分析方法有: 图解法、CAD 法和近似估算法, 其中近似估算法将三极管用直流大信号简化等效电路代替、电容开路、电感短路、交流电压信号源短路、交流电流信号源开路,得到电路的直流等效电路,再利用电路分析的方程分析法或等效变换分析方法求得电路的静态工作点.静态分析的另一个重点是工作点的稳定性,要求放大器静态工作点在温度变化、电源电压波动等外界因素变化甚至更换管子时力求维持不变.常用的稳定工作点的方法有负反馈(如分压偏置等)、温度补偿、恒流偏置(集成运放内部偏置电路)等.

例3-1　分压偏置共发放大电路如图 3-1 所示,设电容对交流信号短路,设 $V_{CC} = 12\text{ V}$, $\beta = 100$, $V_{BE(on)} = 0.7\text{ V}$, $R_C = R_L = 3.3\text{ k}\Omega$, $I_C = 1.5\text{ mA}$.

(1) 设计一组合理的偏置电阻以得到稳定、合适的静态工作点.

(2) 设放大器工作点合适,信号源为正弦波电压信号,逐渐加大输入信号幅度,一直到输出端测得正弦波输出信号波形最大不失真为止,此时如果分别增大或减小 R_1、R_2、R_E,则静态工作点会发生怎样的变化? 如果工作点变化使输出波形失真,则分别可能出现什么样的波形失真现象? 为什么?

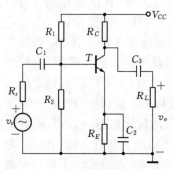

图 3-1　分压偏置共发放大电路

解　(1) 这是一个电流负反馈稳定静态工作点的例子,其特点是静态工作电流被发射极电阻取样,由此产生的发射极直流电压的极性是反抗因器件参数变化而引起的静态工作电流变化.那么该分压偏置电路中的各个电阻应该满足什么样的关系才能起到很好的作用呢? 温度变化对工作点的影响是通过 β、$V_{BE(on)}$、I_{CBO} 这 3 个对温度敏感的管子参数变化而产生的,每升高1 ℃,β 的相对值增加 1%,$V_{BE(on)}$ 减小 2.5 mV,每升高 10 ℃,I_{CBO} 增加一倍. 列写静态偏置方程如下:

$$V_B = V_{CC}\frac{R_2}{R_1 + R_2}$$

令 $R_B = R_1 /\!/ R_2$,

$$V_B = I_B R_B + V_{BE(on)} + (I_B + I_C)R_E$$
$$I_C = \beta I_B + (1+\beta)I_{CBO}$$

求得
$$I_C = \frac{\beta(V_B - V_{BE(on)}) + I_{CBO}(1+\beta)(R_E + R_B)}{R_B + (1+\beta)R_E}$$

由上式可见,如果满足 $V_B - V_{BE(on)} \gg I_{CBO}(R_E + R_B)$,则 I_{CBO} 的影响可以忽略,则

$$I_C \approx \frac{\beta(V_B - V_{BE(on)})}{R_B + (1+\beta)R_E}$$

如果 $\beta R_E \gg R_B$, 则

$$I_C \approx \frac{(V_B - V_{BE(on)})}{R_E}$$

$V_B \gg V_{BE(on)}$, 则 $I_C \approx \dfrac{V_B}{R_E}$, 放大器在参数变化时能够保持工作点的稳定. 工程上一般取

$$V_{EQ} \approx I_{E1}R_E = 0.2V_{CC}, \ \beta R_E \approx (5 \sim 10)R_B$$

根据以上结论, 取 $R_E = 1.5 \text{ k}\Omega$, $R_B = R_1 \ // \ R_2 = 15(\text{k}\Omega)$, 而

$$V_B = V_{CC} \frac{R_2}{R_1 + R_2} = 0.7 + 2.4 = 3.1(\text{V})$$

可求得 $\qquad\qquad\qquad R_1 \approx 58 \text{ k}\Omega, \ R_2 \approx 20 \text{ k}\Omega.$

（2）增加 R_1 或减小 R_2 使三极管的基极电位下降, 从而使三极管的基极电流减小, 在输出特性曲线上, 工作点沿直流负载线下移, 有可能出现截止失真, 由于是反相放大器, 故若出现截止失真, 输出正弦电压波形会正半周削波. 反之减小 R_1 或增大 R_2, 有可能出现饱和失真, 输出正弦电压波形会负半周削波.

增加 R_E 会使三极管的工作电流减小（假设三极管基极电位基本不变）, 有可能出现截止失真, 反之减小 R_E 有可能出现饱和失真.

例 3-2 场效应管放大电路如图 3-2 所示, 已知电源电压等于 5 V, 场效应管开启电压为 2 V, $\frac{1}{2}\mu_n C_{OX} \frac{W}{L} = 4 \text{ mA/V}^2$.

（1）说明该放大器偏置电路如何稳定静态工作点？

（2）这种偏置电路是否适用于耗尽型场效应管放大电路？为什么？

（3）设 $I_D = 1 \text{ mA}$, 求 R_D、R_{G1}、R_{G2} 的值.

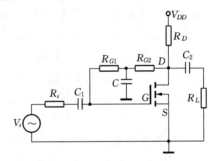

图 3-2　场效应管放大电路

解　（1）这是一个电压负反馈式偏置电路, 由于场效应管栅极基本不取电流, R_{G1}、R_{G2} 静态电流近似为零, 场效应管漏极和栅极电位相同（所以如果栅源电压大于开启电压, 场效应管一定工作在放大区）, 当由于某种原因使漏极电流增加, 则漏极电位下降, 从而引起栅极电位下降, 即 V_{GS} 下降, 使漏极电流减小.

（2）这种偏置电路不适用于耗尽型场效应管放大电路, 因为其栅漏电压为零,

不能实现近漏端的反型层消失,从而不可能工作在放大区.

(3) 根据公式,有

$$I_D = \frac{1}{2}\mu_n C_{OX} \frac{W}{L}(V_{GS} - V_{GS(th)})^2$$

可求得

$$4 \times (V_{GS} - 2)^2 = 1, \quad V_{GS} = 2.5(\text{V}),$$

$$I_D = (V_{DD} - V_{GS})/R_D, \quad 1 = (5 - 2.5)/R_D, \quad R_D = 2.5(\text{k}\Omega).$$

R_{G1}、R_{G2} 取值应很大,因为它们分别影响放大器的输入电阻和交流负载电阻,如可取为 500 kΩ.

二、放大器动态小信号分析

放大器动态小信号分析分为不考虑耦合电容、旁路电容、三极管寄生电容的中频特性分析和考虑电容效应的放大器频率特性分析. 中频特性分析时,将三极管用其小信号简化电路模型代替,将耦合电容、旁路电容和直流电源短路,画出放大器的交流通路和小信号等效电路,再利用电路分析的知识求解电路. 其实当熟悉三类基本放大电路的放大特性和基本计算公式后,可以先判断各管工作组态,然后直接写出各基本组态放大器的动态指标公式. 对多级组合放大器求输入电阻和增益时,应注意后级放大器的输入电阻是前级的负载电阻,求输出电阻时,前级的输出电阻是后级的等效信号源内阻. 因此熟练掌握三类基本放大电路的放大特性和基本计算公式,对于提高放大电路的分析计算能力、读图能力是很有必要的.

放大器频率特性分析则主要采用变换域分析方法,三极管用其高频小信号电路模型代替,注意共发射极(共源)情况下,应用密勒定理简化电路分析. 对于三类基本组态放大器能够定性掌握其频率特性和影响其高频特性和低频特性的关键因素.

例 3-3 双极型三极管和场效应管三类基本放大器的交流通路分别如图 3-3 所示,其中 R_1, R_2 为各管输入输出端的等效外接交流电阻. 请用共发射极小信号等效电路分别推导图 3-3(a)、(b)、(c)电路的输入输出电阻、电压增益. 分别将 (a)、(b)、(c)电路的输入输出电阻、电压增益表达式中,令 $r_{be} = (\infty)$,$r_{ce} = r_{ds}$,可否直接写出对应图 3-3(d)、(e)、(f)的输入输出电阻、电压增益?

解 (1) 利用共发射极小信号等效模型得图 3-3(a)的小信号等效电路,如图 3-4 所示.

输入电阻 $r_i = R_1 /\!/ r_{be}$;输出电阻 $r_o = R_2 /\!/ r_{ce}$;电压增益 $A_v = -g_m R_2 /\!/ r_{ce}$.

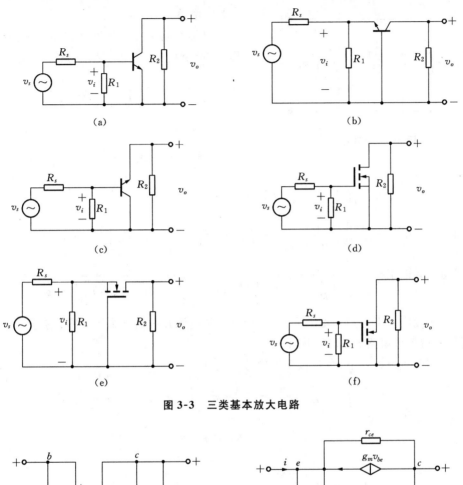

（a）　（b）

（c）　（d）

（e）　（f）

图 3-3　三类基本放大电路

图 3-4　图(a)的小信号等效电路　　**图 3-5　图(b)的小信号等效电路**

图 3-3(b)的小信号等效电路如图 3-5 所示.

共基极电路可以有两种求解方法,一种是忽略 r_{ce},并利用电源转移原理化简电路,如图 3-6 所示.

其中,$1/g_m$ 与 r_{be} 并联等于 r_e,可求得输入电阻 $r_i \approx R_1 \ /\!/ \ r_e$；输出电阻 $r_o \approx$

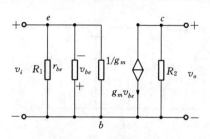

图 3-6 等效电路

R_2；电压增益 $A_v \approx g_m R_2$．

如果不忽略 r_{ce}，直接利用图 3-5 列节点方程如下(令基极 b 为参考节点)：

$$v_o\left(\frac{1}{R_2}+\frac{1}{r_{ce}}\right) - v_i\frac{1}{r_{ce}} = -g_m v_{be} = g_m v_i$$

则电压增益

$$A_v = \frac{v_o}{v_i} = \left(g_m+\frac{1}{r_{ce}}\right)\cdot(r_{ce} /\!/ R_2)$$

而

$$i = v_i\left(\frac{1}{R_1}+\frac{1}{r_{be}}\right)+(v_i-v_o)\frac{1}{r_{ce}} - g_m v_{be}$$

$$= v_i\left(\frac{1}{R_1}+\frac{1}{r_{be}}\right)+\left[v_i-\left(g_m+\frac{1}{r_{ce}}\right)\cdot(r_{ce}/\!/R_2)v_i\right]\frac{1}{r_{ce}}+g_m v_i$$

可得输入电阻

$$r_i = \cfrac{1}{\left(\dfrac{1}{R_1}+\dfrac{1}{r_{be}}\right)+\left[1-\left(g_m+\dfrac{1}{r_{ce}}\right)\cdot(r_{ce}/\!/R_2)\right]\dfrac{1}{r_{ce}}+g_m}$$

求输出电阻可用外加电源法,输出端外加电源并让信号源等于零,信号源内阻保留,得等效电路如图 3-7 所示.

列节点方程如下(令基极 b 为参考节点)：

$$v_e\left(\frac{1}{R_s}+\frac{1}{R_1}+\frac{1}{r_{be}}+\frac{1}{r_{ce}}\right) - v\frac{1}{r_{ce}} = g_m v_{be} = -g_m v_e$$

可得

$$v_e = v\frac{1}{r_{ce}}\left(R_s /\!/ R_1 /\!/ r_{be} /\!/ r_{ce} /\!/ \frac{1}{g_m}\right)$$

而

$$i = \frac{v}{R_2}+\frac{v-v_e}{r_{ce}}+g_m v_{be} = \frac{v}{R_2}+\frac{v-v_e}{r_{ce}}-g_m v_e$$

求得

$$r_o = R_2 /\!/ \left[r_{ce}+R_s /\!/ R_1 /\!/ r_{be}+g_m r_{ce}(R_s /\!/ R_1 /\!/ r_{be})\right]$$

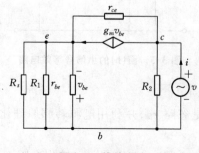

图 3-7 等效电路

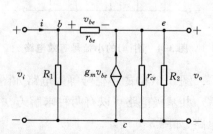

图 3-8 图(c)的小信号等效电路

图 3-3(c)的小信号等效电路如图 3-8 所示，则

$$v_i = v_{be} + \left(\frac{v_{be}}{r_{be}} + g_m v_{be} \right)(R_2 \ /\!/ \ r_{ce})$$

$$v_o = \left(\frac{v_{be}}{r_{be}} + g_m v_{be} \right)(R_2 \ /\!/ \ r_{ce})$$

$$i = \frac{v_{be}}{r_{be}} + \frac{v_{be} + \left(\frac{v_{be}}{r_{be}} + g_m v_{be} \right)(R_2 \ /\!/ \ r_{ce})}{R_1}$$

求得　　　　　输入电阻 $r_i = R_1 \ /\!/ \ [r_{be} + (1 + g_m r_{be})(R_2 \ /\!/ \ r_{ce})]$

电压增益 $A_v = \dfrac{(1 + g_m r_{be})(R_2 \ /\!/ \ r_{ce})}{r_{be} + (1 + g_m r_{be})(R_2 \ /\!/ \ r_{ce})}$

求输出电阻可用外加电源法，输出端外加电源并让信号源等于零，信号源内阻保留，得等效电路如图 3-9 所示，则

$$i = \frac{v}{R_2 \ /\!/ \ r_{ce} \ /\!/ \ (r_{be} + R_1 \ /\!/ \ R_s)} - g_m v_{be}$$

而　　　　　$v_{be} = -v \dfrac{r_{be}}{r_{be} + R_1 \ /\!/ \ R_s}$

求得　　$r_o = R_2 \ /\!/ \ r_{ce} \ /\!/ \ \dfrac{R_s \ /\!/ \ R_1 + r_{be}}{1 + g_m r_{be}}$

根据共源场效应管的小信号等效电路模型，知其与共发三极管的小信号等效电路模型

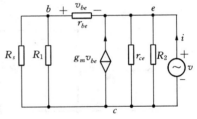

图 3-9　等效电路

的区别是 $r_{gs} = \infty$，所以分别将(a)、(b)、(c)电路的输入输出电阻、电压增益表达式中令 $r_{be} = \infty$，$r_{ce} = r_{ds}$，就可以直接写出对应图 3-3(d)、(e)、(f)的输入输出电阻、电压增益．这里就不一一列出．

例 3-4　利用例 3-3 的结果直接写出图 3-10(a)、(b)、(c)、(d)电路的输入输出电阻和电压增益，定性说明各组合电路的特点．总结三类基本放大器在多级放大器中各自不同的作用．假定所有双极型三极管的小信号等效电路参数相同．

解　利用例 3-3 的结果可直接写出图 3-10(a)、(b)、(c)、(d)电路的输入输出电阻和电压增益，只是注意求组合电路输入电阻和增益时，应注意后级放大器的输入电阻是前级的负载电阻，求输出电阻时前级的输出电阻是后级的等效信号源内阻．

对于图 3-10(a)，

输入电阻 $r_i = R_1 \ /\!/ \ r_{be1}$；

输出电阻 $r_o \approx R_3$（忽略 r_{ce2}），需要强调的是，当不忽略 r_{ce2} 且 R_3 很大时，该电路输出电阻比共发电路输出电阻要高．因为当不忽略 r_{ce2} 时，共发电路输出电阻为

$R_3 \mathbin{/\mkern-4mu/} r_{ce2}$，而该共基电路为 $r_o = R_3 \mathbin{/\mkern-4mu/} [r_{ce2} + r_{e1} \mathbin{/\mkern-4mu/} R_2 \mathbin{/\mkern-4mu/} r_{be} + g_m r_{ce2}(r_{e1} \mathbin{/\mkern-4mu/} R_2 \mathbin{/\mkern-4mu/} r_{be2})]$，因此当 R_3 为有源电阻阻值很大时，由于 $r_{ce2} + r_{e1} \mathbin{/\mkern-4mu/} R_2 \mathbin{/\mkern-4mu/} r_{be} + g_m r_{ce2}(r_{e1} \mathbin{/\mkern-4mu/} R_1 \mathbin{/\mkern-4mu/} r_{be2}) \gg r_{ce2}$，该电路的输出电阻比共发电路要大得多. 当然我们知道三极管集电极直流偏置电阻不可能太大，如太大三极管容易工作在饱和区，但是假如有这样一个器件，其等效直流电阻不大，但等效交流电阻很大，就能够解决这个问题，这就是第 4 章集成运放中有源电阻的概念. 这里提前用到这个概念是为了更好地理解本题组合电路的工作原理.

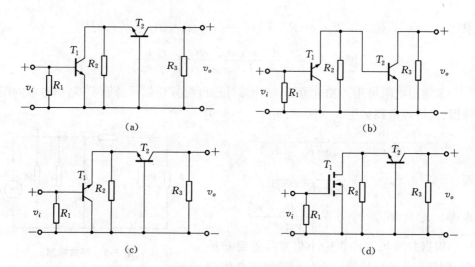

图 3-10　多级放大电路

电压增益 $A_v \approx -g_m R_3$（忽略 r_{ce2}）.

第一级共发电路的集电极信号电流大小为 $g_m v_i$，方向为流入集电极，该电流经后级共基极放大器（电流接续器）接续到输出端，由于共基极放大器的输入电阻很小，因此电流 $g_m v_i$ 在 R_2 上分流可以忽略. 因此输出电压为 $-g_m v_i R_3$.

该电路特点是利用第二级共基电路，将第一级共发电路的输出电流接续到后级负载上. 另外该电路是共发共基组合放大器，由于后级共基电路的输入电阻很小，所以前级共发电路的电压增益很小，这样就减小了共发电路的密勒效应，使共发电路的频率特性变好，从而使组合电路的频率特性变好.

对于图 3-10(b)，

输入电阻 $r_i = R_1 \mathbin{/\mkern-4mu/} [r_{be1} + (1 + g_m r_{be1})(R_2 \mathbin{/\mkern-4mu/} r_{be2})]$；

输出电阻 $r_o = R_3 \mathbin{/\mkern-4mu/} r_{ce2}$；

电压增益 $A_v \approx -g_m R_3 \mathbin{/\mkern-4mu/} r_{ce2}$，前级跟随器的增益近似为 1.

该电路的特点是输入电阻比较高,另外由于共集电路的输出电阻比较小,它作为后级共发电路的等效信号源内阻,可以有效地扩展共发电路的上限频率,从而组合电路上限频率比较好.

对于图 3-10(c),

输入电阻 $r_i = R_1 /\!\!/ [r_{be1} + (1 + g_m r_{be1})(R_2 /\!\!/ r_{e2})]$;

输出电阻 $r_o \approx R_3$;

电压增益 $A_v \approx \dfrac{1}{2} g_m R_3$, 近似一级共发电路电压增益的一半.

第一级电压增益为 $A_{v1} = \dfrac{g_m v_{be1}(R_2 /\!\!/ r_{e2})}{v_{be1} + g_m v_{be1}(R_2 /\!\!/ r_{e2})} = \dfrac{g_m (R_2 /\!\!/ r_{e2})}{1 + g_m (R_2 /\!\!/ r_{e2})}$

一般 $R_2 \gg r_{e2}$,所以 $\qquad\qquad A_{v1} \approx \dfrac{g_m r_{e2}}{1 + g_m r_{e2}} \approx \dfrac{1}{2}$

而第二级共基极放大器电压增益近似为 $g_m R_3$.

该电路特点是利用第二级共基电路,将第一级共集电路的输出电流接续到后级负载上. 由于共集电路和共基电路没有密勒效应,频率特性好,从而组合电路频率特性很好.

对于图 3-10(d),

输入电阻 $r_i = R_1$;

输出电阻 $r_o \approx R_3$(忽略 r_{ds2});

电压增益 $A_v \approx - g_m R_3$(忽略 r_{ds2}, g_m 是场效应管的跨导).

第一级共源放大器的漏极输出交流信号电流大小为 $g_m v_i$,方向为流入漏极,该电流经后级共基极放大器接续到输出端,由于共基极放大器放大器输入电阻很小,因此电流 $g_m v_i$ 在 R_2 上分流可以忽略. 因此输出电压为 $-g_m v_i R_3$.

该电路特点是利用第二级共基电路,将第一级共源电路的输出电流接续到后级负载上. 该电路是共源共基组合放大器,由于后级共基电路的输入电阻小,所以前级共源电路的增益很小,这样就减小了共源电路的密勒效应,使共源电路的频率特性变好,从而使组合电路的频率特性变好.

通过上面的例题,我们可以看到,三类基本放大器各自不同的特点决定了它们在多级放大器中的不同作用. 共基极放大器电流增益小于 1,如果只用共基极放大器构成多级放大器,由于其后级输入电阻小,无法提供大的电压增益;共集电极电路电压增益小于 1,如果只用共集电极放大器构成多级放大器,由于其后级输入电阻大,无法提供大的电流增益;只有共发放大器或组合放大器(如该例题中的例子)既能提供大的电压增益,也能提供大的电流增益,因此在多级放大器中,共发放大器或组合放大器一般是电路的主增益级. 共集电极放大器和共基极放大器除了用来构成组合放大器外,共集电极放大器由于其高输入电阻、低输出电阻,常用做输入级、缓冲级(或隔离级,两级共发放大器之间插入共集电极放大器,可以有效提高前级共发放大器的增益)和输出级.

例 3-5 发射极接电阻的共发放大器和源极接电阻的共源放大器交流通路分别如图 3-11(a)、(b)所示,请分别求解在忽略 r_{ce}、r_{ds} 和不忽略 r_{ce}、r_{ds} 的情况下电路的电压增益和输出电阻.

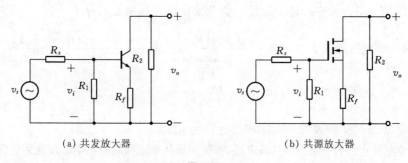

(a) 共发放大器   (b) 共源放大器

图 3-11

解 图 3-11(a)图所示电路的交流等效电路如图 3-12 所示.

当忽略 r_{ce} 时,电压增益为

$$A_v = -\frac{g_m r_{be} R_2}{r_{be} + (1 + g_m r_{be}) R_f}$$

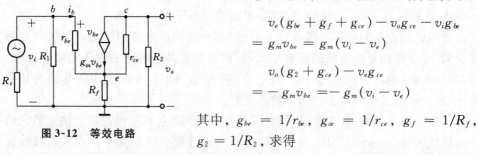

图 3-12 等效电路

当不忽略 r_{ce} 时,列写节点 e、c 的方程如下:

$$v_e(g_{be} + g_f + g_{ce}) - v_o g_{ce} - v_i g_{be}$$
$$= g_m v_{be} = g_m(v_i - v_e)$$

$$v_o(g_2 + g_{ce}) - v_e g_{ce}$$
$$= -g_m v_{be} = -g_m(v_i - v_e)$$

其中,$g_{be} = 1/r_{be}$, $g_{ce} = 1/r_{ce}$, $g_f = 1/R_f$, $g_2 = 1/R_2$,求得

$$A_v = \frac{g_{be}g_{ce} - g_m g_f}{g_2(g_f + g_{be} + g_m) + g_{ce}(g_f + g_{be} + g_2)}$$

用外加电源法求输出电阻,输出端外加电压源后交流等效电路如图 3-13 所示.

当忽略 r_{ce} 时,输出电阻 $r_o = R_2$;当不忽略 r_{ce} 时,节点 e 方程为

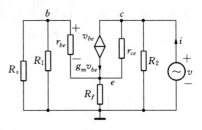

$$v_e\left(\frac{1}{R_s \mathbin{/\!/} R_1 + r_{be}} + \frac{1}{R_f} + \frac{1}{r_{ce}}\right) - v\frac{1}{r_{ce}}$$

$$= g_m v_{be} = -g_m v_e \frac{r_{be}}{R_s \mathbin{/\!/} R_1 + r_{be}}$$

图 3-13　等效电路

$$i = \frac{v}{R_2} + \frac{v - v_e}{r_{ce}} + g_m v_{be}$$

求得　$r_o = R_2 \mathbin{/\!/} \left[\left(r_{ce} + R_f \mathbin{/\!/} \frac{R_s \mathbin{/\!/} R_1 + r_{be}}{1 + g_m r_{be}}\right)\left(1 + \frac{g_m r_{be} R_f}{R_f + R_s \mathbin{/\!/} R_1 + r_{be}}\right) \right]$

当 $r_{ce} \gg R_f \mathbin{/\!/} \dfrac{R_s \mathbin{/\!/} R_1 + r_{be}}{1 + g_m r_{be}}$ 时,

$$r_o \approx R_2 \mathbin{/\!/} \left[r_{ce}\left(1 + \frac{g_m r_{be} R_f}{R_f + R_s \mathbin{/\!/} R_1 + r_{be}}\right) \right]$$

$$= R_2 \mathbin{/\!/} \left[r_{ce}\left(1 + \frac{\beta R_f}{R_f + R_s \mathbin{/\!/} R_1 + r_{be}}\right) \right]$$

对图 3-11(b)所示电路,当忽略 r_{ds} 时,电压增益和输出电阻为

$$A_v = \frac{-g_m R_2}{1 + g_m R_f},\quad r_o = R_2$$

当不忽略 r_{ds} 时,其电压增益和输出电阻可利用上题结果,即:令 $g_{be} = g_{gs} = 0$, $g_{ce} = g_{ds}$,求得

$$A_v = \frac{-g_m g_f}{g_2(g_f + g_m) + g_{ds}(g_f + g_2)}$$

$$r_o = R_2 \mathbin{/\!/} \left[\left(r_{ds} + R_f \mathbin{/\!/} \frac{1}{g_m}\right)(1 + g_m R_f) \right]$$

当 $r_{ds} \gg R_f \mathbin{/\!/} \dfrac{1}{g_m}$ 时,$r_o \approx R_2 \mathbin{/\!/} [r_{ds}(1 + g_m R_f)]$.

例 3-6　CMOS 应用电路如图 3-14(a)、(b)、(c)所示.(a)图为数字反相器, 管子工作在开关区,请讨论其工作原理.(b)图为线性放大器,管子工作在放大区, 已知 $V_{DD} = 5$ V,$\dfrac{1}{2}\mu_n C_{OX}\dfrac{W}{L} = \dfrac{1}{2}\mu_p C_{OX}\dfrac{W}{L} = 50$ μA/V^2,$V_{GS(th)n} = 1.5$ V,$V_{GS(th)p} = -1.5$ V,$R_G = 500$ kΩ,$\lambda_p = \lambda_n = 0.01$ V^{-1},电容 C 对交流短路,求放大器的静态工

作点 I_D 和电压增益.(c)图为有源负载共源放大器,V_G 接固定电平,讨论两个管子工作在放大区的条件,并列出其电压增益表达式.

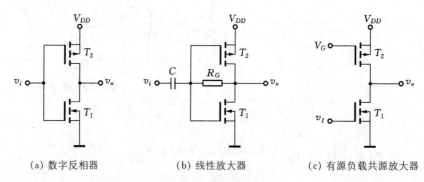

(a) 数字反相器   (b) 线性放大器   (c) 有源负载共源放大器

图 3-14   CMOS 应用电路

解　对于图 3-14(a)所示电路,当输入为低电平 0 V 时,T_1 栅源电压小于开启电压,处于截止工作状态,而 T_2 栅源电压绝对值大于开启电压的绝对值,此时门电路后级负载,即 T_2 管的漏极负载应保证 T_2 管工作在非饱和区,这样其导通电阻很小,电路输出高电平.而当输入为高电平时,T_2 栅源电压小于开启电压,处于截止工作状态,而 T_1 栅源电压绝对值大于开启电压,此时门电路后级负载,即 T_1 管的漏极负载应保证 T_1 管工作在非饱和区,这样其导通电阻很小,电路输出低电平.

对于图 3-14(b)所示电路,由于 T_1、T_2 参数对称,所以静态情况下,它们的漏极电位为 2.5 V,由于栅极不取电流,R_G 上静态电流为零,这样栅极电位为 2.5 V,该电位使两个管子的栅源电压的绝对值大于开启电压的绝对值,由于栅漏极静态电位相同,因而两个管子都工作在放大区.

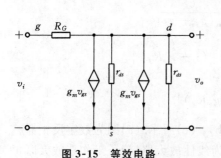

图 3-15　等效电路

$$I_D \approx \frac{1}{2}\mu_n C_{OX} \frac{W}{L}(V_{GS} - V_{GS(th)})^2$$

$$= 50(\mu A)$$

$$r_{ds} = \frac{1}{\lambda I_D} = 2(M\Omega)$$

$$g_m = \mu_n C_{OX} \frac{W}{L}(V_{GS} - V_{GS(th)}) = 100(\mu S)$$

画出交流等效电路如图 3-15 所示,则

$$\left[\frac{(v_i - v_o)}{R_g} - 2g_m v_i\right](r_{ds} \ /\!/ \ r_{ds}) = v_o$$

求得 $A_v = -66$.

图 3-14(c)所示电路为 CMOS 有源负载共源放大器,为保证两管工作在饱和区,必须满足:

$$v_{GS1} > V_{GS(th)1},\ v_{GS1} - v_{DS1} < V_{GS(th)1}$$

$$v_{GS2} = V_G - V_{DD} < V_{GS(th)2}$$

$$v_{GS2} - v_{DS2} = V_G - V_{DD} - (v_{DS1} - V_{DD}) > V_{GS(th)2}$$

画出交流等效电路如图 3-16 所示.

$$A_v = -g_m r_{ds1} \ /\!/ \ r_{ds2}$$

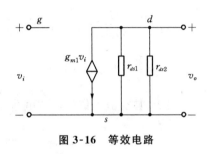

图 3-16　等效电路

最后总结一下晶体管放大器工程近似分析的步骤为:利用直流大信号简化等效模型,求解电路静态工作点,判断放大器的工作状态,如果各管工作在放大区,则根据静态工作点求解电路交流参数,利用小信号电路模型,画出电路的交流小信号等效电路,求解放大器交流指标.

例 3-7　图 3-17 为一低频前置放大器,电路中各器件参数已知,假定各管工作在放大区,电容对交流信号短路.

(1) 说明该放大器静态偏置电路的特点和 T_1 工作在放大区的条件,列出求解静态工作点 I_{D1}、I_{C2} 的近似表达式.写出各管交流参数与 I_{D1}、I_{C2} 的关系.

(2) 画出放大器的交流小信号等效电路,求放大器的输入输出电阻和电压增益表达式.

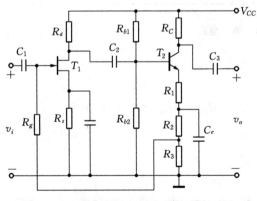

图 3-17　低频前置放大器

解　(1) 在图 3-17 所示的放大器中,T_1 为分压式自偏置电路,T_2 为分压偏置电路.T_2 的分压偏置电路是直流电流负反馈,除了为自己提供稳定的静态工作点外,还为 T_1 提供了稳定的栅极电位.由于 T_1 栅极基本不取电流,所以 R_g 的接入并不影响 T_2 的静态工作点.T_1 的偏置电路也是直流电流负反馈.T_1 为 N 沟道结型场效应管,其工作在放大区的条件为栅源负偏压的绝对值小于其关断电压的绝对值,而栅漏负偏压的绝对值大于其关断电压的绝对值.

$$V_{B2} \approx V_{CC} \frac{R_{b2}}{R_{b1} + R_{b2}} \approx V_{BE(on)} + I_{E2}(R_1 + R_2 + R_3) \approx V_{BE(on)} + I_{C2}(R_1 + R_2 + R_3)$$

$$V_{GS1} = V_{G1} - V_{S1} = I_{E2}R_3 - I_{D1}R_s = I_{C2}R_3 - I_{D1}R_s$$

$$I_{D1} = I_{DSS}\left(1 - \frac{V_{GS1}}{V_{GS(off)}}\right)^2$$

$$g_{m1} = -\frac{2I_{DSS}}{V_{GS(off)}}\left(1 - \frac{V_{GS1}}{V_{GS(off)}}\right)$$

$$r_{ds} = \frac{V_{A1}}{I_{D1}}, \ r_{be} = (1+\beta)\frac{V_T}{I_{E2}}, \ r_{ce} = \frac{V_{A2}}{I_{C2}}, \ g_{m2} = \frac{I_C}{V_T}$$

(2) 其交流小信号等效电路如图 3-18 所示.

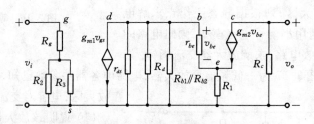

图 3-18 等效电路

输入电阻 $r_i = R_g + R_2 \ // \ R_3$；

输出电阻 $r_o \approx R_c$；

电压增益 $A_{v1} \approx - g_{m1}[r_{ds} \ // \ R_d \ // \ R_{b1} \ // \ R_{b2} \ // \ (r_{be} + R_1 + g_{m2}r_{be}R_1)]$,

$$A_{v2} \approx -\frac{g_{m2}r_{be}R_c}{r_{be} + R_1 + g_{m2}R_1},$$

$$A_v = A_{v1}A_{v2}.$$

§3.2 习 题 解 答

1. 放大器有哪些基本指标？分别叙述它们的含义.

　答　放大电路的主要性能指标可以用以下几个参数来描述：增益、输入阻抗、输出阻抗、频率响应和失真.

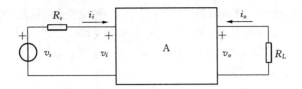

如上图所示的放大电路中,增益有电压增益 $A_v = \dfrac{v_o}{v_i}$;电流增益 $A_i = \dfrac{i_o}{i_i}$;跨导 $G_m = \dfrac{i_o}{v_i}$;跨阻 $R_m = \dfrac{v_o}{i_i}$.

输入阻抗是放大电路的输入电压与输入电流之比,为 $Z_i = \dfrac{v_i}{i_i}$. 对信号源而言,放大器的输入阻抗就是信号源的负载阻抗.

输出阻抗是它是在独立源等于零(独立电压源短路、电流源开路)、受控源保留情况下,从放大器输出端也就是从负载向放大器看进去的等效阻抗.对负载而言,放大器就是它的信号源,输出阻抗就是这个信号源的等效内阻抗.

频率响应是放大电路对于不同频率信号的放大作用. 一般而言,放大器是含有电抗元件的动态网络,因而在输入正弦激励的情况下,对于不同频率,放大器具有不同的增益,且产生不同的相移,此时放大器的增益是频率的复函数.我们将放大器增益的幅值和相移随频率的变化关系称之为幅频特性和相频特性.

失真是说明输出信号是否忠实地再现了输入信号.失真有频率失真、瞬变失真和非线性失真.实际输入放大器的信号往往可以分解为众多不同频率正弦波的叠加,当它通过放大器时,若放大器对各频率成分都进行等增益放大,且引入零或 $180°$ 相移,或引入随频率线性变化的相移,则输出信号就能不失真地重现原信号波形,否则放大器就将产生频率失真. 当放大器放大脉冲信号时,由于放大器内部电抗元件的电压或电流不能突变而引起输出波形的失真,称之为瞬变失真. 非线性失真主要是由于半导体器件伏安特性的非线性引起的.

2. 放大器可以根据输入输出信号的不同(电压、电流)分成哪几种类型? 试总结不同类型放大器之间的相互转换关系.

答　一般而言,线性放大电路可以用一个具有输入阻抗、输出阻抗和受控源的网络进行描述,如下图所示:

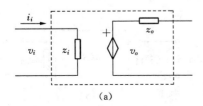

(a)

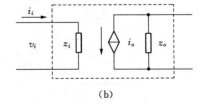

(b)

由于放大电路中采用的有源器件不同,上图中的受控源可以是 VCVS、CCCS、VCCS 和 CCVS 四种形式中的任意一种. 例如,图(a)中的受控电压源可以是 $a_v v_i$,也可以是 $r_m i_i$;图(b)中的受控电流源可以是 $a_i i_i$,也可以是 $g_m v_i$. 根据等效电源定理,上述几种形式的受控源均可以互相转换.

3. 简单说明频率失真和非线性失真的区别.

答 频率失真属于线性失真,它仅使信号中各频率分量的幅度和相位发生变化,而不会产生新的频率分量,非线性失真是由于产生了新的频率分量而造成的.

4. 单管放大电路的输出动态范围是由哪些参数决定的? 试以共射电路说明之.

答 以共射电路为例,单管放大电路的输出动态范围主要取决于电源电压、静态工作点以及交流负载电阻 $R'_L = R_C /\!/ R_L$,当然也受管子自身极限参数的限制,如集电极最大允许耗散功率等,详细分析过程可用图解分析法说明,请读者参考《模拟电子学基础》一书的 p. 115~118.

5. 试证明:当负载电阻趋于无穷大时,共射电路的极限电压增益绝对值趋于 V_A/V_T .

证明 共射电路的增益绝对值为 $g_m r_{ce} /\!/ R_C /\!/ R_L$,若 $R_C /\!/ R_L \gg r_{ce}$,则共射电路的增益绝对值为

$$g_m r_{ce} = \frac{I_C}{V_T} \cdot \frac{V_A}{I_C} = V_A/V_T$$

6. 试证明:以电阻作为集电极负载的共射电路的极限电压增益绝对值小于 V_{CC}/V_T .

证明 共射电路的增益绝对值为 $g_m r_{ce} /\!/ R_C /\!/ R_L$,对阻容耦合方式,$r_{ce} \gg R_C$,故增益绝对值近似为 $g_m R_C /\!/ R_L$. 如果负载开路,则为 $g_m R_C = \dfrac{I_{CQ}}{V_T} R_C$.

由于 $V_{CC} = V_{CEQ} + I_{CQ} R_C$,如果 $V_{CEQ} = 0$,则 $R_C = \dfrac{V_{CC}}{I_{CQ}}$,从而 $g_m R_C = \dfrac{V_{CC}}{V_T}$. 实际上静态工作点 $V_{CEQ} = 0$ 是一种极限情况,在放大区要求 $V_{CEQ} > 0$,则 R_C 还要小,故共射电路的极限电压增益绝对值小于 V_{cc}/V_T .

7. 简要说明密勒定理及其在电路分析中的作用.

答 一个输入输出端之间跨接阻抗 $Z(S)$ 的网络如下图(a)所示,设网络传递函数为 $A(S)$,则根据密勒定理,跨接阻抗可用两个分别并接在输入端的等效阻抗 $Z_1(S)$ 、输出端的等效阻抗 $Z_2(S)$ 代替,如下图(b)所示.

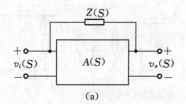

(a)

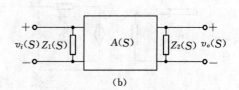

(b)

其中,

$$Z_1(S) = \frac{Z(S)}{1-A(S)}, \ Z_2(S) = \frac{Z(S)}{1-\dfrac{1}{A(S)}}$$

利用密勒定理进行电路的单向化近似,可以大大简化电路的分析过程,特别是共发射极放大器频率特性分析.利用密勒定理的特点也可以进行密勒补偿.

8. 下图电路均为工作点温度稳定的晶体管单管放大电路,试定性分析其工作点稳定原理.

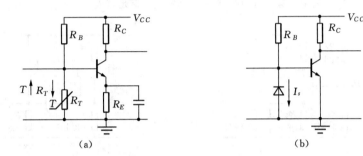

(a)　　　　　　　　　　　　(b)

解　图(a)是分压偏置电路,R_E 是直流负反馈电阻,当温度上升导致 I_{CQ} 上升.一方面,由于 R_E 电压上升,导致 V_{BE} 下降,进而使 I_{CQ} 下降;另一方面由于温度补偿电阻 R_T 下降,也导致 V_{BE} 下降,也使 I_{CQ} 下降,从而达到稳定工作点的目的.

图(b)是利用反偏二极管反向漏电流随温度升高而增大,实现温度补偿作用的.当温度上升导致 I_{CQ} 上升时,由于二极管反向漏电流随温度升高而增大,导致三极管基极电流减小,从而使 I_{CQ} 下降,达到稳定工作点的目的.

9. 若要求以本章介绍的 5 种单管放大器为基础构成两级放大器,电源电压为 12 V.试写出满足下面要求的放大器组合方式,并说明理由:

(1) 输入电阻大于 200 kΩ,电压增益大于 500 倍;

(2) 输出电阻小于 300 Ω,电压增益大于 150 倍;

(3) 上截止频率大于 50 MHz,电压增益大于 150 倍;

(4) 当负载电阻为 100 Ω 时,电流增益大于 20 dB.

答　注意以下给出的组合方式并不是唯一的,同学们可以根据所学知识,给出其他的方案.

(1) 输入电阻大于 200 kΩ,电压增益大于 500 倍:

　　　　输入级采用共源放大器,输出级采用共发射极放大器.利用了共源放大器输入电阻比较高,共发射极放大器电压增益比较高的特点.

(2) 输出电阻小于 300 Ω,电压增益大于 150 倍:

　　　　输入级采用共发射极放大器,输出级采用共集电极放大器.利用了共集电极放大器输出电阻低、输入电阻高,共发射极放大器电压增益比较高的特点.

(3) 上截止频率大于 50 MHz,电压增益大于 150 倍:

输入级采用共发射极放大器,输出级采用共基极放大器.利用了共基极放大器频率特性好、输入电阻小、有效减小前级共发射极放大器密勒效应、电流接续作用等特点,也可以将输入级改为共集电极放大器.

(4) 当负载电阻为 100 Ω 时,电流增益大于 20 dB:

输入级采用共发射极放大器,输出级采用共基极放大器.利用了共发电路电流增益高和共基电路的电流接续作用.

10. 试分析下图各电路的输入电阻、输出电阻以及电压增益,其中所有晶体管的 $\beta = 100$,$V_{BEQ} = 0.7\ \text{V}$,其余参数均可忽略.电路中所有电容都足够大.

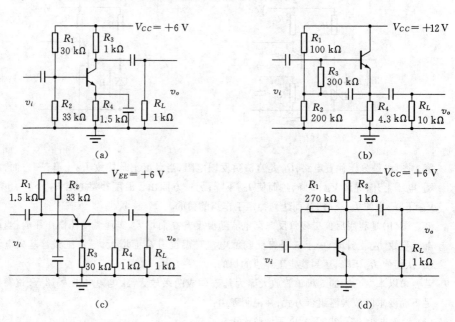

解 (1) 图(a)所示电路:

$$V_{CC}\,\frac{R_2}{R_1 + R_2} = 0.7 + I_{BQ}(R_1 \mathbin{/\!/} R_2) + (1 + \beta)I_{BQ}R_4$$

$$I_{BQ} = 0.015\ \text{mA}, \quad I_{CQ} = 1.5\ \text{mA}$$

$$V_{CEQ} = 6 - I_{CQ}(R_3 + R_4) = 2.25\,(\text{V})$$

所以三极管工作在放大区.

输入电阻 $r_i = R_1 \mathbin{/\!/} R_2 \mathbin{/\!/} r_{b'e}$,其中 $r_{b'e} = \dfrac{V_T}{I_{BQ}}$;

输出电阻 $r_o = R_3$;

电压增益 $A_v = -\dfrac{\beta R_3 \mathbin{/\!/} R_L}{r_{b'e}}$.

(2) 图(b)所示电路：

先计算静态工作点，

$$V_{CC}\frac{R_2}{R_1+R_2} = I_B(R_1 /\!\!/ R_2) + I_BR_3 + (1+\beta)I_BR_4 + 0.7$$

计算求得　　　　　　　　$I_B \approx 0.01 \text{ mA}, \ I_{CQ} = 1 \text{ mA}$

$$V_{CEQ} = 12 - I_{CQ}R_4 = 7.7(\text{V})$$

所以三极管工作在放大区.

$$r_{b'e} = \frac{V_T}{I_B} = 2.6(\text{k}\Omega)$$

其交流等效电路如下图所示：

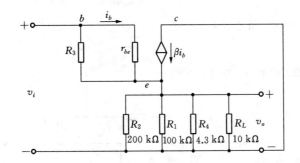

由于 $R_3 \gg r_{b'e}$，故忽略 R_3 上的电流.

$$A_v = \frac{v_o}{v_i} \approx \frac{(1+\beta)i_bR_1 /\!\!/ R_2 /\!\!/ R_4 /\!\!/ R_L}{i_br_{b'e} + (1+\beta)i_bR_1 /\!\!/ R_2 /\!\!/ R_4 /\!\!/ R_L} \approx 0.9915$$

$$r_i = \frac{v_i}{i_i} = \frac{v_i}{i_b+i_{R3}} \approx r_{b'e} + (1+\beta)R_1 /\!\!/ R_2 /\!\!/ R_4 /\!\!/ R_L \approx 305.6(\text{k}\Omega)$$

$$r_o \approx \frac{r_{b'e}}{1+\beta}$$

(3) 图(c)所示电路：

这是一个共基极放大电路，静态偏置属于分压偏置电路.

$$V_{EE}\frac{R_2}{R_3+R_2} = 0.7 + I_{BQ}(R_3 /\!\!/ R_2) + (1+\beta)I_{BQ}R_1$$

$$I_{BQ} = 0.015 \text{ mA}, \ I_{CQ} = 1.5 \text{ mA}$$

计算求得：　　　　　$V_{ECQ} = 6 - I_{CQ}(R_3 + R_4) = 2.25(\text{V})$

所以三极管工作在放大区.

输入电阻 $r_i = R_1 \,/\!/\, \dfrac{r_{b'e}}{1+\beta}$,其中 $r_{b'e} = \dfrac{V_T}{I_{BQ}}$;

输出电阻 $r_o = R_4$;

电压增益 $A_v = \dfrac{\beta R_4 \,/\!/\, R_L}{r_{b'e}}$.

(4) 图(d)所示电路:

这是一个共发射极放大电路,首先计算静态工作点,

$$I_{BQ}R_1 + 0.7 = V_{CEQ}$$

$$V_{CEQ} + (I_{BQ} + I_{CQ})R_2 = V_{CEQ} + (1+\beta)I_{BQ}R_2 = V_{CC}$$

计算求得　　　　　　$I_{BQ} \approx 0.014\,3\,\text{mA},\ I_{CQ} = 1.43\,\text{mA}$

$$V_{CEQ} = 6 - I_{CQ}R_2 = 4.57(\text{V})$$

所以三极管工作在放大区.

$$r_{b'e} = \frac{V_T}{I_{BQ}} \approx 1.82(\text{k}\Omega)$$

该电路的交流等效电路如下图所示:

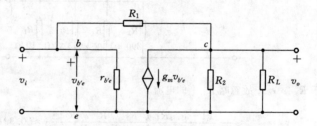

列节点 C 的方程为

$$v_o\left(\frac{1}{R_2} + \frac{1}{R_L} + \frac{1}{R_1}\right) - v_i\frac{1}{R_1} = -g_m v_i$$

求得　　　　　　　　$A_v = \dfrac{v_o}{v_i} = \dfrac{1 - g_m R_1}{1 + \dfrac{R_1}{R_2 \,/\!/\, R_L}}$

$$r_i = \frac{v_i}{\dfrac{v_i}{r_{b'e}} + \dfrac{v_i - v_o}{R_1}} = \frac{v_i}{\dfrac{v_i}{r_{b'e}} + \dfrac{v_i - A_v v_i}{R_1}} = \frac{r_{b'e}R_1}{R_1 + (1 - A_v)r_{b'e}}$$

对输出电阻的求解方法可以用外加电源法,也可以用开路电压除短路电流法,这里用后一种方法.

根据上面节点 C 的方程,可求得 $R_L = \infty$ 时的开路电压为 $\dfrac{1 - g_m R_1}{1 + \dfrac{R_1}{R_2}}v_i$,而短路电流

为 $\dfrac{v_i}{R_1} - g_m v_i$，可得输出电阻为 $R_1 /\!/ R_2$.

11. 试分析下图所示电路的输入电阻、输出电阻以及电压增益. 其中 MOSFET 参数为

$\dfrac{1}{2}\mu_n C_{OX}\dfrac{W}{L} = 0.5\,\text{mA/V}^2$，$V_{GS(th)} = 2.5\,\text{V}$；JFET 参数为 $I_{DSS} = 5\,\text{mA}$，$V_{GS(off)} = -2.5\,\text{V}$.

电路中所有电容都足够大.

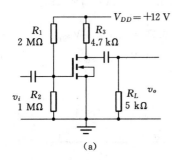

(a)

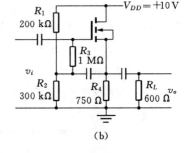

(b)

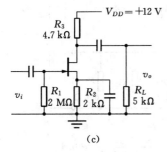

(c)

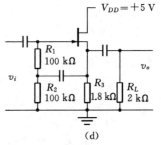

(d)

解　(1) 图(a)所示电路：

静态工作点　　　$V_{GSQ} = V_{DD}\dfrac{R_2}{R_1 + R_2} = 4(\text{V})$

$$I_D = \dfrac{\mu_n C_{OX} W}{2l}(V_{GSQ} - V_{GS(th)})^2 = 1.125(\text{mA})$$

$$V_{DSQ} = 12 - I_D R_3 = 12 - 4.7 \times 1.125 \approx 6.7(\text{V})$$

$$V_{GDQ} = 4 - 6.7 = -2.7 < V_{GS(th)}$$

所以管子工作在放大区.

输入电阻 $R_1 /\!/ R_2$；

输出电阻 R_3；

电压增益 $-g_m R_3 /\!/ R_L = -\dfrac{\mu_n C_{OX} W}{l}(V_{GSQ} - V_{GS(th)})R_3 /\!/ R_L$.

(2) 图(b)所示电路：

静态工作点 $\qquad V_G = V_{DD} \dfrac{R_2}{R_1 + R_2} = 6(\mathrm{V})$

$$V_{GSQ} = V_G - V_S = 6 - I_D R_4$$

$$I_D = \frac{\mu_n C_{OX}}{2l} W (V_{GSQ} - V_{GS(th)})^2$$

可计算求得 $I_{D1} = 2\,\mathrm{mA}$，$I_{D2} = \dfrac{98}{9}\,\mathrm{mA}$，只有 $I_{D1} = 2\,\mathrm{mA}$ 符合要求，故

$$V_{GSQ} = V_G - V_s = 6 - 2 \times 0.75 = 4.5\,\mathrm{V} > V_{GS(th)}$$

$$V_{GDQ} = V_G - V_D = 6 - 10 = -4(\mathrm{V}) < V_{GS(th)}$$

所以管子工作在放大区.

该电路交流等效电路如下图所示：

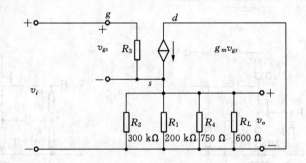

$$A_v = \frac{(g_m v_{gs} + g_3 v_{gs}) R_2 \mathbin{/\mkern-5mu/} R_1 \mathbin{/\mkern-5mu/} R_4 \mathbin{/\mkern-5mu/} R_L}{v_{gs} + (g_m v_{gs} + g_3 v_{gs}) R_2 \mathbin{/\mkern-5mu/} R_1 \mathbin{/\mkern-5mu/} R_4 \mathbin{/\mkern-5mu/} R_L} \approx 0.4$$

$$r_i = \frac{v_{gs} + (g_m v_{gs} + g_3 v_{gs}) R_2 \mathbin{/\mkern-5mu/} R_1 \mathbin{/\mkern-5mu/} R_4 \mathbin{/\mkern-5mu/} R_L}{v_{gs} g_3} \approx 1.67(\mathrm{M\Omega})$$

$$r_o = \frac{1}{g_m} \mathbin{/\mkern-5mu/} R_2 \mathbin{/\mkern-5mu/} R_1 \mathbin{/\mkern-5mu/} R_4 \mathbin{/\mkern-5mu/} R_3 \approx 300(\Omega)$$

(3) 图(c)所示电路：

静态工作点 $\qquad V_{GS} = 0 - I_D R_2$

$$I_D = I_{DSS} \left(1 - \frac{V_{GS}}{V_{GS(off)}} \right)^2$$

计算求得 $I_D = 0.76(\mathrm{mA})$，另一解不合要求，故

$$V_{GS} = 0 - 0.76 \times 2 = -1.52\,\mathrm{V} > V_{GS(off)}$$

$$V_{GD} = 0 - (12 - 0.76 \times 4.7) \approx -8.4 < V_{GS(off)}$$

所以管子工作在放大区.

输入电阻 R_1

输出电阻 R_3

电压增益 $-g_m R_3 /\!/ R_L = -\dfrac{2}{V_{GS(off)}}\sqrt{I_{DSS} \cdot I_D}\, R_3 /\!/ R_L$

（4）图（d）所示电路：

静态工作点 $\qquad\qquad V_{GS} = 0 - I_D R_3$

$$I_D = I_{DSS}\left(1 - \frac{V_{GS}}{V_{GS(off)}}\right)^2$$

计算求得 $I_D = 0.83(\mathrm{mA})$，另一解不合要求，故

$$V_{GS} = 0 - 0.83 \times 1.8 = -1.5(\mathrm{V}) > V_{GS(off)}$$

$$V_{GD} = 0 - 5 \approx -5(\mathrm{V}) < V_{GS(off)}$$

所以管子工作在放大区.

该电路交流等效电路如下图所示：

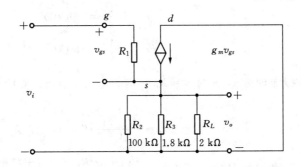

$$A_v = \frac{(g_m v_{gs} + g_1 v_{gs})R_2 /\!/ R_3 /\!/ R_L}{v_{gs} + (g_m v_{gs} + g_1 v_{gs})R_2 /\!/ R_3 /\!/ R_L} \approx 0.6$$

$$r_i = \frac{v_{gs} + (g_m v_{gs} + g_1 v_{gs})R_2 /\!/ R_3 /\!/ R_L}{v_{gs} g_1} \approx 254(\mathrm{k\Omega})$$

$$r_o = \frac{1}{g_m} /\!/ R_2 /\!/ R_1 /\!/ R_3 = 373(\Omega)$$

12. 略.

13. 估算下图双管电路的交流输入电阻 r_i、输出电阻 r_o、电压增益 v_o/v_i. 已知其中晶体管参数为 $\beta = 100$，$V_{BEQ} = 0.7\ \mathrm{V}$，其余参数的影响可以忽略；JFET 参数为 $I_{DSS} = 4\ \mathrm{mA}$，$V_{GS(off)}$ $= -2\ \mathrm{V}$.

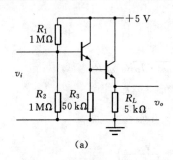

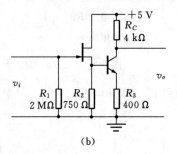

(a)   (b)

解   (1) 图(a)所示电路：

静态工作点 $5 \times \dfrac{R_2}{R_1 + R_2} \approx I_B R_1 \; // \; R_2 + 0.7 + (1+\beta) I_{B1} R_3$

$$(1+\beta) I_{B1} R_3 = 0.7 + (1+\beta) I_{B2} R_L$$

$$I_{B1} \approx 0.324 (\mu A)$$

$$I_{B2} \approx 1.854 (\mu A)$$

从而求得

$$r_{b'e1} = \frac{V_T}{I_{B1}} \approx 80 (k\Omega)$$

$$r_{b'e2} = \frac{V_T}{I_{B2}} \approx 14 (k\Omega)$$

放大器的输入电阻为 $r_i \approx R_1 \; // \; R_2 \; // \; (r_{b'e1} + (1+\beta) R_3) \approx 500 (k\Omega)$，而

$$r_o \approx \frac{r_{b'e2} + \dfrac{r_{b'e1}}{1+\beta}}{1+\beta} \approx 148 (\Omega)$$

第一级放大器的增益为 $A_{v1} = \dfrac{(1+\beta)\{R_3 \; // \; [r_{be2} + (1+\beta) R_L]\}}{r_{be1} + (1+\beta)\{R_3 \; // \; [r_{be2} + (1+\beta) R_L]\}}$

第二级放大器的增益为 $A_{v2} = \dfrac{(1+\beta) R_L}{r_{be2} + (1+\beta) R_L}$

$$A_v = A_{v1} \cdot A_{v2}$$

(2) 图(b)所示电路：

静态工作点 $V_{GS} \approx 0 - I_D R_2$

$$I_D = I_{DSS} \left(1 - \frac{V_{GS}}{V_{GS(off)}}\right)^2$$

计算求得 $I_D = 1.2 (mA)$，另一解不合要求，则

$$I_D \times 0.75 = 0.7 + (1+\beta) I_B R_3$$

$$I_{B2} \approx 0.005 (mA)$$

从而求得
$$g_{m1} = -\frac{2}{V_{GS(off)}}\sqrt{I_{DSS} \cdot I_D} \approx 2.2(\text{mS})$$

$$r_{b'e2} = \frac{V_T}{I_{B2}} \approx 5.2(\text{k}\Omega)$$

$$r_i \approx R_1,\ r_o \approx R_C$$

第一级放大器的增益为 $A_{v1} \approx \dfrac{g_{m1}v_{gs}\{R_2 \ /\!/ \ [r_{b'e2}+(1+\beta)R_3]\}}{v_{gs}+g_m v_{gs}\{R_2 \ /\!/ \ [r_{b'e2}+(1+\beta)R_3]\}}$

$$= \frac{g_{m1}\{R_2 \ /\!/ \ [r_{b'e2}+(1+\beta)R_3]\}}{1+g_m\{R_2 \ /\!/ \ [r_{b'e2}+(1+\beta)R_3]\}}$$

第二级放大器的增益为
$$A_{v2} = -\frac{\beta R_C}{r_{b'e2}+(1+\beta)R_3}$$

$$A_v \approx -\frac{g_m\{R_2 \ /\!/ \ [r_{b'e2}+(1+\beta)R_3]\}}{1+g_m\{R_2 \ /\!/ \ [r_{b'e2}+(1+\beta)R_3]\}} \cdot \frac{\beta R_C}{r_{b'e2}+(1+\beta)R_3}$$

输入电阻为 2 MΩ,输出电阻为 4 kΩ.

14. 下图是一个晶体管多级放大器,其中晶体管的 $\beta=100$,其余参数的影响可以忽略,并已知静态工作点为 $I_{CQ1}=0.3\,\text{mA}$, $I_{CQ2}=0.7\,\text{mA}$, $I_{CQ3}=2\,\text{mA}$. 若 C_1、C_2 的容抗可以忽略不计,估算此电路的输入电阻 r_i、输出电阻 r_o、源电压增益 v_o/v_s.

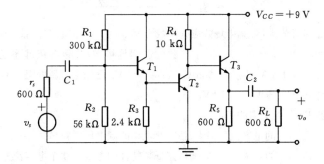

解　根据静态工作点可得
$$r_{b'e1} = \frac{V_T}{I_{B1}} \approx 8.7(\text{k}\Omega)$$

$$r_{b'e2} = \frac{V_T}{I_{B2}} \approx 3.7(\text{k}\Omega)$$

$$r_{b'e3} = \frac{V_T}{I_{B3}} \approx 1.3(\text{k}\Omega)$$

输入电阻　　　$r_i \approx R_1 \ /\!/ \ R_1 \ /\!/ \ [r_{b'e1}+(1+\beta)(R_3 \ /\!/ \ r_{b'e2})]$

输出电阻　　　$r_o \approx R_5 \ /\!/ \ \dfrac{r_{b'e3}+R_4}{1+\beta}$

第一级放大器增益为 $A_{v1} = \dfrac{(1+\beta)(R_3 \; // \; r_{b'e2})}{r_{b'e1} + (1+\beta)(R_3 \; // \; r_{b'e2})} \approx 1$

第二级放大器增益为 $A_{v2} = -\dfrac{\beta R_4 \; // \; [\, r_{b'e3} + (1+\beta)(R_5 \; // \; R_L)\,]}{r_{b'e2}}$

第三级放大器增益为 $A_{v3} = \dfrac{(1+\beta)(R_5 \; // \; R_L)}{r_{b'e3} + (1+\beta)(R_5 \; // \; R_L)} \approx 1$

源电压增益为 $\qquad A_{us} \approx \dfrac{r_i}{r_i + r_s} \cdot A_{v1} \cdot A_{v2} \cdot A_{v3} \approx A_{v2}$

15. 若已知上题电路的晶体管高频参数为 $r_{bb'} = 100\ \Omega$，$C_{b'e} = 100\ \text{pF}$，$C_{b'c} = 4\ \text{pF}$．$C_1 = C_2 = 100\ \mu\text{F}$．试估算该电路的上截止频率与下截止频率．

　　解　分析电路知下截止频率主要由 C_2 决定，因为 C_2 回路的时间常数最小，对应截止频率最高，C_2 回路决定的下限截止频率为 $\omega_L \approx \dfrac{1}{C_2(R_L + r_o)}$，

上截止频率主要由 T_2 决定，

$$C'_{b'c2} = A_{v2} C_{b'c}$$

$$\omega_H \approx \dfrac{1}{[\,(r_{o1} + r_{bb'}) \; // \; r_{b'e}\,](C_{b'e2} + C'_{b'c2})}$$

其中，$\qquad r_{o1} = R_3 \; // \; \dfrac{r_{b'e1} + r_{bb'} + r_s \; // \; R_1 \; // \; R_2}{1+\beta}$

16. 下图是一个多级放大器．其中场效应管参数为 $V_{GS(off)} = -3.33\ \text{V}$，$I_{DSS} = 5\ \text{mA}$；晶体管参数 $\beta = 200$，$V_{BEQ} = 0.7\ \text{V}$．其余参数的影响均可忽略．设各级静态工作点为：$I_{DQ1} = 0.8\ \text{mA}$，$I_{CQ2} = 1\ \text{mA}$，$I_{CQ3} = 2\ \text{mA}$，$V_{CEQ3} = 6\ \text{V}$．已知信号源内阻 $r_s = 600\ \Omega$，负载电阻 $R_L = 1\ \text{k}\Omega$，电源电压 $V_{CC} = 12\ \text{V}$．

(1) 估算除 R_{G1} 外的电阻的阻值．

(2) 设 C_1、C_2、C_3 的电容值均很大，估算此电路的源电压增益 $A_{us} = v_o/v_s$．

(3) 若 C_1、C_2、C_3 的容量相同，影响电路低频特性的主要是哪个电容？为什么？

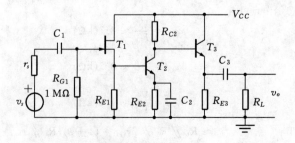

　　解　(1) 估算除 R_{G1} 外的电阻的阻值，分别如下：

$$R_{E3} \approx \frac{12-6}{2} = 3(\text{k}\Omega)$$

$$V_{C2} = 6 + 0.7 = 6.7(\text{V})$$

$$R_{C2} \approx \frac{12-6.7}{1} = 5.3(\text{k}\Omega)$$

$$V_{GS} \approx 0 - I_D R_{E1}$$

$$I_D = I_{DSS}\left(1 - \frac{V_{GS}}{V_{GS(off)}}\right)^2$$

求得 $R_{E1} = 2.5(\text{k}\Omega)$，$V_{B2} \approx I_D R_{E1} = 2(\text{V})$，而 $V_{B2} = 0.7 + I_{C2} R_{E2}$，则可求得 R_{E2} $= 1.3(\text{k}\Omega)$.

(2) 估算此电路的源电压增益 $A_{vs} = v_o / v_s$.

$$g_{m1} = -\frac{2}{V_{GS(off)}}\sqrt{I_{DSS} \cdot I_D} = 1.2(\text{mS})$$

$$r_{b'e2} = \frac{V_T}{I_{B2}} \approx 5.2(\text{k}\Omega)$$

$$r_{b'e3} = \frac{V_T}{I_{B3}} \approx 2.6(\text{k}\Omega)$$

由于 $r_s = 600\ \Omega$ 比较小，而 T_1 输入电阻比较大，源电压增益几乎与外观增益相同. 另外最后一级射级跟随器增益接近 1，所以

$$A_v \approx \frac{r_i}{r_i + r_s} \cdot A_{v1} \cdot A_{v2} \cdot A_{v3} \approx A_{v1} \cdot A_{v2}$$

$$A_{v1} = \frac{g_{m1} v_{gs1} R_{E1} /\!/ r_{b'e2}}{v_{gs1} + g_{m1} v_{gs1} R_{E1} /\!/ r_{b'e2}} = \frac{g_{m1} R_{E1} /\!/ r_{b'e2}}{1 + g_{m1} R_{E1} /\!/ r_{b'e2}} \approx 0.67$$

$$A_{v2} \approx -\frac{\beta R_{C2} /\!/ r_{i3}}{r_{b'e2}} \approx -\frac{\beta R_{C2}}{r_{b'e2}} \approx -200$$

$$A_v \approx -0.67 \times 200 = -134$$

(3) 影响电路低频特性的主要是 C_2 电容，因为 C_2 回路的时间常数最小.

17. 下图是一个晶体管小信号放大器，其中晶体管参数为：$\beta = 100$，$V_{BEQ} = 0.7\ \text{V}$，其余参数的影响可以忽略. 试求：

(1) 忽略 C_1、C_2、C_3 的容抗，估算此电路的交流输入电阻 r_i、输出电阻 r_o，以及电压增益 v_o / v_i.

(2) 若将 C_3 开路，会引起上述交流参数中哪些参数的变化？如何变化（定性说明）？

(3) 若将 C_3 开路会引起电路的频率特性有什么变化（定性说明）？

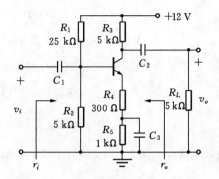

解 先计算电路静态工作点,

$$V_{CC} \frac{R_2}{R_1 + R_2} = 0.7 + I_{BQ}(R_1 /\!/ R_2) + (1 + \beta)I_{BQ}(R_4 + R_5)$$

$$r_{b'e} = \frac{V_T}{I_{BQ}}$$

输入电阻 $r_i = R_1 /\!/ R_2 /\!/ [r_{b'e} + (1 + \beta)R_4]$;

输出电阻近似为 R_3;

电压增益为 $-\dfrac{\beta R_3 /\!/ R_L}{r_{b'e} + (1 + \beta)R_4}$.

若将 C_3 开路,会引起上述交流参数中输入电阻增大、输出电阻增大和电压增益减小.

若将 C_3 开路,会引起电路的下限频率下降,上限频率上升,整个电路频带变宽.

18. 下图是一个具有两个输出的晶体管小信号放大器,其中晶体管的参数为:$\beta = 100$,$V_{BEQ} = 0.7\,\text{V}$,其余参数的影响可以忽略. 试求:

(1) 若 C_1、C_2、C_3 的容抗可以忽略不计,负载电阻 R_{L1}、R_{L2} 全部开路,估算此电路的交流输入电阻 r_i、电压增益 v_{o1}/v_i 和 v_{o2}/v_i.

(2) 若接入负载电阻 R_{L1}、R_{L2}(假定均为 $2\,\text{k}\Omega$),上述电压增益有何变化?

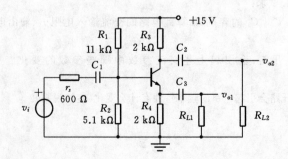

解　先计算电路静态工作点,

$$V_{CC}\frac{R_2}{R_1+R_2}=0.7+I_{BQ}(R_1 \mathbin{/\mkern-5mu/} R_2)+(1+\beta)I_{BQ}R_4$$

$$r_{b'e}=\frac{V_T}{I_{BQ}}$$

输入电阻　　　　　　　　$r_i=R_1 \mathbin{/\mkern-5mu/} R_2 \mathbin{/\mkern-5mu/} [r_{b'e}+(1+\beta)R_4]$,

若负载电阻 R_{L1}、R_{L2} 全部开路,电压增益分别为

$$A_{v1}=\frac{(1+\beta)R_4}{r_{b'e}+(1+\beta)R_4}$$

$$A_{v2}=-\frac{\beta R_3}{r_{b'e}+(1+\beta)R_4}$$

若负载电阻 R_{L1}、R_{L2} 全部接入,则

$$A_{v1}=\frac{(1+\beta)R_4 \mathbin{/\mkern-5mu/} R_{L1}}{r_{b'e}+(1+\beta)R_4 \mathbin{/\mkern-5mu/} R_{L1}}$$

$$A_{v2}=-\frac{\beta R_3 \mathbin{/\mkern-5mu/} R_{L2}}{r_{b'e}+(1+\beta)R_4 \mathbin{/\mkern-5mu/} R_{L1}}$$

A_{v1} 和 A_{v2} 减小.

§3.3　用于参考的扩充内容

以电压作为参量进行处理的电路称为电压模电路,而以电流作为参量进行处理的电路称为电流模电路.下面要介绍的跨导线性电路以及将要介绍的电流传输器和电流反馈运算放大器都是电流模电路,电流模电路具有频带宽、速度高、失真小、输出动态范围大等优点.

3.3.1　跨导线性电路

一、跨导线性概念

双极型三极管的集电极电流和其发射结电压是指数关系,或发射结电压与集电极电流成对数关系,这种特殊的非线性关系表现为:如果集电极电流从 $1~\mu A$ 变化到 $1~mA$,电流增长 $1\,000$ 倍,相应的发射结电压只会从 $580~mV$ 变化到 $760~mV$.而跨导 g_m 与静态集电极电流的关系却是线性的表现为 $g_m=I_C/V_T$, I_C 在 pA 至

mA 数量级的变化范围内，g_m 与 I_C 具有准确的线性关系. 所有跨导线性电路都是基于这样一个重要概念.

二、跨导线性原理

将 N 个(N 为偶数)工作在放大区的双极型三极管的发射结按图 3-19 所示电路接成闭合回路(Translinear Loop, 简称 TL).

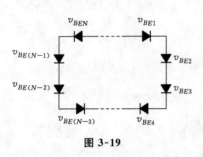

图 3-19

其中一半管子按顺时针方向连接，另一半管子按逆时针方向连接，假定所有管子都正向导通，则闭合回路各管发射结电压之和等于零，即：

$$\sum_{k=1}^{N} v_{BEk} = 0$$

如果将顺时针(CW)和逆时针(CCW)发射结电压分开列写，则为

$$\sum_{CW} v_{BEk} = \sum_{CCW} v_{BEk}$$

将 $v_{BE} = V_T \ln \dfrac{i_C}{I_s}$ 代入上式，可得

$$\prod_{CW} \frac{i_{Ck}}{I_{sk}} = \prod_{CCW} \frac{i_{Ck}}{I_{sk}}$$

由于发射结反向饱和电流与其发射结面积成正比，即：$I_s = AJ_s$，其中 J_s 为反向饱和电流密度，因此进一步得到

$$\prod_{CW} j_k = \prod_{CCW} j_k$$

这就是跨导线性原理最简洁的表达式，其文字描述为：在一个含有偶数个正向偏置发射结且一半管子按顺时针方向连接、另一半管子按逆时针方向连接的闭合环路中，顺时针方向连接的发射结电流密度之积等于逆时针方向连接的发射结电流密度之积. 如果各管发射结面积相同，则可描述为顺时针方向连接的发射结电流之积等于逆时针方向连接的发射结电流之积.

上述原理可以用来简化 TL 的分析，还可用于设计跨导线性电路，如 TL 电流放大器、TL 模拟乘法器、TL 平方电路和 TL 矢量模电路等.

三、跨导线性电路应用举例

图 3-20 是一个 TL 平方电路.

图中, T_3 和 T_4 顺时针方向连接, T_1 和 T_2 逆时针方向连接,根据跨导线性原理,如果各管发射结面积相同,则可得到 $i_X^2 = i_Y i_O$,即: $i_O = \dfrac{i_X^2}{i_Y}$.

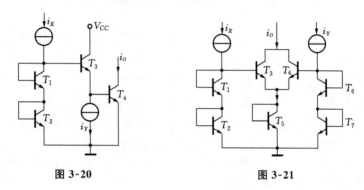

图 3-20　　　　　　　　　　　　　图 3-21

图 3-21 是一个 TL 矢量模电路.

应用 TL 原理,可以写出:

$$i_X^2 = i_{C3} i_{C5} \ , \ i_Y^2 = i_{C4} i_{C5}$$

而 $i_O = i_{C5} = i_{C3} + i_{C4}$,求解可以得到 $i_X^2 + i_Y^2 = i_O^2$.

3.3.2　BiCMOS 放大器

半导体工艺已经能够将极好的双极型器件和 MOS 场效应管制作在同一片集成电路中,这种集成电路称做 BiCMOS. 我们知道,在电流相同的情况下,双极型器件比场效应管具有更高的互导,但是 MOS 场效应管的特殊优点是栅极具有极高的输入电阻以及开关应用时具有较低的压降 $(V_{DS} < V_{CE})$. 将这两者结合就可以优化电路设计. 图 3-22 就是 BiCMOS 共源共基放大电路.

输入级共源放大器是缓冲级,高的电压增益是由共基极放大器获得的, T_3 是有源负载.

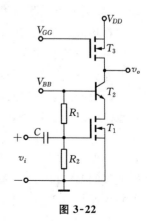

图 3-22

第 4 章 集 成 放 大 器

§4.1 要点与难点分析

运算放大器一般由一个或多个差动放大器、起静态偏置和有源负载作用的多个电流源,以及起电压增益和直流电平移位作用的单端放大器、输出级功率放大器等单元电路直接耦合组成.这种特殊的内部结构特别适合于集成工艺,也形成了其高电压增益、高输入阻抗、高共模抑制比、低输出阻抗、低输入失调等特性.多级直接耦合放大器存在一些需要解决的特殊问题,如级间电平配合问题、零点漂移问题等,而集成工艺对放大器设计也提出了一些特殊的要求,如尽可能使用晶体管、尽可能少用电阻、尽量采用元件的对称性进行设计等.本章学习应侧重各单元电路的组成、性能特点、工作原理和特殊的分析方法.

工作点的稳定对运放这种多级直接耦合放大器尤其重要,对分立元件放大器,可以用分压偏置电路实现工作点的稳定,在集成运放中则可以用镜像电流源实现恒流偏置.由于镜像电流源的恒流特性,交流内阻比较大,在运放中又常做有源负载使用.学习镜像电流源应该从如何用三极管构造恒流源入手.由于工作在放大区的三极管集电极(漏极)电流几乎不受集电结(漏源)电压控制,具有恒流特性,镜像电流源电路一般用工作在放大区的三极管集电极(漏极)作为恒流输出端子,但由于三极管的许多参数具有温度敏感特性,因此用三极管做恒流源必须解决温漂问题,镜像电流源电路利用其镜像结构的特点,比较有效地解决了这个问题.镜像电流源在运放内部电路中,有的起恒流偏置作用,有的做有源负载,而有的则兼具恒流偏置和有源负载双重作用,应注意区分.

差分放大器又称差动放大器,所谓"差动"可以理解为"有差则动,无差则不动",因此好的差分放大器应具有温漂小、差模增益和共模抑制比高、输入失调小等特点.差分放大器是集成运放中重要的单元电路,对运放的性能有直接的影响.为了实现好的"差动"特点,在集成运放中差分放大器多采用镜像电流源做有源负载和恒流偏置,差分放大和恒流偏置的结合使用,能够更加有效地抑制放大器尤其是输入级的温漂(因为输入级的温漂会被后级放大器放大,所以第一级温漂危害最大),并提高输入级的差模增益.差分放大器的另一个特点是它有两个输入端和两个输出端,在具体分析差分放大器时应注意区分差模输入、共模输入、差模输出、共模输出等不同工作方式,且勿混淆.

作为运放的输出级,主要功能是实现大信号不失真的功率放大和有效地将信号功率传输到低阻负载上,因此运放的输出级多采用工作在乙类的两个互补射极跟随器推挽工作.乙类互补功率放大器应掌握其推挽工作的特点,理解放大器工作效率和电源利用效率等基本概念,注意不同功率运放对最大输出电流的限制,即负载阻抗最低值的限制.

一、镜像电流源

镜像电流源的电路分析可以分为直流分析和交流分析.直流分析主要确定电流源输出电流和参考电流的关系以及参考电流的求解,交流分析则主要侧重电流源输出电阻求解.电流源输出电流和参考电流受三极管参数影响越小、输出电阻越大,则电流源越接近理想电流源.

例4-1 Wilson电流源(反馈型电流源)如图4-1(a)、(b)所示.

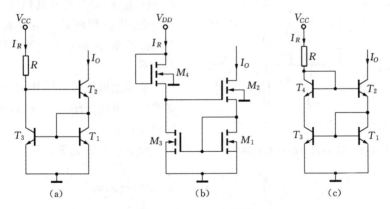

图4-1 Wilson电流源

(1)分别求解其输出电流与参考电流的表达式和输出电阻近似表达式(设同一电路中各管参数相同).

(2)图4-1(a)的另一改进型电路如图4-1(c),说明图4-1(c)与图4-1(a)相比其优点是什么?

解 (1)对图4-1(a)电路,设各管β相同,则

$$I_R = \frac{V_{CC} - 2V_{BE(on)}}{R}$$

$$I_{C3} = I_R - I_O/\beta$$

$$I_{C1} = I_O + I_O/\beta - 2I_{C1}/\beta \Rightarrow I_{C1} = \frac{I_O + I_O/\beta}{1 + \dfrac{2}{\beta}} = \frac{I_O(1+\beta)}{\beta + 2}$$

根据 $I_{C1} = I_{C3}$，求得

$$I_O = \frac{\beta^2 + 2\beta}{\beta^2 + 2\beta + 2}I_R = \frac{V_{CC} - 2V_{BE(on)}}{R}\left(1 - \frac{2}{\beta^2 + 2\beta + 2}\right)$$

从上式可以看出，如果 $\beta \gg 1$，$V_{CC} \gg V_{BE(on)}$，那么由于温度变化引起的输出电流的变化是可以忽略的，这正是镜像电流源能够做放大电路恒流偏置且能够抑制温漂的原因.

根据上面的求解过程，可以总结出电流源电路求解输出电流与参考电流关系的方法：分别将基本电流源 T_1、T_3 的集电极电流，用参考电流和输出电流表示出来，然后利用基本电流源 T_1、T_3 的镜像关系，求出参考电流和输出电流的关系.

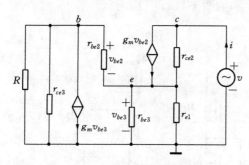

图 4-2　图 4-1(a)的等效电路

求输出电阻可以用外加电源法，其交流等效电路如图 4-2 所示(设各管参数相同).

列节点方程如下：

$$v_b\left(\frac{1}{R} + \frac{1}{r_{ce3}} + \frac{1}{r_{be2}}\right) - v_e\frac{1}{r_{be2}} = -g_m v_{be3} = -g_m v_e$$

$$v_e\left(\frac{1}{r_{ce2}} + \frac{1}{r_{be2}} + \frac{1}{r_{be3}} + \frac{1}{r_{e1}}\right) - v_b\frac{1}{r_{be2}} - v\frac{1}{r_{ce2}} = g_m v_{be2} = g_m(v_b - v_e)$$

当 $R \mathbin{/\!/} r_{ce3} \gg r_{be2}$，$r_{be3} \gg r_{e1}$ 时，求得输出电阻 $r_o \approx \left(1 + \dfrac{\beta}{2}\right)r_{ce}$.

对图 4-1(b)电路，设 $\dfrac{1}{2}\mu_n C_{OX}\dfrac{W}{L} = k = k_1 = k_2 = k_3 = k_4$，则

$$k_1(V_{GS1} - V_{GS(th)1})^2 = k_2(V_{GS2} - V_{GS(th)2})^2$$

$$k_3 (V_{GS3} - V_{GS(th)3})^2 = k_4 (V_{GS4} - V_{GS(th)4})^2$$

其中， $$V_{GS4} = V_{DD} - V_{GS1} - V_{GS2}, \quad V_{GS2} = V_{GS3}$$

求得 $$V_{GS1} = V_{GS2} = V_{GS3} = V_{GS4} = V_{DD}/3$$

$$I_O = k \left(\frac{V_{DD}}{3} - V_{GS(th)} \right)^2$$

用外加电源法求输出电阻,等效电路如图 4-3 所示. 则有

$$i = \frac{v - i \dfrac{1}{g_m}}{r_{ds2}} + g_m \left(- i \dfrac{1}{g_m} - i \dfrac{1}{g_m} \right)$$

可求得 $r_o \approx 3 r_{ds}$.

(2) 图(c)电路通过接入 T_4 管强制 T_3 管、T_1 管的 V_{CE} 相同,从而减小了由基区宽度调制效应引入的误差. Wilson 电流源与级连型电流源的共同缺点是输出端的工作电压比较高,如用在低压电路中时,对输出端电压信号的摆幅将受到很大影响.

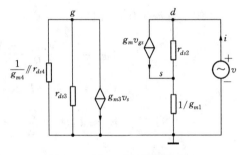

图 4-3   图 4-1(b)的等效电路

二、差分放大器

差分放大器适合于放大差模信号,例如心电图测试仪中,放大器放大的是人体不同部位的电位差的变化,而人体各部位上电位值的平均值则是共模信号被抑制掉.区分差模信号、共模信号是差分放大器电路分析的特点.差分放大器的电路分析有静态分析、交流小信号分析和差模传输特性分析,其中交流小信号分析主要采用半电路分析法.差分放大器的电路种类也比较多,运放中常用的是较为复杂的镜像电流源做有源负载和恒流偏置的差分放大器.随着电路复杂程度的增加,电路分析方法应注意采用模块法分析电路,模块法是将复杂电路按照功能划分成几个简单的单元模块,先分别对每个模块进行分析,然后再组合分析整个电路.

例 4-2   差分放大器如图 4-4 所示,试求差分放大器的差模增益和共模抑制比,设各电路参数已知且 $R_{C1} = R_{C2} \ll r_{ce}$,三极管工作在放大区. (本例分别采用 3 种分析方法对差分放大器交流分析,其结果应该相同,所谓条条大路通罗马.)

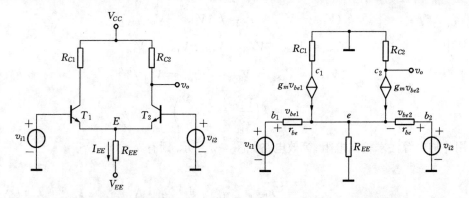

图 4-4 差分放大电路   图 4-5 等效电路

解 直流工作点分析：

$$I_{EE} = \frac{0 - V_{BE(on)} - V_{EE}}{R_{EE}} \approx 2I_{C1} \approx 2I_{C2}$$

$$V_{CE1} = V_{CC} - I_{C1}R_{C1} - (-V_{BE(on)}) = V_{CE2}$$

$$r_{be} \approx (1+\beta)\frac{V_T}{I_C}, \; r_{ce} \approx \frac{V_A}{I_C}$$

交流分析：

方法 1 将 T_1、T_2 用其共发射极 y 参数小信号模型，画出等效电路如图 4-5 所示(忽略 r_{ce}).

列节点 e 方程如下：

$$v_e\left(\frac{1}{r_{be}} + \frac{1}{r_{be}} + \frac{1}{R_{EE}}\right) = \frac{v_{i1}}{r_{be}} + \frac{v_{i2}}{r_{be}} + g_m v_{be1} + g_m v_{be2}$$

$$= \frac{v_{i1}}{r_{be}} + \frac{v_{i2}}{r_{be}} + g_m(v_{i1} - v_e) + g_m(v_{i2} - v_e)$$

若 $v_{i1} = -v_{i2} = \dfrac{v_i}{2}$, 则 $v_e = 0$.

差模输出为 $$v_{od} = -g_m R_C v_{be2} = -g_m R_C v_{i2}$$

差模电压增益为 $$A_{vd2} = \frac{v_o}{v_{i1} - v_{i2}} = \frac{1}{2}g_m R_{C2}$$

若 $v_{i1} = v_{i2} = \dfrac{v_i}{2}$, 则 $$v_e = \frac{R_{EE}(1 + g_m r_{be})}{2R_{EE}(1 + g_m r_{be}) + r_{be}}v_i$$

共模输出为 $\qquad v_{oc} = -g_m R_{C2} v_{be2} = -g_m R_{C2} \left(\dfrac{v_i}{2} - v_e \right)$

$$= -\dfrac{g_m r_{be} R_{C2}}{2 R_{EE}(1 + g_m r_{be}) + r_{be}} \dfrac{v_i}{2}$$

共模电压增益为

$$A_{vc} = \dfrac{v_o}{(v_{i1} + v_{i2})/2} = -\dfrac{g_m r_{be} R_C}{2 R_{EE}(1 + g_m r_{be}) + r_{be}}$$

共模抑制比为

$$\text{CMRR} = \left| \dfrac{A_{vd2}}{A_{vc}} \right| = \dfrac{2 R_{EE}(1 + g_m r_{be}) + r_{be}}{2 r_{be}}$$

方法 2 利用叠加定理,让 v_{i1} 和 v_{i2} 各自单独作用,利用两级组合放大电路的方法求解. 当 v_{i1} 单独作用时的交流等效电路如图 4-6 所示.

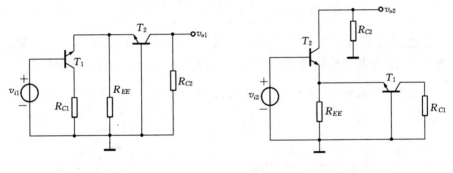

图 4-6   等效电路   图 4-7   等效电路

这显然是共集-共基组合放大电路,后级共基极输入电阻为 r_e,所以第一级共集电极增益为 $A_{v1} = \dfrac{(1+\beta)R_{EE} /\!/ r_e}{(1+\beta)R_{EE} /\!/ r_e + r_{be}}$,第二级共基极增益为 $A_{v1} = g_m R_{C2}$. 所以电路的输出为

$$v_{o1} = \dfrac{g_m R_{C2}(1+\beta)R_{EE} /\!/ r_e}{(1+\beta)R_{EE} /\!/ r_e + r_{be}} v_{i1}$$

当 v_{i2} 单独作用时的交流等效电路如图 4-7 所示. 这可以看作是发射极接电阻的共发放大器,输出

$$v_{o2} = -\dfrac{\beta R_{C2}}{(1+\beta)R_{EE} /\!/ r_e + r_{be}} v_{i2}$$

所以若 $v_{i1} = -v_{i2} = \dfrac{v_i}{2}$，则差模输出 $v_{od} = \dfrac{1}{2} g_m R_C v_i$.

差模电压增益为 $\qquad A_{vd2} = \dfrac{v_o}{v_{i1} - v_{i2}} = \dfrac{1}{2} g_m R_{C2}$

若 $v_{i1} = v_{i2} = \dfrac{v_i}{2}$，则共模输出为

$$v_{oc} = -\frac{g_m r_{be} R_{C2}}{2R_{EE}(1 + g_m r_{be}) + r_{be}} \frac{v_i}{2}$$

共模电压增益为

$$A_{vc} = \frac{v_o}{(v_{i1} + v_{i2})/2} = -\frac{g_m r_{be} R_C}{2R_{EE}(1 + g_m r_{be}) + r_{be}}$$

共模抑制比为

$$\text{CMRR} = \left| \frac{A_{vd2}}{A_{vc}} \right| = \frac{2R_{EE}(1 + g_m r_{be}) + r_{be}}{2r_{be}}$$

方法 3 最后介绍半电路分析法,这种方法与前两种的不同在于事先约定分别输入差模信号和共模信号,分别得到差模和共模等效电路,再分别进行分析.

当输入差模信号 $v_{i1} = -v_{i2} = \dfrac{v_i}{2}$ 时,其等效电路如图 4-8 所示.

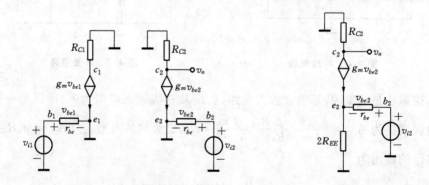

图 4-8 等效电路   图 4-9 等效电路

其实左右两边电路完全相同,实际分析电路时,只需画出一边的电路即可,这就是"半电路"的含义,同样可求得下面的结果:

差模输出为 $\qquad v_{od} = \dfrac{1}{2} g_m R_C v_i$

差模电压增益为 $\qquad A_{vd2} = \dfrac{v_o}{v_{i1} - v_{i2}} = \dfrac{1}{2} g_m R_{C2}$

当输入共模信号 $v_{i1} = v_{i2} = \dfrac{v_i}{2}$ 时,其等效电路如图 4-9 所示(这里只画出右边的等效电路).则共模输出为

$$v_{oc} = -\frac{g_m r_{be} R_{C2}}{2R_{EE}(1 + g_m r_{be}) + r_{be}} \frac{v_i}{2}$$

共模电压增益为

$$A_{vc} = \frac{v_o}{(v_{i1} + v_{i2})/2} = -\frac{g_m r_{be} R_C}{2R_{EE}(1 + g_m r_{be}) + r_{be}}$$

共模抑制比为

$$\text{CMRR} = \left| \frac{A_{vd2}}{A_{vc}} \right| = \frac{2R_{EE}(1 + g_m r_{be}) + r_{be}}{2r_{be}}$$

显然 3 种方法的结果是一样的,其中第三种分析方法比较简单.但第三种分析方法概念性较强,必须理解掌握,而不能生搬硬套,另外在电路参数不对称的情况下这种分析方法有计算误差.

例 4-3　镜像电流源做有源负载和恒流偏置的差分放大器分析.对图 4-10 所示电路,求各管的静态集电极电流、差模电压增益、共模抑制比和输出电阻,设各电路参数已知.

解　该电路有 3 个模块构成:T_1、T_2 是差分对管,T_3、T_4 构成的镜像电流源做 T_1、T_2 差分对管的有源负载,T_5、T_6 构成的微电流源做 T_1、T_2 差分对管的恒流偏置.静态分析时应先从 T_5、T_6 构成的微电流源开始.

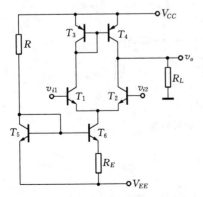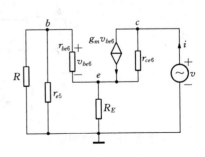

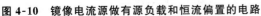

图 4-10　镜像电流源做有源负载和恒流偏置的电路　　　　　图 4-11　等效电路

$$I_{C5} = \frac{V_{CC} - V_{BE(on)} - V_{EE}}{R}$$

T_6 的集电极电流可以通过下面的方程求解：

$$I_{C6} \approx \frac{V_T}{R_E} \ln \frac{I_{C5}}{I_{C6}}$$

$$I_{C1} = I_{C2} = I_{C4} \approx I_{C3} \approx \frac{I_{C6}}{2}$$

交流分析时可分模块求解，先求 T_5、T_6 构成的微电流源的输出电阻，该输出电阻相当于发射极接电阻的共发放大器输出电阻，等效电路如图 4-11 所示.

T_6 集电极输出电阻近似为

$$r_{o6} \approx r_{ce6} \left(1 + \frac{\beta R_E}{r_{be6} + R_E + r_{e5} \ // \ R} \right)$$

求差模增益时，可以暂时忽略各管 r_{ce}，忽略由于电路不对称导致的计算误差，由于镜像电流源做有源负载，单端输出差模增益等于双端输出增益，其电压增益近似为 $A_{vd} = g_m R_L$.

求共模增益时，如果仍忽略由于电路不对称导致的计算误差，则由于镜像电流源做有源负载，共模增益近似为零，共模抑制比为无穷大，但是求共模增益时如果忽略各管 r_{ce} 而不忽略 r_{o6}，不忽略由于电路不对称导致的计算误差，另外注意区分 NPN 和 PNP 三极管参数，则等效电路如图 4-12 所示.

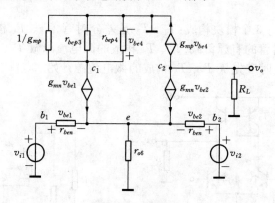

图 4-12　等效电路

列节点 e 的方程如下：

$$v_e \left(\frac{1}{r_{ben}} + \frac{1}{r_{ben}} + \frac{1}{r_{o6}} \right) = \frac{v_{i1}}{r_{ben}} + \frac{v_{i2}}{r_{ben}} + g_{mn} v_{be1} + g_{mn} v_{be2}$$

$$= \frac{v_{i1}}{r_{ben}} + \frac{v_{i2}}{r_{ben}} + g_{mn}(v_{i1} - v_e) + g_{mn}(v_{i2} - v_e)$$

当输入共模信号 $v_{i1} = v_{i2} = \dfrac{v_i}{2}$ 时,求得

$$v_e = \frac{r_{o6}(1 + g_{mn}r_{ben})}{2r_{o6}(1 + g_{mn}r_{ben}) + r_{ben}} v_i$$

$$v_{oc} = -(g_{mn}v_{be2} + g_{mp}v_{be4})R_L = -\left[g_{mn}\left(\frac{v_i}{2} - \frac{r_{o6}(1 + g_{mn}r_{ben})}{2r_{o6}(1 + g_{mn}r_{ben}) + r_{ben}} v_i \right) \right.$$

$$\left. - g_{mp}g_{mn}\left(\frac{v_i}{2} - \frac{r_{o6}(1 + g_{mn}r_{ben})}{2r_{o6}(1 + g_{mn}r_{ben}) + r_{ben}} v_i \right)\left(\frac{1}{g_{mp}} /\!/ r_{bep3} /\!/ r_{bep4} \right) \right]R_L$$

化简后可得 $\quad v_{oc} = -\dfrac{v_i}{2} \dfrac{g_{mn}r_{ben}R_L}{2r_{o6}(1 + g_{mn}r_{ben}) + r_{ben}} \cdot \dfrac{1}{1 + g_{mp}\dfrac{r_{bep}}{2}}$

共模增益为 $\quad A_{vc} = \dfrac{v_{oc}}{\dfrac{v_i}{2}} = -\dfrac{g_{mn}r_{ben}R_L}{2r_{o6}(1 + g_{mn}r_{ben}) + r_{ben}} \cdot \dfrac{1}{1 + g_{mp}\dfrac{r_{bep}}{2}}$

共模抑制比为

$$CMRR = \left| \frac{A_{vd}}{A_{vc}} \right| = \frac{2r_{o6}(1 + g_{mn}r_{ben}) + r_{ben}}{r_{ben}}\left(1 + g_{mp}\frac{r_{bep}}{2} \right)$$

$$\approx 2r_{o6}g_{mn}g_{mp}\frac{r_{bep}}{2} \approx r_{o6}g_{mn}g_{mp}r_{bep}$$

求输出电阻不能再忽略各管 r_{ce},否则输出电阻近似无穷大.用外加电源法求输出电阻,对应等效电路如图 4-13.

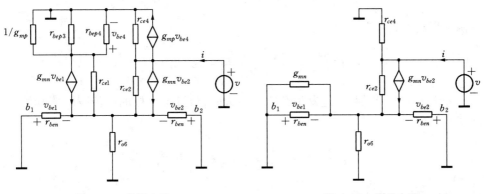

图 4-13　等效电路　　　　　　　　　　图 4-14　等效电路

对图 4-13 进行适当的近似,忽略 $1/g_{mp}$,即将其两端短路,进而左边电路等效为图 4-14.

如果再忽略 $1/g_{mm}$,则可求输出电阻近似为 $r_{ce4}\ /\!/\ r_{ce2}$. 读者可以根据图 4-13 列节点方程,求解输出电阻,进一步忽略 $1/g_{mp}$、$1/g_{mm}$ 验证上述结论.

三、功率输出电路

功率输出电路常用做多级放大电路的输出级,要求电路应有足够大的信号电压和电流摆幅、尽可能高的能量转换效率、尽可能小的非线性失真以及必要的散热和保护电路. 运放中广泛采用甲乙类互补功率输出级电路,静态功耗低、效率高,也克服了乙类交越失真的缺点. 功率输出电路的主要性能指标不是前面放大器电路经常计算的增益、输入输出电阻,其主要性能指标是输出功率、电源供给功率、效率和管耗等,电路分析方法也多采用图解法.

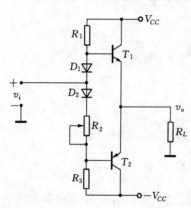

图 4-15 甲乙类互补功率输出级电路

例 4-4 甲乙类互补功率输出级电路如图 4-15 所示,设电源电压为 ±12 V,饱和管压降为 ±2 V,输入为正弦信号,计算负载电阻为 2 kΩ 时电路的最大输出功率、电源供给最大功率、效率、最大管耗和最大输出时的管耗.

解 最大输出功率为

$$P_{om} = \frac{1}{2}\frac{(V_{CC} - V_{CES})^2}{R_L} = 25(\text{mW})$$

电源供给最大平均功率为

$$P_{DC} = \frac{2}{\pi}\frac{V_{CC}(V_{CC} - V_{CES})}{R_L} \approx 38.2(\text{mW})$$

电源利用最大效率为

$$P_{DC} = \frac{\pi}{4}\frac{(V_{CC} - V_{CES})}{V_{CC}} \approx 65.4\%$$

最大集电极管耗并不是发生在输出最大时,流过集电极的电流瞬时值和管压降瞬时值分别为

$$u_{CE} = V_{CC} - V_{om}\sin \omega t , \quad i_C = \frac{V_{om}\sin \omega t}{R_L}$$

则集电极管耗平均值为

$$P_T = \frac{1}{2\pi}\int_0^\pi u_{CE}i_C\mathrm{d}\omega t = \frac{1}{R_L}\left(\frac{V_{CC}V_{om}}{\pi} - \frac{V_{om}^2}{4}\right)$$

令 $\dfrac{\mathrm{d}P_T}{\mathrm{d}V_{om}} = 0$，得 $V_{om} = \dfrac{2}{\pi}V_{CC} \approx 0.6V_{CC}$，进而可以得出

$$P_{Tm} = \frac{V_{CC}^2}{\pi^2 R_L} = 7.3(\mathrm{mW})$$

而最大输出时,每只管的管耗为

$$P_T = \frac{38.2 - 25}{2} = 6.6(\mathrm{mW})$$

例 4-5　运放输出级部分电路如图 4-16 所示,设电源电压为 ± 15 V,忽略饱和管压降,负载电阻为 1 kΩ,保护电阻 R 为 27 Ω,求:

(1) 请为该电路 T_1、T_2 选择合适的三极管,满足最大管耗、最大集电极电流和最大管压降的要求.

(2) 若减小负载电阻的阻值,输出级保护电路工作前,负载电阻的最小值是多少?

解　(1) 最大集电极电流为

$$I_{cm} \approx \frac{V_{CC}}{R_L} = 15(\mathrm{mA})$$

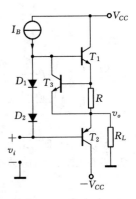

图 4-16　运放输出级电路

最大集电极管耗为

$$P_{Tm} = \frac{V_{CC}^2}{\pi^2 R_L} = 22.8(\mathrm{mW})$$

最大集电极管压降为

$$BV_{CEO} = 2V_{CC} = 30(\mathrm{V})$$

(2) 当负载电阻减小时,流过保护电阻 R 的压降增加,设 T_3 的导通压降为 0.7 V,则

$$I_{Lmax} = \frac{0.7}{27} = \frac{V_{CC} - V_{BE(on)}}{R_{Lmin}} = \frac{15 - 0.7}{R_{Lmin}}$$

可求得 $R_{Lmin} \approx 552(\Omega)$.

§4.2 习题解答

1. 在下图所示的基本电流镜电路中,已知场效应管的参数 $K_n = \frac{1}{2}\mu_n C_{OX} \frac{W}{L}$ 和 V_{TH},电源电压 V_{DD} 以及电阻 R 的值,试求参考电流 I_{ref} 的表达式.

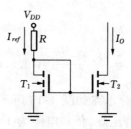

解 $I_D = \frac{1}{2}\mu_n C_{OX} \frac{W}{L}(V_{GS} - V_{TH})^2$

$I_D = \frac{V_{DD} - V_{GS}}{R}$

$I_{ref} = I_D$

解以上方程即可求得 I_{ref}. 注意在两个解中,选取使场效应管工作在饱和区的解.

2. 若在上图所示的基本电流镜电路中,要求 $I_O = 1\,\text{mA}$. 已知场效应管 T_1 的沟道宽长比是 T_2 的 5 倍,T_1 的 $k_n = \frac{1}{2}\mu_n C_{OX} \frac{W}{L} = 2\,\text{mA/V}^2$,$V_{TH} = 0.75\,\text{V}$,电源电压 $V_{DD} = 5\,\text{V}$. 试求电阻 R 的值.

解 $I_{D1} = k_{n1}(V_{GS} - V_{TH})^2 = \frac{V_{DD} - V_{GS}}{R}$

$I_{D2} = k_{n2}(V_{GS} - V_{TH})^2 = 1(\text{mA})$

$\frac{I_{D1}}{I_{D2}} = 5$

解以上方程即可求得 R 的值. 注意在两个解中取使场效应管工作在饱和区的解.

3. 试证明下图电路中,电流源的输出电阻为 $R_O \approx r_{ce4}(1 + \beta_4)$.

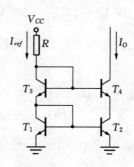

解　求解电路的输出电阻,可以将电路进行交流等效,然后用电路分析的方法求解,电路完整的交流等效电路如下图所示:

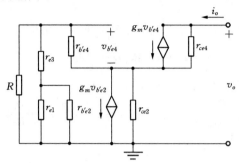

由于 $r_{b'e2} \gg r_{e1}$, $r_{b'e2}$ 上的电流可以忽略,另外因为 $r_{b'e4} \gg (r_{e3} + r_{e1} /\!/ r_{b'e2}) /\!/ R$ 和 $r_{b'e4} \ll r_{ce2}$,电路可简化,如下图所示:

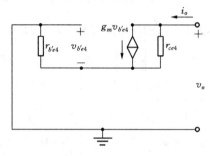

则

$$v_o = (i_o - g_m v_{b'e4})r_{ce4} + i_o r_{b'e4}$$

$$v_{b'e4} = -i_o r_{b'e4}$$

$$r_o = \frac{v_o}{i_o} \approx r_{ce4}(1 + \beta_4)$$

4. 下图是一种双极型晶体管电流镜电路,称为比例电流镜. 试证明:在两个晶体管对称并且晶体管 β 值比较大的条件下,

$$I_O = \frac{R_1}{R_2} I_{ref} + \frac{V_T}{R_2} \ln \frac{I_{E1}}{I_{E2}}$$

若已知上图电路中 $R_1 = 600\,\Omega$, $R_2 = 200\,\Omega$, $I_{ref} = 0.5\,\text{mA}$, 试求 I_O 的值, 并讨论由此结果可以得出 I_O 与 I_{ref} 之间有什么近似关系? 在什么条件下此近似关系成立?

解 由上图可见,

$$V_{BE1} + I_{E1}R_1 = V_{BE2} + I_{E2}R_2$$

$$V_{BE1} - V_{BE2} = V_T \ln \frac{I_{E1}}{I_{E2}}$$

当 β 比较大时,

$$I_{ref} = I_{C1} \approx I_{E1}$$

$$I_O = I_{C2} \approx I_{E2} = \frac{R_1}{R_2}I_{ref} + \frac{V_T}{R_2}\ln\frac{I_{E1}}{I_{E2}}$$

代入题目给出的已知条件, 得

$$I_O = 1.5 + \frac{V_T}{R_2}\ln\frac{1}{2I_O}$$

这是个超越方程, 可以用图解法或累试法求解, 得 $I_O \approx 1.46\,\text{mA}$. 如果 $\frac{V_T}{R_2}\ln\frac{I_{E1}}{I_{E2}}$ 比较小, I_O 与 I_{ref} 之间近似为 $I_O \approx \frac{R_1}{R_2}I_{ref}$, 计算结果证实该近似结果.

因此近似关系成立的条件为 $\frac{V_T}{R_2}\ln\frac{I_{E1}}{I_{E2}}$ 比较小, 即 $R_1 I_{ref} \gg V_T \ln\frac{I_{E1}}{I_{E2}}$.

5. 若在微电流镜中已知 $V_{CC} = 15\,\text{V}$, 要求 $I_{ref} = 0.75\,\text{mA}$, $I_O = 30\,\mu\text{A}$, 试求电阻 R 和 R_2 的值.

解 若 $R_1 = 0$, 则 $I_O = \frac{V_T}{R_2}\ln\frac{I_{E1}}{I_{E2}}$.

根据题目给出的已知条件, 得 $R_2 = 2.79(\text{k}\Omega)$. 而 $I_{ref} = \frac{V_{CC} - V_{BE}}{R}$, 求得 $R = 19.06(\text{k}\Omega)$.

6. 画出用双极型晶体管构成的有源负载共射放大器, 并证明其电压增益为 $A_v = \dfrac{1/V_T}{1/V_{A1} + 1/V_{A2}}$. 其中 V_{A1} 和 V_{A2} 分别为共射放大器和有源负载的晶体管的 Early 电压.

解 以镜像电流源为有源负载的共发射极放大器简化电路如下图所示(图中 T_1 的基极偏置电路省略, 可以由直接耦合的前级电路提供):

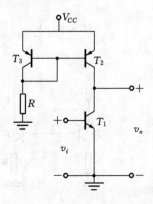

其交流等效电路如下图所示:

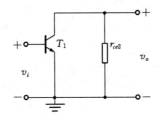

故其电压增益绝对值为

$$A_v = g_m r_{ce1} \mathbin{/\mkern-5mu/} r_{ce2} = \frac{1/V_T}{1/V_{A1} + 1/V_{A2}}$$

7. 假设下图电路中,场效应管 T_1、T_2 的参数为 $\frac{1}{2}\mu_n C_{OX}\frac{W}{L} = 0.5\,\text{mA/V}^2$,不考虑沟道长度调制效应. T_3 的参数为 $r_{ds} = 80\,\text{k}\Omega$, $I_{SS} = 1\,\text{mA}$. $R_{D1} = R_{D2} = 5\,\text{k}\Omega$. 试求差模电压增益和单端输出的共模抑制比.

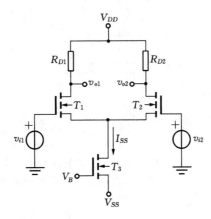

解 不考虑沟道长度调制效应,利用半电路分析法,其差模小信号等效电路如下图所示:

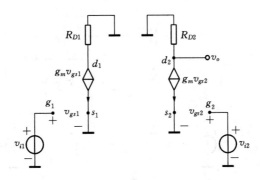

差动放大电路的差模电压增益为

$$A_{vd} = \frac{v_{od1} - v_{od2}}{v_{i1} - v_{i2}} = -g_m R_{D1}$$

其中,

$$g_m = g_{m1} = g_{m2} = 2\sqrt{\frac{1}{2}\mu_n C_{OX} \frac{W}{L} \cdot I_{DQ}} = \sqrt{\mu_n C_{OX} \frac{W}{L} \cdot I_{SS}} = 1(\text{mS})$$

则

$$A_{vd} = -g_m R_{D1} = -5$$

共模小信号等效电路如下图所示:

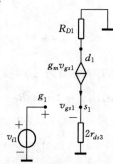

$$A_{vc1} = \frac{v_{oc1}}{v_{i1}} = \frac{-g_m R_{D1}}{1 + 2g_m r_{ds3}} = -0.031$$

单端输出的共模抑制比

$$\text{CMRR} = \frac{-g_m R_D / 2}{-\dfrac{g_m R_D}{1 + 2g_m r_{ds3}}} = (1 + 2g_m r_{ds3})/2 = 80.5$$

8. 若在上题中考虑场效应管 T_1、T_2 的沟道长度调制效应,已知 $V_A = 60\,\text{V}$,则结果有何变化?

　　解　若考虑场效应管 T_1、T_2 的沟道长度调制效应,则差模电压增益和共模电压增益和共模抑制的绝对值都将减小.

$$r_{ds1} = r_{ds2} = \frac{V_A}{I_{DQ}} = \frac{2V_A}{I_{SS}} = 120(\text{k}\Omega)$$

考虑沟道长度调制效应的差模等效电路,如下图所示:

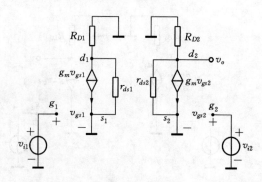

$$A_{vd} = \frac{v_{od1} - v_{od2}}{v_{i1} - v_{i2}} = - g_m R_{D1} \mathbin{/\mkern-5mu/} r_{ds1}$$

考虑沟道长度调制效应的共模等效电路,如下图所示:

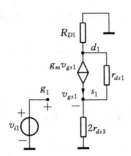

则可列节点方程如下:

$$v_{s1} \left(\frac{1}{2r_{ds3}} + \frac{1}{r_{ds1}} \right) - v_{d1} \frac{1}{r_{ds1}} = g_m v_{gs1}$$

$$v_{d1} \left(\frac{1}{R_{D1}} + \frac{1}{r_{ds1}} \right) - v_{s1} \frac{1}{r_{ds1}} = - g_m v_{gs1}$$

$$v_{gs} = v_g - v_s = v_{i1} - v_{s1}$$

$$v_{oc1} = v_{d1}$$

$$A_{vc1} = \frac{v_{oc1}}{v_{i1}} = - \frac{g_m R_{D1}}{1 + 2g_m r_{ds3} + (R_{D1} + 2r_{ds3})/r_{ds1}} = - 0.030\,79$$

$$\text{CMRR} = \frac{A_{vd}}{2A_{vc1}} = 77.94$$

9. 用分立元件构成的差分放大器常常采用下图的形式. 若已知 $V_{CC} = 15$ V, $V_{EE} = -15$ V, $R_{C1} = R_{C2} = 10$ kΩ, $R_{EE} = 15$ kΩ. 试求差分放大器的差模电压增益和单端输出的共模抑制比.

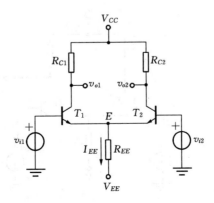

解 先进行静态工作点的求解，$0 - V_{EE} = 0.7 + I_{EE}R_{EE}$，求得

$$I_{EE} = 0.95(\text{mA})$$

$$I_{C1} = I_{C2} \approx I_{EE}/2 = 0.475(\text{mA})$$

$$g_{m1} = g_{m2} = \frac{I_{C1}}{V_T} = 18.27(\text{mS})$$

差分放大器的差模电压增益为 $\qquad -g_{m1}R_{C1} = 182.7$

单端输出共模电压增益为

$$-\frac{\beta R_{C1}}{r_{b'e1} + 2(1+\beta)R_{EE}} \approx -\frac{R_{C1}}{2R_{EE}} = -\frac{1}{3}$$

单端输出的共模抑制比 $\qquad \text{CMRR} \approx 274$

10. 试证明：上题电路的共模抑制比为：$\text{CMRR} = \left(1 + 2\frac{I_{CQ}R_{EE}}{V_T}\right)\Big/2 \approx \frac{|V_{EE}| - V_{BE}}{2V_T}$. 此结果表明分立元件差分放大器电路的共模抑制比受到电源电压的限制.

证明

$$\text{CMRR} = \frac{g_{m1}R_{C1}/2}{\dfrac{\beta R_{C1}}{r_{b'e1} + 2(1+\beta)R_{EE}}} = \frac{\dfrac{\beta R_{C1}}{2r_{b'e1}}}{\dfrac{\beta R_{C1}}{r_{b'e1} + 2(1+\beta)R_{EE}}} = \frac{r_{b'e1} + 2(1+\beta)R_{EE}}{2r_{b'e1}}$$

$$\approx \frac{I_{CQ}R_{EE}}{V_T} \approx \frac{|V_{EE} - V_{BE}|}{2V_T}$$

11. 双端输入、单端输出的差分放大器如下图所示. 已知晶体管参数 $\beta = 100$，$V_{BE} = 0.65$ V. $V_{CC} = 15$ V，$V_{EE} = -15$ V，$R_C = 10$ kΩ，$R_{EE} = 15$ kΩ. $r_{i1} = r_{i2} = 600$ Ω 分别是两个信号源的源内阻. 试求该放大器的差模电压增益 v_o/v_{id} 和共模电压增益 v_o/v_i.

解 这是双端输入、单端输出的情况，先进行静态工作点的求解，

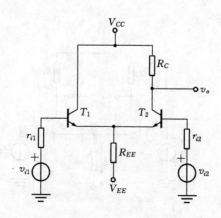

$$0 - V_{EE} = 0.7 + I_{EE}R_{EE} + \frac{I_{EE}}{2(1+\beta)}r_{i1} \approx 0.7 + I_{EE}R_{EE}$$

差模电压增益为

$$A_{vd} = \frac{1}{2} \cdot \frac{r_{b'e}}{r_{i1} + r_{b'e}} \cdot \frac{\beta R_C}{r_{b'e}} = \frac{1}{2} \cdot \frac{\beta R_C}{r_{i1} + r_{b'e}}$$

共模电压增益为

$$A_{vc} = \frac{\beta R_C}{r_{i1} + r_{b'e} + 2(1+\beta)R_{EE}} \approx \frac{R_C}{2R_{EE}}$$

12. 若第 7 题电路中在 T_1、T_2 的输出之间接有负载电阻 R_L（即 R_L 跨接在 v_{o1}、v_{o2} 之间），试求差分放大器的差模电压增益和共模抑制比的表达式.

    解   不考虑沟道长度调制效应，差动放大电路的差模电压增益为

$$A_{vd} = \frac{v_{od1} - v_{od2}}{v_{i1} - v_{i2}} = -g_m \left(R_{D1} \mathbin{/\mkern-5mu/} \frac{R_L}{2} \right)$$

其中，

$$g_m = g_{m1} = g_{m2} = 2\sqrt{\frac{1}{2}\mu_n C_{OX}\frac{W}{L}I_{DQ}} = \sqrt{\mu_n C_{OX}\frac{W}{L}I_{SS}} = 1(\text{mS})$$

共模抑制比为无穷大.

13. 若在有源负载差分放大器的源极串联一个电阻 R，如下图所示. 假设整个电路仍然保持对称，已知 I_{SS} 以及各晶体管的参数 $K_n = \frac{1}{2}\mu_n C_{OX}\frac{W}{L}$ 和 r_{ds}. 试求此时的差模放大倍数表达式.

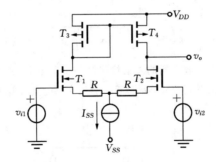

    解   差动放大电路的差模等效电路如下图所示（忽略 T_1、T_2 的沟道长度调制效应）：

$$v_{i1} = \frac{v_{id}}{2} = v_{gs1} + g_{m1} v_{gs1} R$$

$$v_{i2} = -\frac{v_{id}}{2} = v_{gs2} + g_{m2} v_{gs2} R$$

可见 v_{gs1} 和 v_{gs2} 也是同值反相的.

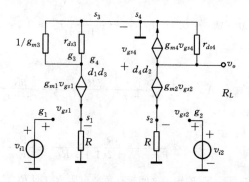

$$v_{gs4} = -\left(\frac{1}{g_{m3}} /\!/ r_{ds3}\right) g_{m1} v_{gs1} = \left(\frac{1}{g_{m3}} /\!/ r_{ds3}\right) g_{m1} v_{gs2}$$

$$v_o = -(g_{m2} v_{gs2} + g_{m4} v_{gs4}) r_{ds4} = -\left[g_{m2} v_{gs2} - g_{m4} \left(\frac{1}{g_{m3}} /\!/ r_{ds3}\right) g_{m1} v_{gs1}\right] \cdot r_{ds4}$$

一般 $\dfrac{1}{g_{m3}} \gg r_{ds3}$，所以

$$v_o \approx -\left[g_{m2} v_{gs2} - g_{m4} \frac{1}{g_{m3}} g_{m1} v_{gs1}\right] r_{ds3} = -\left[g_{m2} v_{gs2} + g_{m4} \frac{1}{g_{m3}} g_{m1} v_{gs2}\right] r_{ds3}$$

如果各管参数相同，则

$$v_o \approx -2 g_m v_{gs2} r_{ds3}$$

$$A_{vd} = \frac{v_o}{v_{i1} - v_{i2}} = \frac{g_m r_{ds4}}{1 + g_m R}$$

其中， $$g_m = g_{m1} = g_{m2} = 2 \sqrt{\frac{1}{2} \mu_n C_{OX} \frac{W}{L} \cdot I_{DQ}} = \sqrt{\mu_n C_{OX} \frac{W}{L} \cdot I_{SS}}$$

14. 如下图所示，在基本差分放大器的发射极串联一个电阻 R. 试分析该电路的大信号传输特性，画出传输特性曲线并同双极型晶体管差分放大器的直流传输特性曲线比较.

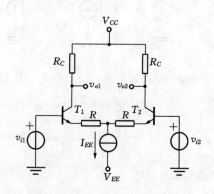

解　由上图有

$$v_{i1} - v_{i2} = v_{BE1} - v_{BE2} + (i_{E1} - i_{E2})R = V_T \ln \frac{i_{E1}}{i_{E2}} + (i_{E1} - i_{E2})R$$

如果反馈深度足够大,即:

$$(i_{E1} - i_{E2})R \gg V_T \ln \frac{i_{E1}}{i_{E2}}$$

则

$$v_{i1} - v_{i2} = v_{id} \approx (i_{E1} - i_{E2})R \approx (i_{C1} - i_{C2})R$$

此时输出电流差值与输入差分电压几乎是线性的,且与 I_{EE} 无关,但是这个结论的前提是两个管子都工作在放大区, i_{C1}、i_{C2} 必须都大于 0. 考虑到 $i_{C1} + i_{C2} \approx I_{EE}$,则输入差模电压的范围近似为

$$-I_{EE}R \leqslant v_{id} \leqslant I_{EE}R$$

实际上,当 $|v_{ID}|$ 接近 $I_{EE}R$ 时,传输特性曲线将进入非线性区, I_C 最终应趋向 I_{EE}. 但是由于负反馈的作用,此非线性区范围很小,传输特性曲线如下图所示:

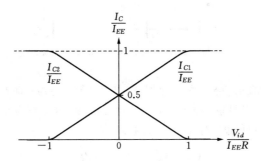

如果反馈深度并不足够大,则 $v_{BE1} - v_{BE2} \approx v_{i1} - v_{i2} - (i_{C1} - i_{C2})R$,

$$i_{C1} = \frac{I_{EE}}{1 + \exp[-(v_{BE1} - v_{BE2})/V_T]} = \frac{I_{EE}}{1 + \exp\{-[v_{ID} - (i_{C1} - i_{C2})R]/V_T\}}$$

$$i_{C2} = \frac{I_{EE}}{1 + \exp[(v_{BE1} - v_{BE2})/V_T]} = \frac{I_{EE}}{1 + \exp\{[v_{ID} - (i_{C1} - i_{C2})R]/V_T\}}$$

$$i_{C1} - i_{C2} = I_{EE} \, \text{th}\left(\frac{v_{ID} - (i_{C1} - i_{C2})R}{2V_T}\right)$$

如果 $\left| \dfrac{v_{ID} - (i_{C1} - i_{C2})R}{2V_T} \right| \leqslant 0.5$,则上式级数展开三次方以上项可以忽略,当 $|x| < \dfrac{\pi}{2}$, $\text{th}(x) = x - \dfrac{x^3}{3} + \dfrac{2}{15}x^5 - \cdots$, 则

$$i_{C1} - i_{C2} = I_{EE} \frac{v_{ID} - (i_{C1} - i_{C2})R}{2V_T}$$

得出
$$i_{C1} - i_{C2} = \frac{I_{EE}}{I_{EE}R + 2V_T} v_{ID}$$

由此可以求出输入信号的线性范围为 $|v_{ID}| \leqslant \frac{1}{2} I_{EE}R + V_T$，可见其线性范围比基本差分放大器多了 $\frac{1}{2} I_{EE}R$.

15. 假定在下图电路中，所有 PNP 晶体管的 $\beta = 50$，$V_A = 80$ V，NPN 晶体管的 $\beta = 150$，$V_A = 130$ V. V_{BE} 均为 0.65 V. $V_{CC} = 15$ V，$V_{EE} = -15$ V，$R = 30$ kΩ. 试估算放大器的差模电压增益.

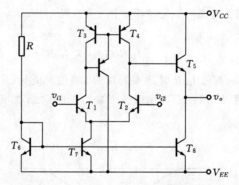

解 首先计算电路的静态工作点，根据静态工作点计算电路的动态参数. T_5 作为射极跟随器输入电阻很大，计算差分输入级放大倍数时，T_5 输入电阻作为差分输入级的负载效应可以忽略. T_5 作为射极跟随器电压增益近似为 1.

$$V_{CC} - V_{EE} - V_{BE} = I_R R$$
$$I_R \approx 1(\text{mA})$$
$$I_{C1} = I_{C2} = I_{C3} = I_{C4} \approx 0.5(\text{mA})$$
$$r_{b'e1} = r_{b'e2} = \frac{V_T}{I_{C1}}(1 + \beta) \approx 7.8(\text{k}\Omega)$$
$$r_{ce1} = r_{ce2} = \frac{V_A}{I_{C1}} = 260(\text{k}\Omega)$$
$$r_{ce3} = r_{ce4} = \frac{V_A}{I_{C3}} = 160(\text{k}\Omega)$$

则差模电压增益
$$A_{vd} \approx \frac{\beta r_{ce2} \mathbin{/\mkern-4mu/} r_{c4}}{r_{b'e2}}$$

16. 下图是一个分立元件放大器. 试分析：

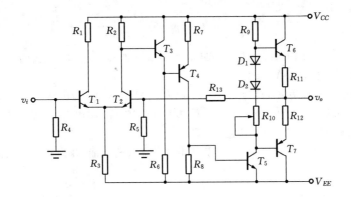

(1) 其中各晶体管构成什么组态的放大电路单元？它们在电路中的作用如何？

(2) 二极管 D_1、D_2 的作用是什么？调整 R_{10} 可以改变电路的什么特性？

(3) 若 $V_{CC} = 12$ V，$V_{EE} = -12$ V，$R_{11} = R_{12} = 0.5$ Ω，$R_9 = 300$ Ω，外接负载(图中未画) $R_L = 32$ Ω，T_6、T_7 的 $V_{BE} = 0.65$ V，$\beta = 100$，T_5 的 $V_{CES} = 0.2$ V. 试求该电路的最大正负输出幅度，并将此结果同《模拟电子学基础》一书中 4.4.3 节的结果比较.

解 (1) T_1、T_2 是差分输入级；T_3 是射极跟随器，属于中间缓冲级；T_4、T_5 是两级共发射极放大器，属于中间放大级；T_6、T_7 是互补输出级.

(2) D_1、D_2 作用是克服交越失真，调节 R_{10} 使输出电压静态电位为零.

(3) 画出 T_5 的交直流负载特性如下图所示(忽略 D_1、D_2 及 R_{10} 压降)：

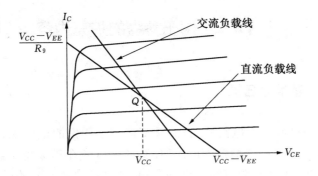

可见，T_5 管的最大输出电压振幅受到截止失真的限制，其值小于 V_{CC}，T_5 管的最大输出电压振幅近似为

$$\frac{V_{CC} - 0.65}{R_9} [R_9 \mathbin{/\!/} \beta R_L] = (V_{CC} - 0.65) \frac{\beta R_L}{R_9 + \beta R_L}$$

该电路的最大正电压输出幅度为

$$(V_{CC} - 0.65)\, \frac{\beta R_L}{R_9 + \beta R_L}$$

(此电路的正向输出幅度的另一种解释如下:由于受 T_6 基极偏置电流的限制,正向输出幅度为 $V_{CC} - I_{B6}R_9 - V_{BE6}$.)

最大负电压输出幅度为 $V_{CC} - 0.85$,为了提高最大电压输出幅度,可以将 R_9 用交流电阻大且直流电阻小的电流源取代,如《模拟电子学基础》一书中 4.4.3 节讲述的内容,也可以采用自举电路,如 5.4.1 节讲述的内容.

17. 下图是一个集成运放电路,试分析其中各晶体管的功能,并据此对放大器进行功能级划分.

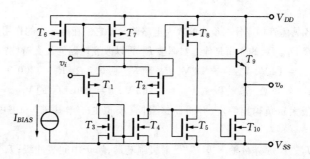

解　T_1、T_2 是差分输入级,T_3、T_4 是镜像电流源做 T_1、T_2 的漏极有源负载,T_6、T_7 是镜像电流源做 T_1、T_2 的源极有源负载和恒流偏置,T_5 是中间放大级,T_8 是镜像电流源做 T_5 的有源负载和恒流偏置,T_{10}、T_9 是输出级.

§4.3　用于参考的扩充内容

4.3.1　基准电压源

在本章中讲到镜像电流源,目的是获得一个稳定的电流源,而基准电压源电路的目的是获得一个稳定的电压源.基准电压源在集成稳压器、模数转换电路等应用较多,主要是为电路提供一个稳定的(温漂要小)、不受电源电压影响的参考电压.

这里介绍能隙基准电压源,其特点是让发射结导通电压 V_{BE} 的负温度系数与热电压的正温度系数相抵消,从而得到一个与半导体能隙(禁带宽度)成比例的高精度、高稳定度基准电压源.能隙基准电压源电路组成框图如图 4-17 所示.

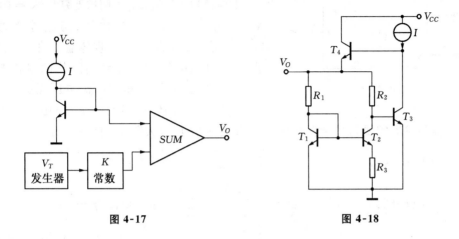

图 4-17　　　　　　图 4-18

图 4-18 是一种能隙基准电压源基本组成电路.

由图 4-18 可知,输出基准电压为

$$V_O = V_{BE3} + I_{R2}R_2 = V_{BE3} + \frac{V_{BE1}-V_{BE2}}{R_3}R_2 = V_{BE3} + V_T\frac{R_2}{R_3}\ln\frac{I_{C1}}{I_{C2}}$$

而 $$I_{C1}R_1 + V_{BE1} = I_{C2}R_2 + V_{BE3}$$

如果管子参数对称,则 $\frac{I_{C1}}{I_{C2}} = \frac{R_2}{R_1}$,所以,

$$V_O = V_{BE3} + V_T\frac{R_2}{R_3}\ln\frac{R_2}{R_1},$$

其中 V_{BE3} 温度系数为负,而通过合理设置电阻值,使 $V_T\frac{R_2}{R_3}\ln\frac{R_2}{R_1}$ 温度系数为正,且抵消 V_{BE3} 的变化,从而实现了与温度无关的电压源基准,其输出电压为1.205 V. 它是硅材料在绝对温度零度时的能带间隙.

4.3.2　电流传输器

电流传输器(Current Conveyer)是一种电流模式电路,它是 1968 年由加拿大学者 K. C. Smith 和 A. Sedra 提出的一种功能很强的通用部件.本节简要介绍第二代电流传输器的模型、应用和实现电路.

电流传输器符号如图 4-19 所示.

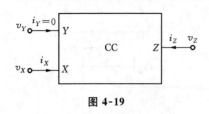

图 4-19

图 4-19 中，Y 端口输入阻抗无穷大（$i_Y = 0$），X 端口电压跟随 Y 端口电压，与流进 X 端口电流无关，即 X 端口呈现零输入阻抗．流进 X 端口的电流被传输到高阻抗的输出端口 Z（$i_Z = \pm i_X$），与输出端口电压无关．

图 4-20 中的 (a)、(b)、(c)、(d) 图分别是用电流传输器实现的互导放大器、电流放大器、电压放大器和互阻放大器．

对于 (a) 图，$i_Z = i_X = -\dfrac{v_X}{R} = -\dfrac{v_i}{R}$，互导增益为 $-\dfrac{1}{R}$；

对于 (b) 图，$i_Z = i_X = -\dfrac{v_X}{R_1} = -\dfrac{i_s R_2}{R_1} = -\dfrac{R_2}{R_1} i_s$，电流增益为 $-\dfrac{R_2}{R_1}$；

对于 (c) 图，$v_o = -i_Z R_1 - (i_X + i_Z) R_2 = v_i + \dfrac{1}{2} \dfrac{v_i}{R_2} R_1 = v_i \left(1 + \dfrac{1}{2} \dfrac{R_1}{R_2}\right)$，电压增益为 $1 + \dfrac{1}{2} \dfrac{R_1}{R_2}$；

对于 (d) 图，$i_{Z1} = i_s$，$v_o = -i_{Z1} R = -i_s R$，互阻增益为 $-R$．

用电流传输器还可以构造负阻变换器、电压积分器、电压微分器、电流积分器、电流微分器、正弦振荡器、有源滤波器等．

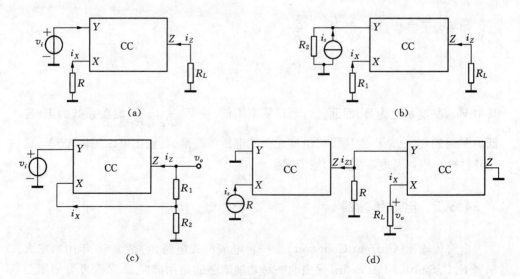

图 4-20

图 4-21 是用运放和电流源实现的电流传输器.

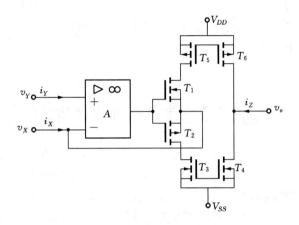

图 4-21

该电路的优点是能够提供甲乙类双极性输出,因而具有较强的电流驱动能力,但这种传输器实现电路在精度、频带宽度、瞬态响应等方面受到集成运算放大器性能的限制. 而利用双极性互补工艺或 CMOS 工艺实现的全集成电流传输器在频带宽度、瞬态响应、精度等方面有显著改进.

第 5 章 反　　馈

在放大器设计中,负反馈应用比较广泛,引入直流负反馈可以稳定静态工作点,引入交流负反馈可以改善放大器的动态指标,如提高放大器的增益稳定性、改变放大器的输入输出电阻、减小放大器非线性失真、展宽放大器的通频带.在振荡器设计中,正反馈应用比较广泛,引入正反馈可以在无外加信号源的情况下形成自激振荡.有时在放大电路中也引入适当的正反馈,以改变放大器的性能并不会形成自激振荡.因此有无反馈和反馈极性的准确判断和引入,是分析、设计反馈电路的基本要求.

负反馈放大器根据反馈网络与放大器的连接方式,可分为 4 种组态的反馈类型:电压串联、电流串联、电压并联、电流并联.不同的负反馈组态对放大器性能的影响也不同(对于直流负反馈,一般无需分析它的组态,稳定工作点是其主要目的),因此正确判断负反馈的类型,以及根据需要引入正确类型的负反馈,是分析、设计负反馈放大器的关键.负反馈放大器常用的分析方法有深度负反馈近似分析法、方框图分析法和等效分析法.

(1) 深度负反馈分析法适合负反馈放大器的反馈深度比较大时的近似分析,一般运放负反馈电路满足深度负反馈近似条件,所以运放负反馈电路可以用深度负反馈近似分析法.

(2) 方框图分析法将闭环反馈放大器划分为开环放大器和反馈网络两部分,并考虑反馈网络对放大器输入、输出的负载效应(即并不是简单地将反馈网络断开),一般忽略放大环节的寄生反馈效应和反馈环节的直通效应,分别求解反馈放大器的开环指标和反馈系数,进而求解反馈放大器的闭环指标.该方法物理概念清楚,是负反馈放大电路常用的分析方法.

(3) 等效分析法则从三极管的等效模型入手,画出电路的交流等效电路,用电路分析的方法(如节点电位法、网孔电流法、等效变换法等)求解电路.这种方法尽管结果比较精确,但运算过程复杂,适合于计算机辅助分析与设计或简单电路的手工求解.

由于放大器和反馈网络输入输出之间的相位关系可能会随频率而改变,负反馈放大器有可能出现正反馈自激振荡现象,另外通过空间电磁感应、直流电源内阻等因素产生的寄生反馈也可能产生寄生振荡,使电路变得不稳定,因此负反馈放大器稳定性的判别和振荡消除方法是分析、设计负反馈放大器必须要解决的问题.而自激振荡产生的条件和振荡平衡条件以及振荡器的稳定性则又是分析、设计正反馈振荡器要考虑的问题.负反馈放大电路与正反馈振荡器尽管工作任务不同、电路结构与性能不同,却都用到反馈的概念,都需要解决能量转换问题和稳定性问题.尽管本章没有将正反馈振荡器作为重点详细讲解,但了解一点正反馈振荡器的知识对于学习负反馈放大器是有帮助的.

一、反馈极性、反馈类型的判断

反馈极性取决于反馈信号与输入信号的相位关系,判断方法常用瞬时极性法,即在放大器输入端加一瞬时为正的电压激励信号,然后经过放大器输出到反馈网络再反馈到放大器输入端.判断反馈信号的极性,一般串联反馈情况下,输入信号与反馈信号同相为负反馈,此时两者电压在输入端相减作为基本放大器的净输入信号;而并联反馈时,输入信号与反馈信号反相为负反馈,此时反馈电流流出输入节点,输入电流与反馈电流相减作为基本放大器的净输入信号.

判断电压反馈和电流反馈可以将负载短路,如果反馈信号不起作用则为电压反馈,否则为电流反馈.判断串联反馈和并联反馈比较容易,一般是以反馈信号与输入信号在放大器输入端的比较方式决定的,电压比较是串联反馈,电流比较是并联反馈.

例 5-1　反馈电路的交流通路如图 5-1(a)、(b)、(c)、(d)所示,请判断反馈的极性和组态类型,说明电路的特点.

解　图(a)电路用瞬时极性法判断,假定放大器输入端 T_1 的基极对地的瞬时电压极性为正,则各管输出端的瞬时极性标注如图 5-2 所示.

T_1 和 T_2 为共发射极反相放大器,T_3 为共集电极同相放大器,最终反馈电压(即 R_2 两端的电压)瞬时极性为正,因此 v_i 和 v_f 是同相位的,由于 $v_i' = v_i - v_f$,可见反馈结果使放大器的净输入减小,所以是负反馈.

有的人认为 T_1 的基极瞬时极性为正,则其发射极瞬时极性肯定为正,这是错误的.用瞬时极性法判断多级反馈放大器的极性时,必须从放大器的输入开始,经过各级放大器直到反馈网络的输入端子,再由反馈网络反馈到放大器输入端,不能从放大器输入端直接到反馈网络输出端.以本题为例,如果没有第二级 T_2 这个共发射极反相放大器,将 T_1 输出直接输入到 T_3 的基极,则反馈电压的瞬时极性为负,即 T_1 的发射极瞬时极性为负,就变成正反馈了.

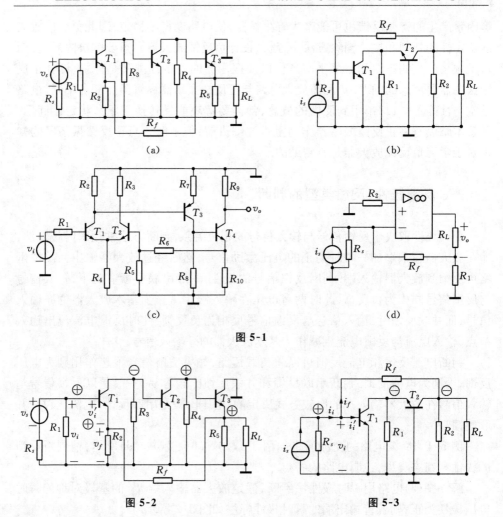

(a)   (b)

(c)   (d)

图 5-1

图 5-2   图 5-3

如果负载短路(即 $v_o = 0$),则输出信号不能反馈到放大器的输入端,所以是电压反馈.如果令 $v_i = 0$,反馈信号仍然可以加到放大器输入端,所以是串联反馈.该电路特点是输入电阻高、输出电阻低、电压增益稳定.

图(b)假定放大器输入端 T_1 的基极对地的瞬时电压极性为正,电路瞬时极性标注如图 5-3 所示.

输入端正的瞬时电压使输入电流流入 T_1 的基极,注意 T_2 为共基极同相放大器,由于 T_2 输出端瞬时极性为负,使反馈电流流出 T_1 的基极,这样由于 $i_i' = i_i - i_f$,使流入放大器的净输入电流减小,所以是负反馈.如果负载短路(即 $v_o = 0$),则输出信号不能反馈到放大器的输入端,所以是电压反馈.如果令 $v_i = 0$,反馈信号不能加到放大器输入端,所以是并联反馈.该电路特点是输入电阻小,输出电阻小,互阻增益稳定.

图(c)假定放大器输入端 T_1 的基极对地的瞬时电压极性为正,电路瞬时极性标注如图 5-4 所示.

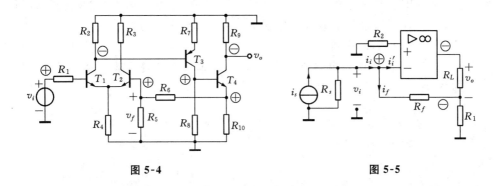

图 5-4   图 5-5

注意差分放大器输出与输入的相位关系,如果从 T_1 的基极输入、T_1 的集电极输出是反相关系,但如果从 T_1 的基极输入、T_2 的集电极输出则是同相关系.另外 T_4 为共发射极放大器,其集电极瞬时极性为负,为什么其发射极瞬时极性为正呢?因为若 T_4 的集电极电位下降,则集电极电流上升,发射极电流也上升,从而使发射极电位上升.由于反馈到 T_2 的基极为正,则差分放大器的净输入差模信号减小,所以为负反馈.将输出端接地,反馈信号仍然存在,故是电流反馈,令 $v_i = 0$,反馈信号仍能加到放大器输入端,所以是串联反馈.该电路特点是输入电阻大,输出电阻大,互导增益稳定.

图(d)假定放大器输入端对地的瞬时电压极性为正,电路瞬时极性标注如图 5-5 所示.

输入端正的瞬时电压使输入电流流入运放的反相端,运放输出端瞬时极性为负,使反馈电流流出运放的反相端,这样由于 $i_i' = i_i - i_f$,使流入放大器的净输入电流减小,所以是负反馈.如果负载短路(即 $v_o = 0$),则输出信号仍能反馈到放大器的输入端,所以是电流反馈.如果令 $v_i = 0$,反馈信号不能加到放大器输入端,所以是并联反馈.该电路特点是输入电阻小,输出电阻高,电流增益稳定.

二、负反馈放大器方框图分析法和深度负反馈分析法

负反馈放大器方框图分析法将基本放大器环节和反馈环节用双口网络表示,不同的反馈类型用不同参数的网络模型描述,然后分别忽略基本放大器环节的寄生反馈效应和反馈环节的直通效应,并考虑反馈环节对基本放大器环节输入输出

端的负载效应,此时可分别计算反馈系数和开环指标,最终求得闭环指标.而深度负反馈分析法则在求得反馈系数后,反馈系数的倒数近似为闭环增益.

例 5-2 请用方框图分析法求解图 5-1 中(a)、(b)、(c)、(d)电路的闭环增益、输入输出电阻,设各电路参数已知,三极管工作在放大区,运放的差模输入电阻是 r_{id},差模电压增益是 A_{vd},输出电阻是 r_{od},共模抑制比无穷大.

解 (1)图 5-1(a)电路.

图 5-1(a)电路为电压串联负反馈,用 h 参数等效模型表示基本放大器环节和反馈环节,如图 5-6 所示.其中,

$$v'_i = h_{11a}i_i + h_{12a}v_o, \qquad\qquad v_f = h_{11f}i_i + h_{12f}v_o,$$
$$i_a = h_{21a}i_i + h_{22a}v_o, \qquad\qquad i_b = h_{21f}i_i + h_{22f}v_o$$

$$h_{11a} = \frac{v'_i}{i_i}\bigg|_{v_o=0}, \ h_{12a} = \frac{v'_i}{v_o}\bigg|_{i_i=0}, \ h_{11f} = \frac{v_f}{i_i}\bigg|_{v_o=0}, \ h_{12f} = \frac{v_f}{v_o}\bigg|_{i_i=0}$$

$$h_{21a} = \frac{i_a}{i_i}\bigg|_{v_o=0}, \ h_{22a} = \frac{i_a}{v_o}\bigg|_{i_i=0}, \ h_{21f} = \frac{i_b}{i_i}\bigg|_{v_o=0}, \ h_{22f} = \frac{i_b}{v_o}\bigg|_{i_i=0}$$

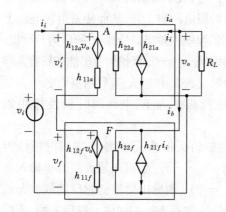
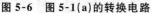
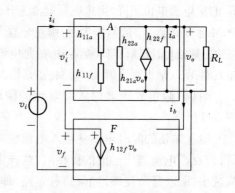

图 5-6 图 5-1(a)的转换电路   **图 5-7 图 5-1(a)的简化电路**

h_{12a}、h_{21f} 分别为基本放大器环节的寄生反馈效应和反馈环节的直通效应,将其忽略,并将反馈网络的 h_{11f}、h_{22f} 移到放大环节,则电路进一步简化如图 5-7 所示.其中,h_{11f} 是输出端短路(即 $v_o = 0$)时反馈网络对基本放大器输入端的等效负载,h_{22f} 是输入端开路(即 $i_i = 0$)时反馈网络对基本放大器输出端的等效负载.我们将此时的基本放大器(即图 5-7 中上面的方框)称为考虑反馈网络负载效应的基本放大电路.反馈网络只剩下反馈系数部分,反馈系数是输入端开路(即 $i_i =$

0) 时反馈电压和输出电压的比值. 就图 5-7 而言,

$$v_f = h_{12f}v_o = Fv_o$$

设 $A_v = \dfrac{v_o}{v_i'}$, 则

$$A_{vf} = \frac{v_o}{v_i} = \frac{v_o}{v_i' + v_f} = \frac{v_o}{v_i' + Fv_o} = \frac{A_v}{1 + FA_v}$$

同理可推出输入电阻

$$r_{if} = (1 + FA_v)(h_{11a} + h_{11f}) = (1 + FA_v)r_i$$

输出电阻

$$r_{of} = \frac{\dfrac{1}{h_{22a} + h_{22f}}}{(1 + FA_{vst})} = \frac{r_o}{(1 + FA_{vst})}$$

其中,A_{vst} 是考虑反馈网络负载效应时,基本放大器开路源电压增益,用外加电源法,将 R_L 用外加电压源代替,并令 $v_s = 0$,可求出闭环输出电阻,注意,若信号源为非理想电压源,求输出电阻应考虑信号源内阻影响,详细推导见参考文献[3]p. 282~284.

　　因此只要求出图 5-7 中的 A_v、F 和输入输出电阻,用上面的公式就可求得闭环指标,这就是方框图法求解负反馈电路的过程. 就图 5-1(a) 而言,可以将电路转换成图 5-8 的形式.

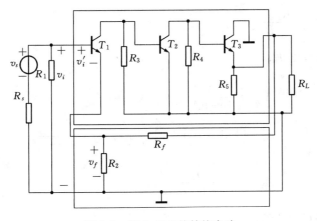

图 5-8　图 5-1(a) 的转换电路

可以进一步分解为考虑反馈网络负载效应的基本放大电路如图 5-9 所示.

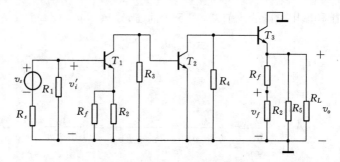

图 5-9　图 5-1(a)的转换电路

　　求得 $r_i = r_{be1} + (1+\beta_1)(R_2 /\!/ R_f)$，注意求基本放大器输入电阻时，不能包括 R_1，它不在反馈环路内(见图 5-8).

$$r_o = R_5 /\!/ (R_f + R_2) /\!/ \frac{r_{be3} + R_4 /\!/ r_{ce2}}{1+\beta_3}$$

$$A_v = \frac{v_o}{v_i'} \approx \frac{-\beta_1 R_3 /\!/ r_{be2}}{r_{be1} + (1+\beta_1)R_2 /\!/ R_f}$$

$$\times \frac{-\beta_2 R_4 /\!/ \{r_{be3} + (1+\beta_3)[R_5 /\!/ R_L /\!/ (R_f + R_2)]\}}{r_{be2}}$$

$$\times \frac{(1+\beta_3)[R_5 /\!/ R_L /\!/ (R_f + R_2)]}{r_{be3} + (1+\beta_3)[R_5 /\!/ R_L /\!/ (R_f + R_2)]}$$

$$F = \frac{R_2}{R_f + R_2}$$

闭环指标分别为：

$$A_{vf} = \frac{A_v}{1 + FA_v}$$

$$r_{if} = [(1 + A_v F)r_i] /\!/ R_1, \quad r_{of} = \frac{r_o}{1 + FA_{vst}}$$

其中
$$A_{vst} = \frac{r_i}{r_i + R_s /\!/ R_1} A_v \Big|_{R_L = \infty}$$

(2) 图 5-1(b)电路.

　　图 5-1(b)电路为电压并联负反馈，用 y 参数等效模型表示基本放大器环节和反馈环节，如图 5-10 所示，即将输入电流和输出电流用输入电压和输出电压表示.

$$i'_i = y_{11a}v_i + y_{12a}v_o, \qquad\qquad i_f = y_{11f}v_i + y_{12f}v_o$$

$$i_a = y_{21a}v_i + y_{22a}v_o, \qquad\qquad i_b = y_{21f}v_i + y_{22f}v_o$$

$$y_{11a} = \left.\frac{i'_i}{v_i}\right|_{v_o=0}, \quad y_{12a} = \left.\frac{i'_i}{v_o}\right|_{v_i=0}, \quad y_{11f} = \left.\frac{i_f}{v_i}\right|_{v_o=0}, \quad y_{12f} = \left.\frac{i_f}{v_o}\right|_{v_i=0}$$

$$y_{21a} = \left.\frac{i_a}{v_i}\right|_{v_o=0}, \quad y_{22a} = \left.\frac{i_a}{v_o}\right|_{v_i=0}, \quad y_{21f} = \left.\frac{i_b}{v_i}\right|_{v_o=0}, \quad y_{22f} = \left.\frac{i_b}{v_o}\right|_{v_i=0}$$

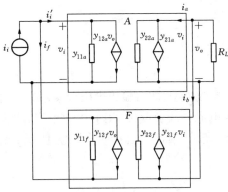

图 5-10　图 5-1(b)的转换电路

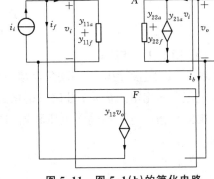

图 5-11　图 5-1(b)的简化电路

　　y_{12a}、y_{21f} 分别为基本放大器环节的寄生反馈效应和反馈环节的直通效应,将其忽略,并将反馈网络的 y_{11f}、y_{22f} 移到放大环节,则电路进一步简化为图 5-11. 其中,y_{11f} 是输出端短路(即 $v_o = 0$) 时反馈网络对基本放大器输入端的等效负载,y_{22f} 是输入端短路(即 $v_i = 0$) 时反馈网络对基本放大器输出端的等效负载. 反馈系数是输入端短路(即 $v_i = 0$) 时反馈电流和输出电压的比值.

　　图 5-1(b)可以转换成图 5-12 的形式.

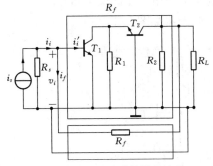

图 5-12　图 5-1(b)的转换电路

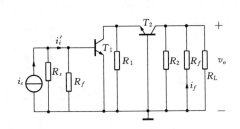

图 5-13　图 5-1(b)的简化电路

考虑反馈网络负载效应的基本放大电路如图 5-13 所示.

求得　　　　$r_i = r_{be1} \mathbin{/\!/} R_f$, $r_o \approx R_2 \mathbin{/\!/} R_f$

$$A_r = \frac{v_o}{i_i'} \approx -\frac{\beta_1(r_{ce1} \mathbin{/\!/} R_1 \mathbin{/\!/} r_{e2})}{(R_f + r_{be1})/R_f} \times \frac{\beta_2(R_2 \mathbin{/\!/} R_f \mathbin{/\!/} R_L)}{r_{be2}}$$

$$F = -\frac{1}{R_f}, \quad A_{rf} = \frac{A_r}{1 + FA_r}$$

$$r_{if} = \frac{r_i}{1 + FA_r}, \quad r_{of} = \frac{r_o}{1 + FA_{rst}}$$

其中，　　　　　　$A_{rst} = \frac{R_s}{r_i + R_s} \cdot A_r \bigg|_{R_L = \infty}$

(3) 图 5-1(c)电路.

图 5-1(c)电路为电流串联负反馈,用 z 参数模型,即将输出电压和输入电压用输入电流和输出电流表示;图 5-1(d)电路为电流并联负反馈,用 g 参数模型,即将输入电流和输出电压用输入电压和输出电流表示.请读者自行画出其模型和简化框图.

结论:

(a) 反馈网络对基本放大器输入端的负载效应,相当于将实际电压负反馈放大器输出端短路($v_o = 0$)、电流反馈放大器输出端开路($i_o = 0$)得到的输入端等效电路.

(b) 反馈网络对基本放大器输出端的负载效应,相当于将实际并联负反馈放大器输入端短路($v_i = 0$)、串联反馈放大器输入端开路($i_i = 0$)得到的输出端等效电路.

(c) 求反馈系数时,应将并联负反馈放大器输入端短路($v_i = 0$)、串联反馈放大器输入端开路($i_i = 0$),求出输出信号通过反馈网络产生的反馈信号.

图 5-1(c)考虑反馈网络负载效应的基本放大器如图 5-14 所示.

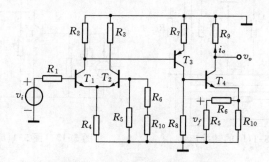

图 5-14　图 5-1(c)的转换电路

其差模互导增益为(假定 R_2 与 R_3 相等):

$$A_g = \frac{i_o}{v_i'} \approx \frac{-\beta_1 \{R_2 \,/\!/\, r_{ce1} \,/\!/\, [r_{be3} + (1+\beta_3)R_7]\}}{R_1 + r_{be1} + r_{be2} + R_5 \,/\!/\, (R_{10} + R_6)}$$

$$\times \frac{-\beta_3 R_8 \,/\!/\, \{r_{re4} + (1+\beta_4)[R_{10} \,/\!/\, (R_5 + R_6)]\}}{r_{re3} + (1+\beta_3)R_7}$$

$$\times \frac{-\beta_4}{r_{re4} + (1+\beta_4)[R_{10} \,/\!/\, (R_5 + R_6)]}$$

$$A_{gsn} = A_g$$

$$r_i = R_1 + r_{be1} + r_{be2} + (R_6 + R_{10}) \,/\!/\, R_5$$

$$r_o \approx r_{ce4}\left\{1 + \frac{\beta_4[R_{10} \,/\!/\, (R_5 + R_6)]}{R_{10} \,/\!/\, (R_5 + R_6) + r_{be4} + R_8}\right\}$$ (注意这里求基本放大器

输出电阻时,不能包括 R_9,它不在反馈环路内.)

$$F = \frac{v_f}{i_o} = -\frac{R_{10}R_5}{R_6 + R_{10} + R_5}, \quad A_{gf} = \frac{A_g}{1 + FA_g}$$

$$r_{if} = r_i(1 + FA_g), \quad r_{of} = R_9 \,/\!/\, [r_o(1 + FA_{gsn})]$$

(4) 图 5-1(d)电路

图 5-1(d)是电流并联负反馈,考虑反馈网络负载效应的基本放大器方框图如图 5-15 所示.

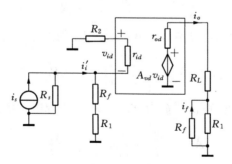

图 5-15　图 5-1(d)的转换电路

可求得

$$A_i = \frac{i_o}{i_i'} \approx -\frac{A_{vd}}{r_{od} + R_L + R_1 \,/\!/\, R_f} \times \frac{r_{id}(R_f + R_1)}{R_f + R_1 + r_{id} + R_2}$$

$$r_i = (R_f + R_1) \mathbin{/\!/} (r_{id} + R_2), \; r_o = R_f \mathbin{/\!/} R_1 + r_{od}$$

$$F = \frac{i_f}{i_o} = -\frac{R_1}{R_1 + R_f}, \; A_{if} = \frac{A_i}{1 + FA_i}$$

$$r_{if} = \frac{r_i}{1 + FA_i}, \; r_{of} = r_o(1 + FA_{isn})$$

其中，
$$A_{isn} = \frac{R_s}{R_s + r_i} \cdot A_i \bigg|_{R_L = 0}$$

由于运放负反馈电路一般满足深度负反馈条件，所以

$$A_{if} \approx \frac{1}{F}, \; r_{if} \rightarrow 0, \; r_{of} \rightarrow \infty$$

例 5-3　用深度负反馈的方法求解图 5-1(a)、(b)、(c)、(d)电路的闭环源电压增益.

解　首先在深度负反馈情况下，闭环源增益和外观增益都等于反馈系数的倒数.

因此图 5-1(a)电路的源电压增益为

$$A_{vsf} = A_{vf}$$

图 5-1(b)电路的源互阻增益为 $A_{rsf} = A_{rf}$，则源电压增益为

$$A_{vsf} = \frac{v_o}{i_s} \times \frac{i_s}{v_s} = \frac{A_{rsf}}{R_s}$$

图 5-1(c)电路的源互导增益为 $A_{gsf} = A_{gf}$，则源电压增益为

$$A_{vsf} = \frac{i_o}{v_i} \times \frac{v_o}{i_o} = A_{gsf}R_9$$

图 5-1(d)电路的源电流增益为 $A_{isf} = A_{if}$，则源电压增益为

$$A_{vsf} = \frac{i_o}{i_s} \times \frac{v_o}{i_o} \times \frac{i_s}{v_s} = \frac{A_{isf}R_L}{R_s}$$

三、反馈放大器的频率特性和补偿

负反馈能够展宽放大器的通频带，但是当考虑放大器中因耦合电容、旁路电容、管子结电容和线路寄生电容的存在而产生的附加相移，在中频区的负反馈有可

能在高频区变为正反馈,如果正反馈足够强,放大器有可能自激振荡而失去稳定放大的功能. 因此学习负反馈放大器必须掌握判别放大器稳定性的准则和方法,理解稳定裕量的概念,了解相位补偿技术和常用的消除自激振荡的方法.

例 5-4　电压串联负反馈放大器的基本放大器电压增益表达式为

$$A_v(\mathrm{j}f) = \frac{10^4}{\left(1 + \mathrm{j}\dfrac{f}{10^3}\right)\left(1 + \mathrm{j}\dfrac{f}{10^5}\right)\left(1 + \mathrm{j}\dfrac{f}{10^6}\right)}$$

假若反馈网络为纯电阻网络,(1)若反馈系数为 10^{-3},系统是否稳定? 为保证系统至少有 45° 的相位裕量,反馈系数的最大值是多少(或系统的最小增益是多少)? (2)若要求负反馈放大器的增益为 10,系统仍稳定工作,采用简单电容滞后补偿,使第一个极点频率下降,需要下降到多少才能保证系统稳定工作? 如果产生第一极点频率节点上呈现的等效电阻为 $R_1 = 300\,\mathrm{k}\Omega$,试求所需补偿电容大小.

解　(1)判断系统是否稳定,一般用波特图比较方便(如果直接从代数表达式入手,用代数的方法求解,比较复杂),可以用环路增益幅频和相频波特图判断. 如果反馈网络为纯电阻网络,也可以从基本放大器增益幅频和相频波特图判断.

由于该反馈网络为纯电阻网络,可以直接用基本放大器增益幅频和相频波特图判断系统的稳定性,先画出波特图如图 5-16 所示.

由波特图可以判断,当反馈系数为 10^{-3} 时,$1/F$ 水平线与基本放大器增益幅频波特图交点对应的相位绝对值小于 180°,所以系统是稳定的. 由波特图还可以看出,当 $1/F$ 大于 40 dB(即 F 小于0.01)时,系统至少有 45°的相位裕量,即 F 最大值为 0.01,系统最小增益为 40 dB.

在多极点的低通系统中,各极点角频率 $f_{p1} = f_{p2} < f_{p3} < \cdots$,如果满足 $f_{p3} = 10 f_{p2}$,则可以直接从环路增益和基本放大器增益幅频特性图上判断,如果 $1/F$ 水平线与基本放大器增益幅频特性图的相交点处于 $-20\,\mathrm{dB}/10$ 倍频的下降段,则放大器稳定工作.

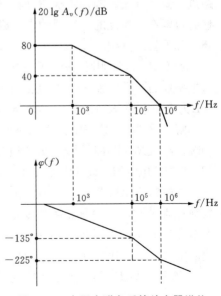

图 5-16　电压串联负反馈放大器增益幅频和相频波特图

（2）若要求负反馈放大器的增益为 10,则反馈增益线（反馈系数的倒数）与基本放大器增益幅频特性图相交点处于 −40 dB/10 倍频的下降段. 为保证系统稳定所需至少有 45°的相位裕量,需要采用补偿技术. 补偿分超前补偿和滞后补偿,如果采用简单电容滞后补偿技术,使第一个极点频率下降,见图 5-17.

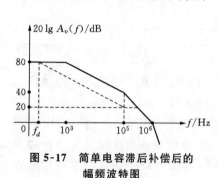

图 5-17　简单电容滞后补偿后的幅频波特图

由图 5-17 可见, $80 - 20\lg \dfrac{f_{p2}}{f_d} \approx 20$, 求得 $f_d = 100$ Hz.

设原第一极点对应电容为 C_1, 所需补偿电容为 C_X, 则

$$2\pi f_{p1} = \frac{1}{R_1 C_1}, \ 2\pi f_d = \frac{1}{R_1(C_1 + C_X)}$$

计算求得 $C_X \approx 4.7$(nF).

四、正弦波振荡器

正弦波振荡器在某一频点满足正反馈自激条件,就有可能因有噪声激励建立振荡,随着振荡振幅的增加,非线性限幅环节起作用,当环路平均增益降为 1 时,环路进入做等幅振荡的稳定状态. 而以触发器为基础构成的多谐振荡器,振荡建立过程有可能在工作点的一次运动中完成. 因此这一部分要求理解起振条件,了解振荡建立和限幅的过程.

例 5-5　试说明图 5-18 所示振荡器电路的电路起振条件、振荡平衡条件和限幅过程,其中 $+E$ 和 $-E$ 为直流电源,R_3 比 R_1、R_4 小得多.

解　这是一 RC 正弦波文氏桥振荡器,与运放同相端相连的 RC 串并联网络构成选频网络,而与运放反相端相连的电阻和二极管构成同相放大器和限幅部分.

该电路的起振条件是同相放大器的电压放大倍数绝对值大于 3,振荡平衡条件则是放大器的电压放大倍数等于 3. 限幅过程是利用二极管的非线性电阻效应实现的,静态时运放输出端的电位为零,其反相端为"虚地",故 D_1、D_2 上偏压的绝对值为

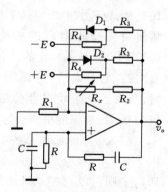

图 5-18　振荡器电路

$$V_D = \frac{R_3}{R_3 + R_4} E$$

两个二极管都处于反偏状态,起振时运放输出信号幅度很小,二极管没有导通,运放反相端和输出端的等效电阻等于 R_2+R_x,其值大于 $2R_1$,满足起振条件.随着振荡幅度的加大,输出电压绝对值大于一定程度时,此时总有一个二极管开始处于正偏状态,二极管导通电阻随着通过二极管的电流增大或输出幅度加大而减小,放大器增益下降(下面将证明),直到放大器增益等于 3 振荡平衡建立.那么放大器增益是多少呢? 我们画出其中一个二极管导通时对应的交流等效电路如图 5-19 所示(R_D 为二极管导通时的交流等效电阻,它是变化的且非线性的,在研究某时刻信号微小变化内,二极管等效电阻近似不变,直流电源交流接地).

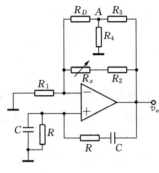 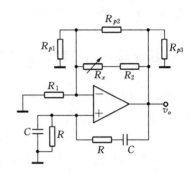

图 5-19　等效电路　　　　　　　　图 5-20　等效电路

节点方程为

$$\frac{v_-}{R_1} = \frac{v_A - v_-}{R_D} + \frac{v_o - v_-}{R_2 + R_x}$$

$$\frac{v_o - v_A}{R_3} = \frac{v_A - v_-}{R_D} + \frac{v_A}{R_4}$$

$$v_- = v_+$$

也可以利用本书习题 1-4 做过的三角型和星型的等效变换得到图 5-20.

节点方程为

$$\frac{v_-}{R_1 \mathbin{/\mkern-5mu/} R_{p1}} = \frac{v_o - v_-}{R_{p2} \mathbin{/\mkern-5mu/} (R_2 + R_x)}$$

$$v_- = v_+$$

其中,　　　　　　$R_{p1} = R_D + R_4 + \frac{R_D R_4}{R_3},\ R_{p2} = R_D + R_3 + \frac{R_D R_3}{R_4}$

放大器的电压增益为

$$\frac{v_o}{v_+} = 1 + \frac{R_{p2} \ // \ (R_2 + R_x)}{R_{p1} \ // \ R_1}$$

R_D 减小，R_{p1}、R_{p2} 都减小，但由于 R_3 比 R_1、R_4 小得多，上式右边的分式中，分子随 R_D 减小而迅速减小，分母几乎不变，因此增益值随着 R_D 的减小而减小. 极端情况下，可以假设 $R_D = 0$，则增益为

$$\frac{v_o}{v_+} = 1 + \frac{R_3 \ // \ (R_2 + R_x)}{R_4 \ // \ R_1}$$

由于 R_3 比 R_1、R_4 小得多，因此增益近似为 1，当然这种情况不会出现.

五、电压比较器电路和非正弦波振荡电路

各类比较器中，关键要掌握迟滞比较器的特点，利用迟滞特性可以有效地克服干扰和噪声的影响. 分析迟滞比较器时一般从比较器的一个稳定的输出状态出发，计算其反馈到输入端的比较电压，判断电路状态转换的时刻和条件，再从新状态出发计算下一个比较电压. 非正弦波振荡电路中的有源器件一般工作在开关状态，如开关三极管、与非门电路、工作在开环或正反馈状态的运放、比较器等，电路组成一般包括开关器件、延时环节和反馈环节，分析方法一般也是从电路中某一开关器件的一个稳态出发，经过延时和反馈环节后判断开关器件状态变化的条件和时刻，进一步分析振荡频率、幅度、占空比等.

例 5-6 图 5-21 是由运放构成的方波发生器，请解释电路工作原理并求振荡频率.

解 假设运放输出正向饱和，电容初始储能为零，此时电容 C 通过 T_1 三极管恒流充电（忽略基区宽度调制效应），同相端电位是稳压管稳压值与 R_1、R_2 的分压 $V_Z R_2/(R_1+R_2)$. 当电容充电至 $V_Z R_2/(R_1 + R_2)$ 时，运放状态翻转，输出负向饱和，电容 C 通过 T_2 三极管恒流反向充电，此时同相端电位是 $-V_Z R_2/(R_1 + R_2)$. 当电容反向充电至 $-V_Z R_2/(R_1 + R_2)$ 时，运放状态再次翻转，如此反复形成振荡.

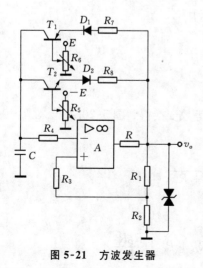

图 5-21 方波发生器

振荡周期

$$T = \frac{2CV_Z R_2}{(R_1 + R_2)I}$$

其中，I 是三极管集电极电流(假设两管电流完全相同).

在输出端可以得到方波输出,幅度是稳压管稳压值,在电容上端可以得到三角波,幅度为 $V_Z R_2/(R_1+R_2)$. 如果调整 T_1、T_2 三极管的电流不同,可以得到占空比可调的矩形波.

例 5-7 图 5-22 是两个运放构成的三角波、矩形波发生器电路,请解释电路工作原理,并说明调节 R_{X1}、R_{X2}、R_{X3}、R_{X4},将各改变输出波形的哪些参数?

解 假定初始时刻电容 C 上无储能,R_{X1}、R_{X2}、R_{X4} 在中点位置,运放 A_2 输出为零,运放 A_1 输出正向饱和,则电容 C 通过 R_{X3} 充电,运放 A_2 输出为负且绝对值增大,这样使运放 A_1 同相端电位下降,当其电位下降到其反相端电位 0 时,即运放 A_2 输出为 $-V_z$,运放 A_1 状态翻转,

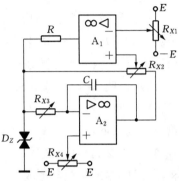

图 5-22　三角波、方波发生器

输出负向饱和,此时电容 C 反向充电,运放 A_2 输出电位上升(注意此时运放 A_1 同相端电位为负),当运放 A_2 输出电位上升到 0,即运放 A_2 输出为 V_z,运放 A_1 状态翻转,输出正向饱和,如此反复形成振荡,振荡周期为 $4R_{X3}C$.

调整 R_{X3} 改变振荡周期,调整 R_{X1} 改变输出中点位置,调整 R_{X2} 改变三角波输出幅度,调整 R_{X4} 改变输出波形的对称性.

例 5-8 图 5-23 是一个矩形波、阶梯波发生器,请分析电路工作原理.

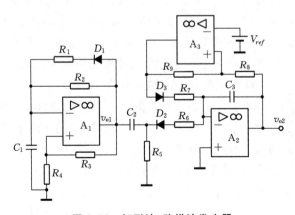

图 5-23　矩形波、阶梯波发生器

解 假定初始时刻所有电容上无储能,运放 A_1 输出正向饱和,则电容 C_1 通过

R_1、D_1 充电,这样使运放 A_1 反相端电位上升,当其电位上升到其同相端电位 $+ v_{o1max}R_4/(R_3 + R_4)$ 时,运放 A_1 状态翻转,输出负向饱和,此时电容 C 通过 R_2 反向充电,当运放 A_1 反相端电位上升到 $- v_{o1max}R_4/(R_3 + R_4)$ 时,运放 A_1 状态翻转,输出正向饱和,如此反复形成振荡.

所以运放 A_1 输出矩形波,占空比取决于 R_1、D_1 导通电阻和 R_2 的比值.该矩形波经 C_2、R_5 微分形成尖脉冲波,再经二极管 D_1 成为负向尖脉冲,通过 R_6 给 C_3 快速充电,形成一个台阶,随着 C_3 充电的进行,台阶逐渐上升,运放 A_2 输出端电位上升,从而使 A_3 同相端电位上升,当 A_3 同相端电位上升到 V_{ref} 时,运放 A_3 状态翻转输出正向饱和,使二极管 D_3 导通,电容 C_3 放电,随着 C_3 放电的进行,运放 A_2 输出端电位下降,从而使 A_3 同相端电位下降,当 A_3 同相端电位下降到 V_{ref} 时,运放 A_3 状态翻转输出负向饱和,使二极管 D_3 不再导通,电容 C_3 放电结束,电容 C_3 将再通过 D_2、R_6 充电形成下一个周期的阶梯波.

六、串联型稳压电路

《模拟电子与基础》一书的例题 5-10 从负反馈角度介绍了串联型稳压电路的工作原理,为了能够进一步掌握串联型稳压电路,这里从串联型稳压电路分析方法和集成稳压器应用两方面进行补充.

可以知道平均值为零的正弦交流信号经全波整流后,得到平均值不为零(平均值为交流信号有效值的 0.9 倍)的整流信号,显然这个整流信号仍是变化的,其脉动系数(整流输出电压信号的基波峰值与输出电压信号平均值之比)为 0.67.为了进一步滤去脉动信号成分,在整流之后一般利用低通滤波电路进一步滤去交流成分、保留直流成分,直流电源中滤波电路的显著特点是均采用无源滤波电路.一般经整流、滤波电路后,可以得到相对平滑的直流信号.

交流电通过整流、滤波得到的直流输出信号,在电网电压波动和负载变化时输出电压都会随之变化,因此必须加稳压电路使上述两种情况下的输出直流电压基本不变.常用的稳压电路有稳压管稳压电路、串联型稳压电路和开关型稳压电路三种.

例 5-9 请从负反馈的角度解释串联型稳压电路的工作原理.

答 串联型稳压电路的原理框图如图 5-24 所示.

可以从负反馈角度解释该电路的工作原理,此时电路可以看作是用调整管 T 构成的射极跟随器(电压串联负反馈),R_1、R_2、R_w 构成输出电压取样环节,它将输出电压的变化情况输入到运放反相端,R 和稳压管构成参考电压生成环节,参考

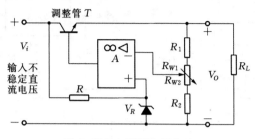

图 5-24　串联型稳压电路

电压输入运放的同相端,在参考电压稳定的情况下(例如在集成稳压电路中,稳压管可以用第4章介绍的电压基准代替,则其输出电压与电源、温度几乎无关),如果由于某种原因引起输出电压上升,则运放反相端电位上升,经反相放大,使调整管基极电位下降(即射极跟随器基极电位下降),从而使输出电压下降,达到了稳定输出电压的目的.其实从另一个角度,也可以将运算放大器看成一个同相比例放大器,其同相输入端就是基准电压 V_R,而由 R_1、R_2、R_w 和调整管的发射结构成运放串联负反馈环节,运算放大器同相比例放大倍数决定了输出电压和参考电压的比例关系,根据运放虚短虚断的概念可得

$$V_- = V_R = V_+ = V_O \frac{R_2 + R_{W2}}{R_2 + R_W + R_1}$$

从而得到
$$V_O = \left(1 + \frac{R_1}{R_2 + R_{W2}}\right) V_R$$

　　在串联型稳压电路中,调整管跨接在输入输出端之间,且工作在放大区,其集电极工作电流就是负载电流(取样电阻中电流比较小),而其集电极和发射极之间的电压就是电路输入输出端之间的电位差(稳压电路输入电压必须大于输出电压至少一个饱和管压降 V_{CES}),因此调整管自身功耗比较大,相比之下基准电压源和比较放大器功耗可以忽略.特别是在输出负载短路时,调整管要承受更大的电流和压降,因此调整管除了要采用较大功率的器件,还必须加保护电路.

　　一般情况下,当输出电压在输入电压的 $0.4 \sim 0.6$ 倍时,串联型稳压电路的效率(输出功率与输入功率的比值)约为 $40\% \sim 60\%$.而在开关型稳压电源电路中,调整管工作在开关状态,效率得到明显提高.

　　例 5-10　图 5-25 的(a)、(b)、(c)图是 7805 的 3 种常见应用电路,解释其工作原理.

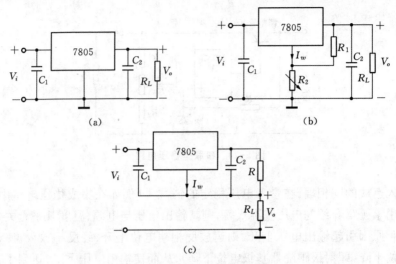

图 5-25　7805 的常见应用电路

答　图(a)是稳压器的基本应用电路,图中电容 C_1 用于抵消输入线较长时的电感效应,以防止电路产生自激振荡,电容 C_2 用于消除输出电压中的高频噪声.

图(b)是输出电压可调的稳压电路,由于稳压器输出电压(即 R_1 两端电压)为 5 V,所以输出电压为

$$5 + \left(\frac{5}{R_1} + I_w\right)R_2 = 5 \times \left(1 + \frac{R_2}{R_1}\right) + I_w R_2$$

需要说明的是用这种方法构造的可调稳压器稳压性能较差,因为当 I_w 变化时,将影响输出电压,稳压性能有所降低,而用可调式三端稳压器(如 317、337 等)构成的可调输出电压稳压电源则性能基本不受影响,因此在设计制作多档电源或是连续可调稳压电源的场合,经常使用的是 317、337 等可调式三端稳压器.

图(c)是用稳压器构造的恒流源电路,由图(c)可见负载上的电流为 $I_L = \dfrac{5}{R} + I_w$.

例 5-11　图 5-26 的(a)、(b)图是使用 W317 构成的两种稳压电路,解释电路的工作原理.

答　图(a)是基准电压源电路,W317 的输出端和调整端之间的电压是非常稳定的基准电压 1.25 V.

图(b)电路是 W317 的典型应用电路,计算方法同例 5-10 中的 7805 电路,只是 R_1 两端电压为 1.25 V.图(b)中,D_1 防止输入断开后,电容 C_2 向稳压器放电,加二极管 D_1 提供一个放电回路起保护作用.电容 C 主要是滤去 R_2 上的纹波成分,D_2 防止输

出短路后,电容 C 向稳压器调整端放电,加二极管 D_2 提供一个放电回路起保护作用.

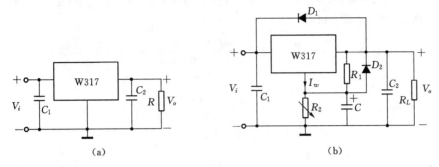

（a）　　　　　　　　　　　　　　　　（b）

图 5-26　W317 构成的稳压电路

§5.2　习 题 解 答

1. "负反馈可以改善放大器的放大性能"这句话是否一定正确? 它要求有什么先决条件?

   答　负反馈放大器的性能指标都有所改变.除了增益下降以外,其他性能指标的改变都有利于放大器性能的提高.所以可以说,放大器中加入负反馈,是一种以牺牲增益换取其他指标性能提高的方法.需要指出的一点是,所有上述分析都是建立在基本放大器能够正常放大的前提下.如果由于某种原因(例如温度的改变、信号动态范围过大等)使得基本放大器脱离了正常放大的范围,则上述结论全部无效.

2. 运用虚短路、虚开路概念估算负反馈放大器电路有什么限制?

   答　限制条件是深度负反馈条件: $AF \gg 1$. 由 $AF = \dfrac{\Phi_f}{\Phi_i}$、$\Phi_i = \Phi_s - \Phi_f$ 可以知道,深度负反馈的实质是由于负反馈的作用,施加于放大器输入端的有效信号远小于反馈信号和源信号,所以在深度负反馈放大器的近似计算中可以忽略放大器的有效输入信号.

3. 有人说,可以将共集电极电路看成是施加百分之百电压负反馈的共发射极电路,将共基极电路看成是施加百分之百电流负反馈的共发射极电路.试从电路的结构、增益、输入电阻、输出电阻等方面证明上述说法的正确性(提示:将共发射极电路看成一个四端网络).

   证明　对共发射极电路引入电压串联负反馈,如下图所示:

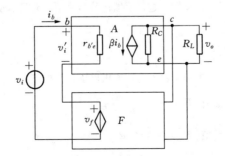

其中, A 为共发射极电路, R_C 为考虑反馈网络负载效应时的等效电阻, 对百分之百电压负反馈 $v_f = -v_o$ (根据瞬时极性法, 基极为正, 则共发射极的集电极输出为负, 反馈电压必须为正, 即与集电极电压反相), 则

$$A_{vf} = \frac{v_o}{v_i} = \frac{v_o}{v_f + v_i'} = -\frac{\beta i_b R_C /\!/ R_L}{i_b r_{b'e} + \beta i_b R_C /\!/ R_L} \approx -\frac{\beta R_C /\!/ R_L}{r_{b'e} + \beta R_C /\!/ R_L}$$

$$r_{if} = \frac{v_i}{i_b} = \frac{v_i' + v_f}{i_b} = r_{b'e} + \beta R_C /\!/ R_L$$

$$r_{of} = \frac{v_o}{\beta \dfrac{v_o}{r_{b'e}} + \dfrac{v_o}{R_C}} = R_C /\!/ \frac{r_{b'e}}{\beta}$$

可见与共集电极电路除了增益相差一个负号外, 其他性能指标基本相同.

对共发射极电路引入电流并联负反馈, 如下图所示:

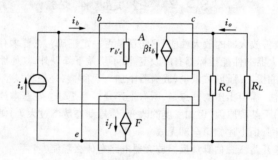

对百分之百电流负反馈 $i_f = \beta i_b$, 则

$$A_{if} = \frac{i_o}{i_s} = \frac{\beta i_b}{i_b + \beta i_b} \cdot \frac{R_C}{R_C + R_L} = \frac{\beta}{1 + \beta} \cdot \frac{R_C}{R_C + R_L}$$

$$r_{if} = \frac{v_i}{i_s} = \frac{i_b r_{b'e}}{i_b + \beta i_b} = \frac{r_{b'e}}{1 + \beta}, \quad r_o = R_C$$

可见与共基极电路性能指标基本相同.

4. 判断下列电路中是否存在反馈? 是正反馈还是负反馈? 若是负反馈, 请说明反馈类型, 并写出反馈系数.

答 图(a)为电压并联负反馈, $F = \dfrac{i_f}{v_o} = -\dfrac{1}{R_2}$;

图(b)就交流信号而言, 为提高输入电阻的正反馈自举电路;

图(c)为电压串联负反馈, $F = \dfrac{v_f}{v_o} = \dfrac{R_5}{R_4 + R_5}$;

图(d)为电流串联负反馈, $F = \dfrac{v_f}{i_o} = -R_3$;

图(e)为电流并联负反馈, $F = \dfrac{i_f}{i_o} = -\dfrac{R_5}{R_5 + R_6}$.

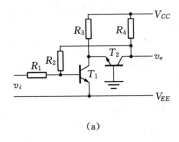

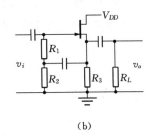

(a)　　　　　　　　　　　　(b)

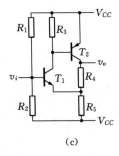

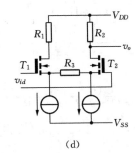

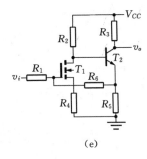

(c)　　　　　　(d)　　　　　　(e)

5. 写出上题中负反馈电路的电压增益表达式,假设其中晶体管的 g_m 或 β 已知,厄尔利效应可忽略.

解 (a)为电压并联负反馈, $F = \dfrac{i_f}{v_o} = -\dfrac{1}{R_2}$.

考虑反馈网络负载效应的基本放大电路如下图所示:

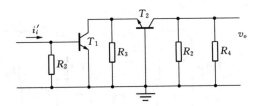

$$A_r = \frac{v_o}{i_i'} \approx -\frac{\beta_1 i_{b1} \dfrac{R_3}{R_3 + r_{e2}} \cdot (R_2 \,/\!/\, R_4)}{i_b} \cdot \frac{i_b}{i_i'}$$

$$= -\frac{\beta_1 R_3}{R_3 + r_{e2}} \cdot \frac{R_2}{R_2 + r_{b'e1}} \cdot (R_2 \,/\!/\, R_4)$$

$$A_{rf} = \frac{v_o}{i_i} = \frac{A_r}{1 + FA_r}, \quad A_{vf} = \frac{v_o}{v_i} = \frac{v_o}{i_i} \cdot \frac{i_i}{v_i} = \frac{A_{rf}}{R_1}$$

（由于引入并联反馈,反馈放大器输入电阻忽略.）

(c)为电压串联负反馈, $F = \dfrac{v_f}{v_o} = \dfrac{R_5}{R_4 + R_5}$.

考虑反馈网络负载效应的基本放大电路如下图所示:

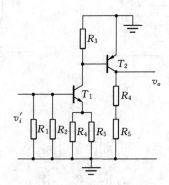

$$A_v = \frac{v_o}{v_i^r} \approx \frac{-\beta_1 i_{b1}(R_3 \;//\; r_{b'e2})}{r_{b'e1} i_{b1} + (1+\beta_1) i_{b1}(R_4 \;//\; R_5)} \cdot \frac{-\beta_2 i_{b2}(R_4 + R_5)}{i_{b2} r_{b'e2}}$$

$$= \frac{\beta_1(R_3 \;//\; r_{b'e2})}{r_{b'e1} + (1+\beta_1)\cdot(R_4 \;//\; R_5)} \cdot \frac{\beta_2(R_4 + R_5)}{r_{b'e2}}$$

$$A_{vf} = \frac{v_o}{v_i} = \frac{A_v}{1 + FA_v}$$

(d)为电流串联负反馈, $F = \dfrac{v_f}{i_o} = -R_3$.

考虑反馈网络负载效应的基本放大电路如下图所示:

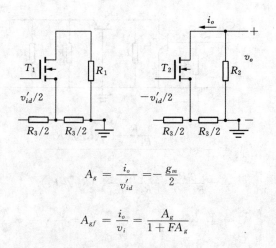

$$A_g = \frac{i_o}{v_{id}'} = -\frac{g_m}{2}$$

$$A_{gf} = \frac{i_o}{v_i} = \frac{A_g}{1 + FA_g}$$

$$A_{vf} = \frac{v_o}{v_i} = \frac{v_o}{i_o} \cdot \frac{i_o}{v_i} = \frac{\frac{g_m}{2} R_2}{1 + \frac{g_m}{2} R_3}$$

(e)为电流并联负反馈，$F = \dfrac{i_f}{i_o} = -\dfrac{R_5}{R_5 + R_6}$.

考虑反馈网络负载效应的基本放大电路如下图所示：

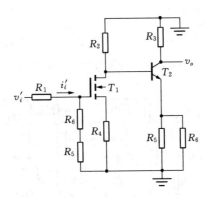

$$A_i = \frac{i_o}{i_i'} = \frac{i_o}{v_{i2}} \cdot \frac{v_{i2}}{i_i'}$$

$$= -\frac{\beta}{r_{b'e2} + (1+\beta)R_5 \;/\!/\; R_6} \cdot \frac{g_m R_2 \;/\!/\; [r_{b'e2} + (1+\beta)R_5 \;/\!/\; R_6]}{1 + g_m R_4} \cdot (R_5 + R_6)$$

$$A_{if} = \frac{i_o}{i_i} = \frac{A_i}{1 + FA_i}$$

$$A_{vf} = \frac{v_o}{v_i} = \frac{v_o}{i_o} \cdot \frac{i_o}{i_i} \cdot \frac{i_i}{v_i} = -\frac{R_3}{R_1} A_{if}$$

6. 已知下图电路中,所有晶体管的参数为：$\beta = 100$, $V_{BE} = 0.7\,\text{V}$, $V_A = 100\,\text{V}$. 其余电路参数已经在图中标明. 试计算此电路的电压增益、输入电阻和输出电阻.

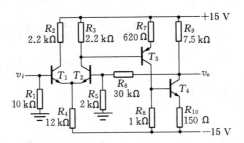

解 先进行静态工作点的求解(忽略各管基极电流)：

$$0 - 0.7 + 15 = I_{R4} R_4$$

$$I_{C1} \approx I_{C2} \approx \frac{I_{R4}}{2}$$

$$I_{C2} R_3 \approx 0.7 + I_{C3} R_7$$

$$I_{C3} R_8 \approx 0.7 + I_{C4} R_{10}$$

注意这里假设输入信号源直流内阻为零.

根据以上静态工作点,利用公式 $r_{b'e} = (1+\beta) \dfrac{V_T}{I_C}$ 和 $r_{ce} = \dfrac{V_A}{I_C}$,求得各管交流参数.

这是一个电压串联负反馈放大器,考虑反馈网络负载效应的基本放大器交流等效电路如下图所示:

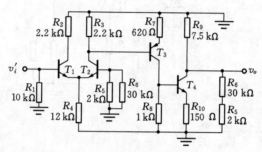

$$A_v = \frac{v_o}{v_i'} \approx \frac{\beta R_3 \; // \; r_{ce2} \; // \; [r_{b'e3} + (1+\beta) R_7]}{2 r_{b'e1} + R_5 \; // \; R_6} \cdot$$

$$\frac{\beta R_8 \; // \; [r_{b'e4} + (1+\beta) R_{10}]}{r_{b'e3} + (1+\beta) R_7} \cdot \frac{\beta R_9 \; // \; (R_5 + R_6)}{r_{b'e4} + (1+\beta) R_{10}}$$

基本放大器差模输入电阻　　$r_i = 2 r_{b'e} + R_5 \; // \; R_6$

基本放大器输出电阻　　　　$r_o \approx R_9 \; // \; (R_5 + R_6)$

$$A_{vst} = A_v$$

$$F = \frac{R_5}{R_5 + R_6}, \; A_{vf} = \frac{v_o}{v_i} = \frac{A_v}{1 + F A_v}$$

$$r_{if} = R_1 \; // \; [(1 + A_v F) r_i], \; r_{of} = \frac{r_o}{(1 + A_{vst} F)}$$

7. 试用深度负反馈概念重做上题电路,并与上题结果比较.

解　$F = \dfrac{R_5}{R_5 + R_6}$, $A_{vf} = \dfrac{1}{F} = \dfrac{R_5 + R_6}{R_5}$, $r_{if} \approx R_1$, $r_{of} \approx 0$

读者可以代入数据,根据具体计算数据,与上题计算误差的多少进行比较.

8. 试用虚短路、虚开路概念计算下图电路的源电压增益.

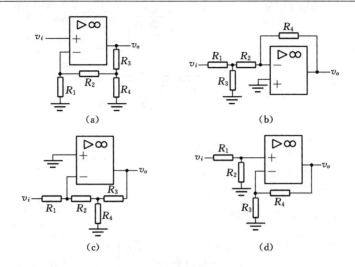

(a)   (b)

(c)   (d)

解 图(a)电路定义节点 A 如下图所示：

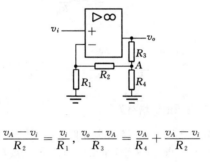

$$\frac{v_A - v_i}{R_2} = \frac{v_i}{R_1}, \quad \frac{v_o - v_A}{R_3} = \frac{v_A}{R_4} + \frac{v_A - v_i}{R_2}$$

解以上两方程，即可求得源电压增益为 $\frac{v_o}{v_i}$。

图(b)电路定义节点 A 如下图所示：

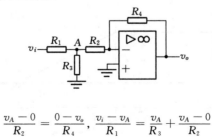

$$\frac{v_A - 0}{R_2} = \frac{0 - v_o}{R_4}, \quad \frac{v_i - v_A}{R_1} = \frac{v_A}{R_3} + \frac{v_A - 0}{R_2}$$

解以上两方程，即可求得源电压增益为 $\frac{v_o}{v_i}$。

图(c)电路定义节点 A 如下图所示：

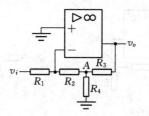

$$\frac{-v_A}{R_2} = \frac{v_i}{R_1}, \ \frac{-v_A}{R_2} = \frac{v_A}{R_4} + \frac{v_A - v_o}{R_3}$$

解以上两方程,即可求得源电压增益为 $\frac{v_o}{v_i}$.

图(d)电路定义节点 A 如下图所示:

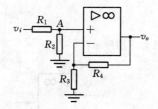

$$\frac{v_i - v_A}{R_1} = \frac{v_A}{R_2}, \ \frac{v_A}{R_3} = \frac{v_o - V_A}{R_4}$$

解以上两方程,即可求得源电压增益为 $\frac{v_o}{v_i}$.

9. 某些集成运放为了增加带宽,在进行频率补偿时故意不作全补偿,即在波特图 0 dB 线上方 (含 0 dB 线)保留了两个极点.在这种运放的使用说明中,要求使用者设计的放大器的闭环 放大倍数不能小于某个一定的值,譬如 10.试用波特图说明它的原理.

解　假设没有进行全补偿的波特图如下图所示,其中实线为幅频特性,虚线为相频特性.

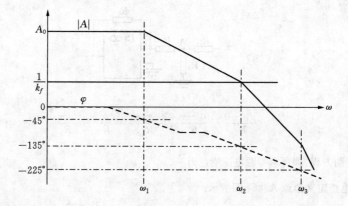

由上图可见,放大器工作要稳定,补偿后反馈增益线 $1/k_f$ 必须在斜率在 $-20\text{ dB}/$十倍频以内,否则放大器工作可能不稳定.上图中,画出了反馈增益线的最低位置,若此线低于图中的位置,放大器闭环后将不稳定,这就是闭环放大倍数不能小于某个一定值的原因.

10. 下图是一种多级移相 RC 反馈振荡器的原理电路.试分析它的工作原理,并写出它的幅度平衡条件和相位平衡条件.

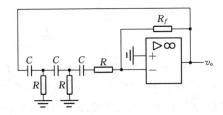

　解　将电路进行拆环等效如下图所示:

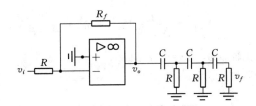

求得环路增益为　　　$T(\mathrm{j}\omega) = -\dfrac{R_f}{R}\dfrac{\omega^3 R^3 C^3}{\omega^3 R^3 C^3 - 5\omega RC - \mathrm{j}(6\omega^2 R^2 C^2 - 1)}$

相位平衡条件是三级 RC 相移网络提供 $180°$ 相移,上式分母虚部为 0,即:

$$6\omega^2 R^2 C^2 - 1 = 0$$

振荡频率为　　　　　　　　　　　$\omega = \dfrac{1}{\sqrt{6}\,RC}$

幅度平衡条件为　　　　　　　　　$\dfrac{R_f}{R} = 29$

11. 下图是一种实用的文氏桥振荡器,其中 D_1 是普通二极管,D_z 是稳压二极管,T_1 是 N 沟道结型场效应管.试分析它的稳幅原理.(提示:场效应管在 V_{DS} 很小的时候工作在可变电阻区,其导通电阻是 V_{GS} 的函数.)

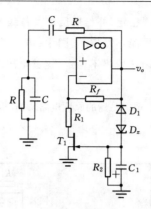

解　当输出电压幅度较小(低于 D_z 的击穿电压)时，由于 D_1、D_z 反向串联，均不导通，此时 T_1 的 $V_{GS} = 0$，其 DS 之间的沟道电阻较小，与 R_1 串联后小于 $R_f/2$，所以文氏振荡器满足起振条件. 当输出电压幅度高于 D_z 的击穿电压时，在输出信号的负半周，经 D_1、D_z 对 C_1 充电，T_1 的 V_{GS} 往负向变化，使其漏源间沟道电阻加大，放大器增益下降. 当放大器增益下降到 3 时，振荡器达到平衡条件，v_o 幅度不再提高，达到稳幅效果. 其中 D_1 起负向检波作用.

12. 试证明：

$$V_{TH+} = \frac{R}{R + R_f} V_{OH}, \ V_{TH-} = \frac{R}{R + R_f} V_{OL}$$

并画出反相滞回比较器的电压传输特性曲线.

证明　方波发生器如下图所示：

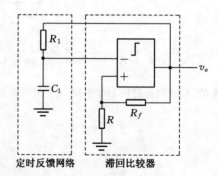

定时反馈网络　　　滞回比较器

　　在上图中，电阻 R_1 和电容 C_1 构成定时反馈网络，比较器和正反馈网络 R_f、R 构成反相滞回比较器. 当运放输出正向饱和电压 V_{OH} 时，电容 C_1 通过 R_1 充电，充电进行到 $V_{TH+} = \frac{R}{R + R_f} V_{OH}$ 时，比较器反转，运放输出负向饱和电压 V_{OL}，此时电容 C_1 通过 R_1 放电，放电进行到 $V_{TH-} = \frac{R}{R + R_f} V_{OL}$ 时，比较器反转. 所以比较器的阈值电压分别为

$$V_{TH+} = \frac{R}{R + R_f} V_{OH} , \quad V_{TH-} = \frac{R}{R + R_f} V_{OL}$$

13. 在下图电路中，A_1 为理想运放；A_2 为比较器，其输出电压 $V_{OH} = -V_{OL} = 12$ V. 试说明它们各组成什么基本电路？画出 $v_i \sim v_o$ 的传输特性曲线(须注明转折点电压).

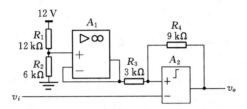

解　运放 A_1 构成电压跟随器电路，其输出电压为比较器提供稳定的参考电压，参考电压为 4 V. 当比较器输出为高电平 12 V 时，比较器同相端的电压为

$$V_{+1} = 12 \times \frac{3}{3+9} + 4 \times \frac{9}{3+9} = 6(\text{V})$$

当比较器输出为低电平 -12 V 时，比较器同相端的电压为

$$V_{+2} = -12 \times \frac{3}{3+9} + 4 \times \frac{9}{3+9} = 0(\text{V})$$

所以两个转折点电压分别为 6 V 和 0 V.

当输入电压大于 6 V 时，输出低电平；当输入电压低于 0 V 时，输出高电平.

14. 下图是一个占空比不等于 1/2 的方波发生器. 试分析其工作原理，并写出 $v_o = V_{OH}$ 和 $v_o = V_{OL}$ 的时间常数表达式(假设 D_1、D_2 是理想二极管).

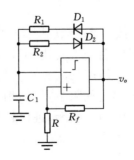

解　当运放输出正向饱和电压 V_{OH} 时，电容 C_1 通过 R_1 充电，充电到 $V_{TH+} = \dfrac{R}{R + R_f} V_{OH}$ 时，比较器反转，运放输出负向饱和电压 V_{OL}，此时电容 C_1 通过 R_2 放电，放电到 $V_{TH-} = \dfrac{R}{R + R_f} V_{OL}$ 时，比较器反转. 所以比较器的阈值电压分别为 $V_{TH+} = \dfrac{R}{R + R_f} V_{OH}$, $V_{TH-} =$

$\dfrac{R}{R+R_f}V_{OL}$. $v_o = V_{OH}$ 的时间常数为 R_1C_1，$v_o = V_{OL}$ 的时间常数为 R_2C_1.

§5.3　用于参考的扩充内容

一、电流反馈运算放大器基本概念

电流反馈运算放大器(Current Feedback Operational Amplifier)也是电流模电路，它是 20 世纪 90 年代初期在双极互补集成工艺基础上迅速发展的新型高速运放.本节将简要介绍电流反馈运算放大器的电路模型、内部电路和基本应用.

图 5-27 是电流反馈运算放大器低频应用简化电路模型.

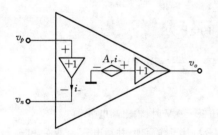

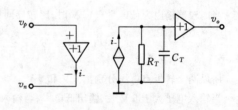

**图 5-27　电流反馈运算放大器
低频应用简化电路**　　　　**图 5-28　电流反馈运算放大器
高频应用简化电路**

图 5-28 是电流反馈运算放大器高频应用简化电路模型.

由电流反馈运算放大器的两个简化电路模型可以看出，它主要由输入缓冲级、跨阻放大级和输出缓冲级三部分构成，其结构特点是反相端电压跟随同相端电压变化，反相端、输出端是低阻节点，同相端是高阻节点.其功能特点是将反相输入端的电流信号互阻增益放大，进而转化为电压信号输出.其性能特点是高速、宽带.

二、电流反馈运算放大器内部结构

图 5-29 是一个电流反馈运算放大器内部简化电路.

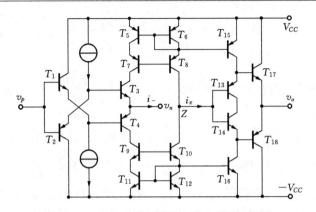

图 5-29　电流反馈运算放大器内部简化电路

$T_1 \sim T_4$ 构成两级互补跟随器,属于跨导线性环,反相输入端与 T_3 和 T_4 的发射极相连,是低阻节点,同相端和 T_1、T_2 基极相连,因此是高阻输入端,且反相端跟随同相端的电压变化. $T_5 \sim T_{12}$ 构成镜像电流源,它们将反相端电流转移到高阻节点 Z:T_{13}、T_{14} 的基极,并使 $i_Z = i_n$. $T_{13} \sim T_{18}$ 构成单位增益互补输出级电路. 整个运放都是由宽带电路(TL 电路、镜像电流源电路和射极跟随器)构成,节点 Z(图 5-28 中电容 C_T 与输出缓冲器连接点)构成电路的主极点.

三、电流反馈运算放大器基本应用

图 5-30 是由电流反馈运算放大器构成的负反馈(可以用瞬时极性法验证)放大电路,为了计算电流反馈运算放大器的频率特性,可以用其高频模型.

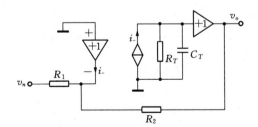

图 5-30　电流反馈运算放大器构成的负反馈

$$i_- = -\frac{v_n}{R_1} - \frac{v_o}{R_2}, \quad v_o = i_- \left(R_T \mathbin{/\!/} \frac{1}{\mathrm{j}\omega C_T} \right)$$

求得
$$A_{vf}(j\omega) = \frac{1 + R_2/R_1}{1 + \dfrac{R_2}{R_T}(1 + j\omega R_T C_T)}$$

因此在低频应用时忽略 C_T，则增益为 $A_{vf} = \dfrac{1 + R_2/R_1}{1 + \dfrac{R_2}{R_T}}$，其中 R_T 就是图 5-27

中的互阻增益，也是图 5-29 中 Z 节点的等效电阻. 通常 R_T 远大于 R_2，因此
$A_{vf} = 1 + R_2/R_1$，而 $A_{vf}(j\omega) = \dfrac{A_{vf}}{1 + j\omega R_2 C_T}$，则其带宽为 $\dfrac{1}{2\pi R_2 C_T}$.

可见其带宽与闭环增益无关，可以先由 R_2 确定闭环带宽，再由 R_1 确定闭环通带增益，而电压反馈运算放大器其增益带宽积基本不变（即带宽增加了多少倍，闭环增益基本相应下降多少倍）. 闭环增益和闭环带宽可以独立设定，这是电流反馈运算放大器的特点. 另外通过带宽的式子可以看出，减小 R_2 可以增大带宽，但是实际上带宽不可能任意增大，一方面由于高阶非主极、零点的影响，带宽增大时将会导致相位余量减小，另一方面由于反相输入端阻抗的影响（前面分析忽略其为零，实际一般为几十欧姆），带宽也不会随 R_2 的减小而成比例增加. 因此 R_2 有一个最佳值，过大则导致带宽减小，过小则导致放大器不稳定，通常在运放的数据手册中会给出这个最佳值.

第 6 章 信号处理电路

§6.1 要点与难点分析

运放本质上是一种接近理想的电子放大器,它不仅用于模拟信号的运算电路中,而且还广泛用于信号测量、处理和波形产生电路之中. 尽管运放的种类、功能、应用电路千差万别,但是掌握运放电路的基本分析方法、熟悉运放的一些典型应用电路、注意运放应用的一些实际问题,是分析和设计运放应用电路的基础. 任何一个复杂的运放应用电路都是由一些基本的功能模块构成,如果能够分析、识别每个功能模块,就能够化整为零,进一步理清信号流通方向,分析整个电路功能.

运放的典型应用电路比较多,就模拟电子学基础的学习范围内,运放常用应用电路大致可分类如下:

(1) 信号运算电路:比例运算(同相比例和反相比例)、加减运算、积分运算、微分运算、对数和反对数运算、乘除运算以及其他函数运算.

(2) 有源滤波电路:压控电压源有源滤波、无限增益多路反馈有源滤波、状态变量型有源滤波等.

(3) 信号转换电路:电压/电流相互转换电路等.

(4) 电压比较器电路:单限比较器、迟滞比较器、窗口比较器等.

(5) 波形发生电路:包括正弦波波形振荡电路(文氏桥正弦波发生器、RC 相移振荡器等)和非正弦波振荡电路(方波、矩形波、三角波、锯齿波、阶梯波等).

实际运放参数并不是理想的,如有限的差模电压增益、有限的差模输入电阻和共模抑制比、失调参数及其漂移等,都会影响信号运算和处理的精度. 另外,如果电路参数选择不当或输入信号过大、负载电流过大等,都会使运放失去正常工作功能甚至损坏. 因此在实际应用中,应根据信号源的性质(电压源还是电流源、输入信号幅值及频率范围等)、负载的性质(负载大小、额定功率要求等)、精度要求、环境条件(温度、电源电压、功耗等)选择合适的运放,并采取适当的保护措施和必要的消振(消除自激振荡)措施.

一、信号运算电路

信号运算电路基本属于运放线性应用电路,运放线性应用电路指运放自身工作在线性区,即运放两个输入端子的电压和其输出端子的电压之间是线性关系,但整个电路的输入输出之间的关系不一定是线性的,如指数、对数、乘法、除法等运算电路.运放线性应用电路的分析方法一般用"虚短"、"虚断"的分析方法,即运放的同相端和反相端的电位相同、流入运放同相端和反相端的电流为零,抓住这两个特点是分析、设计运放线性应用电路的关键,必须正确理解掌握.另外具体应用电路分析时应掌握其规律和特点,如同样是比例放大器,信号从同相端输入和反相端输入有什么不同要求;反馈回路元件和输入回路元件互换会得到什么样的运算关系;多级复杂电路中每个模块作用是什么、级间反馈的目的是什么等等.

　　例 6-1　图 6-1(a)所示为一桥式测量放大电路,其中 R_X 为传感元件,$R_X = R(1+\lambda)$,其中 λ 远小于 1.图 6-1(b)为桥式测量放大电路的具体应用电路,温度传感器 R_X 检测炉温的变化,温度上升,R_X 减小.请推导图 6-1(a)电路的输出电压表达式,并解释图 6-1(b)电路的炉温控制过程.

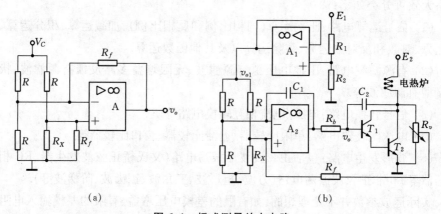

(a)　　　　　　　　　　　　　　　　(b)

图 6-1　桥式测量放大电路

　　解　图(a)电路列节点方程如下:

$$V_- \left(\frac{1}{R_f} + \frac{2}{R} \right) - \frac{v_o}{R_f} = \frac{V_C}{R}, \quad V_+ \left(\frac{1}{R_f} + \frac{1}{R_X} + \frac{1}{R} \right) = \frac{E}{R}$$

根据虚短的概念 $V_- = V_+$,求得

$$v_o = V_C \frac{R_f}{R} \frac{\lambda}{2 + \lambda + (1+\lambda)R/R_f}$$

由于 $\lambda \ll 1$，上式近似为

$$v_o \approx V_C \frac{R_f}{R} \frac{\lambda}{2 + R/R_f}$$

图(b)电路中,运放 A_1 构成电压跟随器(电压串联深度负反馈),其输出为电桥电路提供稳定的基准电压. 运放 A_2 和三极管 T_1、T_2 构成负反馈测量放大电路. 当温度上升,R_X 减小,运放 A_2 同相端电位下降,运放 A_2 输出电位下降,从而使 T_1、T_2 集电极输出电流下降,炉温下降. R_V 用来调节放大器控制灵敏度,C_1、C_2 用来防止放大器自激振荡.

例 6-2 图 6-2 是采用运放 LF353 构成的测量放大器实验电路(不是集成测量放大器),设电路参数已知,信号源是频率为 5 kHz 的正弦信号,C_1、C_2 对交流信号短路,$R_1 = R_2 = R_7 = R_8$，$R_3 = R_4$，$R_5 = R_6$.

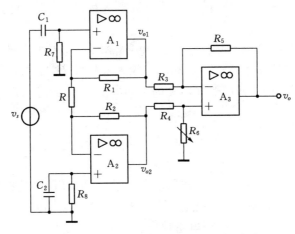

图 6-2   LF353 构成的测量放大器实验电路

(1) 说明 R_7、R_8 的作用,为什么 R_7、R_8 要等于 R_1 或 R_2?

(2) 在实际测试过程中,发现 v_{o1}、v_{o2}、v_o 的输出波形中,交流信号幅度接近相等,却都有较大的直流成分,且 v_{o1}、v_{o2} 的直流成分一个为正,另一个为负(两者绝对值近似相等),这是什么原因造成的? 如果不调换运放,如何减小 v_{o1}、v_{o2} 输出波形中的直流成分?

(3) 假定电路参数完全对称,运放为理想运放,请推导 v_{o1}、v_{o2}、v_o 的差模信号

和共模信号表达式.

解 (1) R_7、R_8 是补偿电阻,目的是为了减小运放 A_1、A_2 的失调和失调温漂. 当 R_7、R_8 等于 R_1 或 R_2 时,运放 A_1、A_2 的失调和失调温漂最小.

(2) v_{o1}、v_{o2}、v_o 的输出波形中都有较大的直流成分,其原因仍是失调造成的,但是如果运放 A_1、A_2 的参数完全对称,且外接电阻对称,则静态时电阻 R 两端(即两个运放的反相端)的失调电压接近相等,由于 A_1、A_2 构成的第一级放大器的共模增益等于 1,运放 A_1、A_2 输出波形中的直流成分并不会太大,而实际上运放 A_1、A_2 的参数并不完全对称,且外接电阻也不完全对称,这样静态时电阻 R 两端的失调电压不相等,相当于一个差模直流信号作用于第一级放大器,由于 A_1、A_2 构成的第一级放大器的差模增益往往很大,且 v_{o1}、v_{o2} 的输出波形中都有较大的直流成分,对于差模信号而言,A_1 和 A_2 的输出是反相的,因此 v_{o1}、v_{o2} 的输出波形中的直流成分一个为正,另一个为负,当然由于 v_{o1}、v_{o2} 的输出波形中的直流成分也有共模成分和其他失调成分,但都比较小,因此两者直流成分绝对值近似相等.

由于 A_3 构成减法放大器,它将会进一步放大 v_{o1}、v_{o2} 中的直流成分. 要减小 v_{o1}、v_{o2} 输出波形中的直流成分,可以外接调零电路,见本章后面运放使用和保护中的讲解.

(3) 假定电路完全对称,A_1、A_2 构成理想单端输入的差分放大器,可以将输入信号分解为差模输入信号($v_s/2$、$-v_s/2$)和共模输入信号($v_s/2$、$v_s/2$). 当差模输入信号($v_s/2$、$-v_s/2$)作用于电路时,则电阻 R 的中间电位为零,此时利用半电路分析法可求得

$$v_{od1} = -v_{od2} = \frac{v_s}{2}\left(1 + \frac{R_1}{R/2}\right) = v_s\frac{R_1}{R} + \frac{v_s}{2}$$

当共模输入信号($v_s/2$、$v_s/2$)作用于电路时,电阻 R 两端的电位相等,流过电阻 R 的电流为零,由于流入理想运放反相端的电流也为零,因此共模输入信号作用于电路时,$v_{oc1} = v_{oc2} = v_s/2$. 由于 A_3 构成减法放大器,如果电路参数对称理想情况下,其共模抑制比为无穷大,所以 v_{o1}、v_{o2} 中的共模信号被抑制掉,v_o 输出中只有差模信号.

$$v_o = -(v_{o1} - v_{o2})\frac{R_5}{R_3} = -v_s\frac{R_5}{R_3}\left(1 + 2\frac{R_1}{R}\right)$$

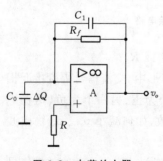

图 6-3 电荷放大器

例 6-3 图 6-3 是电荷放大器,它能将容性换能器 C_0 上的电荷变化量转换成电压输出,请证明之,

其中 $R = R_f = 10 \text{ M}\Omega$.

解　因为 $R_f = 10 \text{ M}\Omega$，若忽略其分流作用，因为反相端为虚地，则

$$\frac{\mathrm{d}Q}{\mathrm{d}t} = -C_1 \frac{\mathrm{d}v_o}{\mathrm{d}t} \text{（假定电荷量增加）}$$

假定电容 C_1 上初始储能为零，则两边积分得

$$v_o = -\frac{\Delta Q}{C_1}$$

电阻 R、R_f 是偏置电阻和直流负反馈电阻，也起减小失调作用.

例6-4　图 6-4(a)是用运放构成的积分电路实现方波转换成锯齿波，v_i 为输入 0～5 V 的方波，E 为直流电源，设该电路输入输出波形如图 6-4(b)所示.请解释：(1)电阻 R_f 的作用.(2)电容充电和放电时间常数各由哪些参数决定.(3)二极管 D_2 的作用.

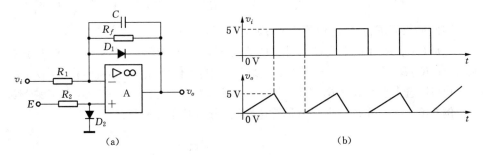

图6-4　运放构成的积分电路

解　(1) 在积分电路中，积分电容 C 两端并接大的电阻 R_f，目的是为了减小输出端的直流漂移，增加电路的稳定性.

(2) 当输入信号等于零时，由于同相端箝位在二极管导通电压，同相端电位大于反相端电位，此时电容充电电流方向为运放正电源→运放输出端→运放反相端→R_1，输出电压上升，此时二极管 D_1 截止，电容充电时间常数主要由 R_1C 决定.

当输入电压为 5 V 时，二极管 D_1 导通，电容通过二极管 D_1 和电阻 R_1 放电，所以放电时间常数取决于 R_1 和二极管 D_1 的导通电阻，尽管放电时间常数比较小的情况下说明二极管导通电阻比较小，但 R_1 大小影响二极管 D_1 的导通电阻.

(3) 二极管 D_2 的作用主要是让输出锯齿波从零开始上升，因为电容放电至稳态两端仍有二极管 D_1 导通压降，为了抵消这个导通压降，在同相端箝位一个二极管 D_2 的导通压降，当两个二极管导通压降相同时，输出就会从零电平开始上升.

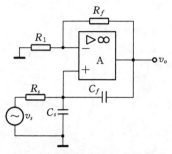

图 6-5 引线电容中和放大电路

例 6-5 图 6-5 是引线电容中和放大电路,当信号源内阻很大时,如果没有 C_f,则高频信号将被 C_s 衰减,接入 C_f 将中和 C_s 的衰减作用,为什么? C_f 太大会引起电路自激振荡,问 C_f 最大值是多少?

解 由于信号源内阻很大,当没有 C_f 时,对高频信号由于引线电容两端容抗下降,导致输入放大器同相端的信号被衰减. 当接入 C_f 时,列节点方程如下(用变换域分析):

$$\frac{v_-}{R_1} = \frac{v_o - v_-}{R_f}, \quad v_- = v_+, \quad \frac{v_+ - v_s}{R_s} + v_+ SC_s = (v_o - v_+)SC_f$$

通过节点方程,可得放大器同相端对地的等效阻抗(不包括 R_s)为

$$\frac{v_+}{v_+ SC_s - (v_o - v_+)SC_f} = \frac{v_+}{v_+ SC_s - \left(v_+ \dfrac{R_1 + R_f}{R_1} - v_+\right)SC_f} = \frac{1}{SC_s - \dfrac{R_f}{R_1}SC_f}$$

因此如果 $C_f R_f / R_1$ 近似等于 C_s,则等效阻抗将很大.

但是 $C_f R_f / R_1$ 不能大于 C_s,在上面的节点方程中如果忽略 R_s,去掉 $v_+ = v_-$ 的条件,则如果 $C_f R_f / R_1 > C_s$, $v_+ > v_-$ 满足正反馈自激振荡条件,因此 C_f 必须小于 $C_s R_1 / R_f$.

也可以选大于 $C_s R_1 / R_f$ 的 C_f 电容,但是必须在 R_f 上并接一个微调电容实现补偿.

例 6-6 图 6-6 是一个平方运算电路,请分析其工作原理.

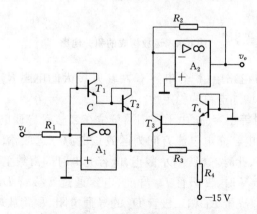

图 6-6 平方运算电路

解 电路中由 4 个三极管实现非线性运算,其中 T_3 管的集电极电流决定输出电压,而 T_1、T_2 管的工作电流与输入电压有关,如果能够导出 T_1、T_2 管的工作电流与 T_3 管的集电极电流的关系,也就求出了输入输出电压之间的关系,利用运放

虚短、虚断的概念和三极管的伏安关系,很容易得到各管的电流关系.

$$v_{o1} = -\left(v_{be1} + v_{be2}\right) \approx -\left(V_T \ln\frac{v_i/R_1}{I_{s1}} + V_T \ln\frac{v_i/R_1}{I_{s2}}\right)$$

$$v_{o1} = -\left(v_{be3} + v_{be4}\right) \approx -\left(V_T \ln\frac{v_o/R_2}{I_{s3}} + V_T \ln\frac{I_{REF}}{I_{s4}}\right)$$

其中,I_{REF} 是 T_4 管的集电极电流,称之为参考电流.

如果各三极管参数相同,根据上面两个方程可得到

$$v_o = \frac{R_2}{I_{REF}R_1^2}v_i^2$$

运放 A_1 和 A_2 可进行适当的电容补偿,防止电路自激振荡.

例 6-7　请利用运算放大器设计一个模拟运算电路求解微分方程:

$$\frac{\mathrm{d}^2 v(t)}{\mathrm{d}t^2} + 5\frac{\mathrm{d}v(t)}{\mathrm{d}t} + v(t) = \sin\omega t$$

初始条件为　　　　　$\left.\frac{\mathrm{d}v(t)}{\mathrm{d}t}\right|_{t=0} = 5 \text{ V/S},\ v(t)\,|_{t=0} = 2 \text{ V}$

解　将微分方程改为

$$\frac{\mathrm{d}^2 v(t)}{\mathrm{d}t^2} = -5\frac{\mathrm{d}v(t)}{\mathrm{d}t} - v(t) + \sin\omega t$$

因此如果将等式左边的二阶微分进行两次积分并考虑初始条件,就可以得到方程的解,而积分变换的输入就是方程右边的三项叠加.设计电路如图 6-7 所示.

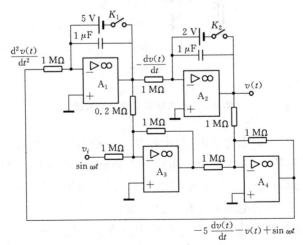

图 6-7　求解微分方程的模拟运算电路

由图 6-7 可以计算出:A_1 的输出为 $-\dfrac{\mathrm{d}v(t)}{\mathrm{d}t}$,$A_2$ 的输出为 $v(t)$,A_3 的输出为

$5\,\dfrac{\mathrm{d}v(t)}{\mathrm{d}t} - \sin\omega t$,而 A_4 的输出为 $-5\,\dfrac{\mathrm{d}v(t)}{\mathrm{d}t} - v(t) + \sin\omega t$.

例 6-8 图 6-8 的(a)、(b)、(c)三图是 3 种扩大运放功能的放大器原理图,请解释电路工作原理.

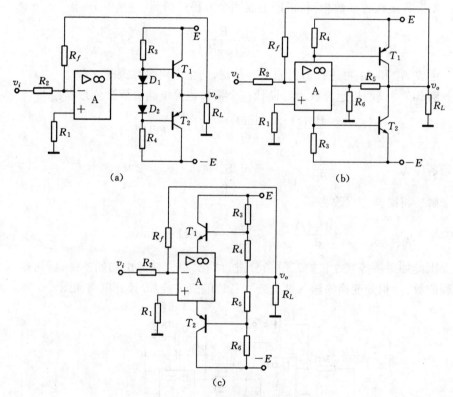

图 6-8　扩大运放功能的放大器

解 图(a)是扩大输出电流电路,也就是扩大输出功率电路.由运放直接驱动乙类互补射极跟随器,另外电路引入电压并联负反馈,进一步稳定输出电压,减小输出电阻,提高带负载能力,当然实际应用时应加入保护电路.该电路的缺点是电源电压的利用率低,因为电阻 R_3、R_4 上有压降.

图(b)也是扩大输出功率电路.它是利用运放电源电流驱动互补共发射极放大器,由于运放本身功耗很小,而且输出级工作在 AB 类,效率也高.当输出电流为几

毫安时,电源电流大致与输出电流接近,电阻 R_3、R_4 将电源电流变化转换为电压,送到 T_1、T_2 管的基极,于是在输出端得到较大的电压、电流变化. R_5 是 T_1、T_2 的电压负反馈电阻, R_f 是两级放大器的负反馈电阻,进一步稳定输出电压,减小输出电阻,提高带负载能力. R_6 是为提高电源电流变化增加的负载电阻. 该电路的特点是电源电压利用率高.

图(c)是扩大输出电压范围的电路.图(c)中的 T_1、T_2 是两只反向击穿电压较高的晶体管,运算放大器处在正负电源浮动的共模状态下工作.设电源电压为 $\pm 30\ \text{V}$,如果 $R_3 = R_4 = R_5 = R_6$,则当运放输出为零时,加到运放正负电源端的电压为 $\pm 14.3\ \text{V}$,处于对称状态;但当运放输出电压不为零时,则加到运放正负电源端的电压不对称,相当于有直流共模信号作用于运放,此时运放最大输出电压范围与运放自身的共模范围有关.

二、有源滤波电路

有源滤波电路主要用于小信号滤波处理,目的是选频或提高信噪比.常用有源滤波电路有压控电压源式滤波电路和无限增益多路反馈式滤波电路.电路分析方法主要是变换域的虚短、虚断分析法.电路的性能指标主要有通带增益、截止频率、通带宽度或阻带宽度、Q 值等.注意 Q 值要选取合适,否则电路容易振荡.

例 6-9 请分别用压控电压源式滤波电路和无限增益多路反馈式滤波电路,设计一个二阶有源低通滤波电路,要求截止频率为 $10\ \text{kHz}$,通带增益为 2, Q 值为 0.707.

解 选择二阶压控电压源式滤波电路形式如图 6-9 所示.

列节点方程如下:

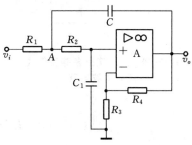

图 6-9 二阶压控电压源式滤波电路

$$v_A\left(\frac{1}{R_1} + \frac{1}{R_2} + SC\right) - v_o SC - v_+\frac{1}{R_2} - v_i\frac{1}{R_1} = 0$$

$$v_+\left(\frac{1}{R_2} + SC_1\right) - v_A\frac{1}{R_2} = 0$$

$$v_-\left(\frac{1}{R_3} + \frac{1}{R_4}\right) - v_o\frac{1}{R_4} = 0$$

$$v_+ = v_-$$

求得系统传递函数为

$$A_v(S) = \frac{A_{v0}\omega_L^2}{S^2 + \dfrac{\omega_L}{Q}S + \omega_L^2}$$

其中，

$$\frac{\omega_L}{Q} = \frac{1}{R_2 C_1}(1 - A_{v0}) + \frac{1}{R_1 C} + \frac{1}{R_2 C}$$

$$A_{v0} = 1 + \frac{R_4}{R_3}, \quad \omega_L^2 = \frac{1}{R_1 R_2 C_1 C}$$

根据题目要求，有

$$2\pi \times 10 \times 10^3 \times \sqrt{2} = \frac{1}{R_2 C_1}(1 - 2) + \frac{1}{R_1 C} + \frac{1}{R_2 C}$$

$$1 + \frac{R_4}{R_3} = 2, \quad \frac{1}{R_1 R_2 C_1 C} = (2\pi \times 10 \times 10^3)^2$$

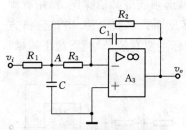

**图 6-10　无限增益多路反馈式
二阶滤波电路**

根据电阻平衡规则：$R_4 \ /\!/ \ R_3 = R_1 + R_2$

取电容 $C = C_1 = 1\ \mu\text{F}$，解上述方程可求得：

$$R_1 = 11.3\ \text{k}\Omega,\ R_2 = 22.5\ \text{k}\Omega$$

$$R_3 = 67.6\ \text{k}\Omega,\ R_4 = 67.6\ \text{k}\Omega$$

选择无限增益多路反馈式二阶滤波电路形式如
图 6-10 所示.

列节点方程如下：

$$v_A\left(\frac{1}{R_1} + \frac{1}{R_2} + \frac{1}{R_3} + SC\right) - v_o\frac{1}{R_2} - v_-\frac{1}{R_3} - v_i\frac{1}{R_1} = 0$$

$$v_+ = v_- = 0$$

$$v_A\frac{1}{R_3} + v_o SC_1 = 0$$

求得系统传递函数为

$$A_v(S) = \frac{A_{v0}\omega_L^2}{S^2 + \dfrac{\omega_L}{Q}S + \omega_L^2}$$

其中，　$\dfrac{\omega_L}{Q} = \dfrac{1}{C}\left(\dfrac{1}{R_1} + \dfrac{1}{R_2} + \dfrac{1}{R_3}\right),\ A_{v0} = -\dfrac{R_2}{R_1},\ \omega_L^2 = \dfrac{1}{R_2 R_3 C C_1}$

根据题目要求,有

$$2\pi \times 10 \times 10^3 \times \sqrt{2} = \frac{1}{C}\left(\frac{1}{R_1} + \frac{1}{R_2} + \frac{1}{R_3}\right)$$

$$\frac{R_2}{R_1} = 2, \ \frac{1}{R_3 R_2 C_1 C} = (2\pi \times 10 \times 10^3)^2$$

取电容 $C = 10\,\mu\mathrm{F}$, $C_1 = 1\,\mu\mathrm{F}$, 解上述方程可求得(电容值选取要适当,否则求得电阻值过大或过小都不合适,可以用试探法逐步求解)

$$R_1 = 2.1\,\mathrm{k}\Omega, \ R_2 = 4.2\,\mathrm{k}\Omega, \ R_3 = 6.1\,\mathrm{k}\Omega$$

例 6-10　请设计一个二解高通有源滤波电路,要求截止频率为 $1\,\mathrm{kHz}$,通带增益为 1, Q 值为 0.707.

解　二阶压控电压源式滤波电路形式如图 6-11 所示.

列节点方程如下:

$$v_A\left(\frac{1}{R_1} + 2SC\right) - v_o\frac{1}{R_1} - v_+ SC - v_i SC = 0$$

$$v_+\left(\frac{1}{R_2} + SC\right) - v_A SC = 0$$

$$v_-\left(\frac{1}{R_3} + \frac{1}{R_4}\right) - v_0\frac{1}{R_4} = 0$$

$$v_+ = v_-$$

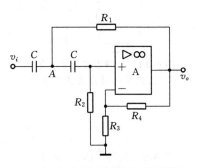

图 6-11　二阶压控电压源式滤波电路

求得系统传递函数为

$$A_v(S) = \frac{A_{v0}S^2}{S^2 + \dfrac{\omega_H}{Q}S + \omega_H^2}$$

其中,　$\dfrac{\omega_H}{Q} = \dfrac{1}{R_1 C}(1 - A_{v0}) + \dfrac{2}{R_2 C}$, $A_{v0} = 1 + \dfrac{R_4}{R_3}$, $\omega_H^2 = \dfrac{1}{R_1 R_2 C^2}$

根据题目要求 (取电容 $C = 10\,\mu\mathrm{F}$),有

$$2\pi \times 10^3 \times \sqrt{2} = \frac{2}{R_2 C}$$

求得 $R_2 = 22.5\,\mathrm{k}\Omega$.

$1 + \dfrac{R_4}{R_3} = 1$，R_3 取无穷大即开路.

由于 $R_4 \mathbin{/\!/} R_3 = R_2$，因此 $R_4 = R_2 = 22.5\,\mathrm{k}\Omega$.

$\dfrac{1}{R_1 R_2 C^2} = (2\pi \times 10^3)^2$，求得 $R_1 = 11.3\,\mathrm{k}\Omega$.

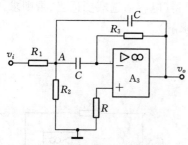

图 6-12　无限增益多路反馈式二阶带通有源滤波电路

例 6-11　请设计一个二阶带通有源滤波电路，要求中心频率为 50 Hz，通带增益为 1，Q 值为 5.

解　选择无限增益多路反馈式二阶带通有源滤波电路形式如图 6-12 所示.

列节点方程如下：

$$v_A\left(\frac{1}{R_1} + \frac{1}{R_2} + 2SC\right) - v_o SC - v_- SC - v_i\frac{1}{R_1} = 0$$

$$v_+ = v_- = 0$$

$$v_A SC + v_o\frac{1}{R_3} = 0$$

求得系统传递函数为

$$A_v(S) = \frac{A_{v0}\dfrac{\omega_0}{Q}S}{S^2 + \dfrac{\omega_0}{Q}S + \omega_0^2}$$

其中，　　　　$Q = \dfrac{1}{2}\sqrt{\dfrac{R_3}{R_1 \mathbin{/\!/} R_2}}$，$A_{v0} = \dfrac{R_3}{2R_1}$，$\omega_L^2 = \dfrac{R_1 + R_2}{R_1 R_2 R_3 C^2}$

根据题目要求，有

$$5 = \frac{1}{2}\sqrt{\frac{R_3}{R_1 \mathbin{/\!/} R_2}}\,,\quad 1 = \frac{R_3}{2R_1}\,,\quad (2\pi \times 50)^2 = \frac{R_1 + R_2}{R_1 R_2 R_3 C^2}$$

取电容 $C = 0.33\,\mu\mathrm{F}$，解上述方程可求得（电容值选取要适当，否则求得电阻值过大或过小都不合适，可以用试探法逐步求解）

$$R_1 = 48\,\mathrm{k}\Omega,\ R_2 = 0.98\,\mathrm{k}\Omega,\ R_3 = 96\,\mathrm{k}\Omega.$$

例 6-12　请设计一个二阶带阻有源滤波电路，要求中心频率为 1 kHz，Q 值为 3.

解 选择二阶压控电压源式带阻滤波电路形式如图 6-13 所示.

列节点方程如下:

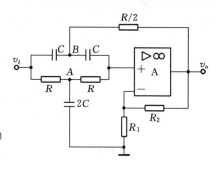

$$v_A\left(\frac{2}{R}+2SC\right)-v_+\frac{1}{R}-v_i\frac{1}{R}=0$$

$$v_B\left(\frac{2}{R}+2SC\right)-v_+SC-v_iSC-v_o\frac{2}{R}=0$$

$$v_+\left(\frac{1}{R}+SC\right)-v_A\frac{1}{R}-v_BSC=0$$

$$v_-\left(\frac{1}{R_1}+\frac{1}{R_2}\right)-v_0\frac{1}{R_2}=0$$

$$v_+=v_-$$

图 6-13 二阶压控电压源式带阻滤波电路

求得系统传递函数为

$$A_v(S)=\frac{A_{v0}(S^2+\omega_0^2)}{S^2+\dfrac{\omega_0}{Q}S+\omega_0^2}$$

其中, $$Q=\frac{1}{2(2-A_{v0})},\ A_{v0}=1+\frac{R_2}{R_1},\ \omega_0=\frac{1}{RC}$$

根据题目要求,有 $3=\dfrac{1}{2(2-A_{v0})}$,求得 $A_{v0}=\dfrac{11}{6}=1+\dfrac{R_2}{R_1}$, $2\pi\times1\,000=\dfrac{1}{RC}$,

根据电阻平衡规则: $R_1\ /\!/\ R_2=2R$, 取电容 $C=0.01\ \mu\mathrm{F}$, 解上述方程求得

$$R=16\ \mathrm{k}\Omega,\ R_1=70.4\ \mathrm{k}\Omega,\ R_2=58.7\ \mathrm{k}\Omega$$

三、信号转换电路

电压电流变换电路应用比较广泛. 在许多工业控制中,常常需要把电压转化为电流去推动电动仪表,这类电路要求输入电阻高,共模抑制比高. 而在微电流放大器中,电流电压变换电路的应用十分广泛,在数模转换中也常用到电压电流变换电路.

例 6-13 图 6-14 是运放和三极管构成的电流输出放大器,求输出电流表达式.

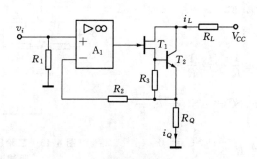

图 6-14　电流输出放大器

解　由图 6-14 可以看出,如果忽略运放反相端的电流和场效应 T_1 的栅极电流,则负载 R_L 上的电流就是电阻 R_Q 上的电流(基尔霍夫电流定律:流入和流出电路中任一闭合曲面的电流代数和等于零),利用虚短的概念得

$$i_L = i_Q = \frac{v_i}{R_Q}$$

可见其与负载大小无关.

例 6-14　图 6-15 是一个光电池放大与测量电路,求输出电流表达式.

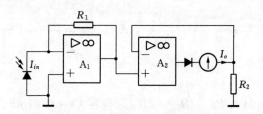

图 6-15　光电池放大与测量电路

解　运放 A_1 构成光电流电压变换器,输出电压为 $I_{in}R_1$,运放 A_2 构成电压电流变换器,输出电流为

$$I_o = I_{in}R_1/R_2$$

四、集成运放使用和保护

首先要根据实际应用情况选择合适的运算放大器,如无特殊要求可选通用型运放,当要求运放某一性能指标特别高时,应选用特殊型的运放.在运放使用前应

该注意查阅其最大使用范围,如电源电压范围、最大功耗、温度范围、最大差模输入电压、最大共模输入电压,以免使用时超出这些范围,为了防止疏忽等原因造成运放损坏,可加入一些保护电路.

例 6-15　运放在具体使用过程中应采取哪些保护措施? 如何进行调零?

答　图 6-16(a)、(b)、(c)、(d)分别是防止电源反接、防止共模输入过大、防止差模输入过大、防止输出和地短路的保护电路,现在许多运放内部已经加有各种保护电路,所以外部保护电路可根据具体芯片选择使用.

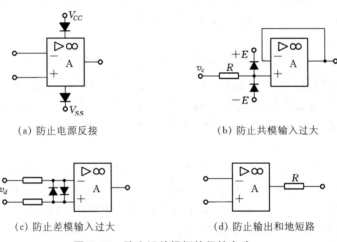

（a）防止电源反接　　　　　　　　　（b）防止共模输入过大

（c）防止差模输入过大　　　　　　　（d）防止输出和地短路

图 6-16　防止运放损坏的保护电路

如果需要扩充运放的输出电压范围或输出功率也可以采用例 6-8 的方法.

当运放用于直流放大时,必须调零.有调零端子的运放应按推荐的调零电路进行调零,若没有调零端子,可外接调零电路.图 6-17(a)、(b)分别是反相放大器和同相放大器外接调零电路的参考电路图.

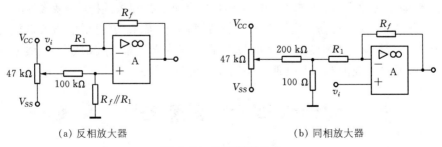

（a）反相放大器　　　　　　　　　　（b）同相放大器

图 6-17　外接调零电路

另外在电路设计制作中,应注意采用 1 点接地和电源退耦,防止由接地电阻和直流电源内阻产生的寄生反馈而引起电路自激振荡.

五、集成运放的种类

集成运放按性能指标一般可分为通用型和特殊型两类.通用型运放用于无特殊要求的电路之中,具有一般的性能指标,通用性比较强,价格便宜.它根据增益高低还可分为低增益型(开环电压增益在 $60 \sim 80$ dB)、中增益型(开环电压增益80~100 dB)和高增益型(开环电压增益大于 100 dB).特殊型运放为了适应某种特殊要求,某一方面性能特别突出.

例 6-16   简要说明特殊型运放的种类、性能特点和应用领域.

答   特殊型运放主要有以下 4 种,其主要分类、性能特点及应用领域如下:

(1) 高输入阻抗型:该类运放输入级一般采用超 β 管或场效应管,输入阻抗不低于 10 MΩ,有的可达到 1 000 GΩ 以上.适用于测量放大电路、信号发生电路或取样保持电路.

(2) 高速型运放:该类运放一般具有高单位增益带宽(一般要求大于 10 MHz)和高转换速率(一般要求大于 30 V/μs),有的转换速率可高达上千伏每微秒,第 5 章曾介绍的电流反馈集成运放就属于高速运放.高速型运放适用于数模转换电路、模数转换电路、锁相环电路和视频电路.

(3) 高精度型:该类运放指失调电压低、温漂低、噪声小、增益和共模抑制比高的运放,有的采用自动校零(如交替校零和斩波稳零)等措施实现高精度和高稳定度,如有的输入失调电压仅为 5 μV,输入失调电压温漂仅为 0.1 μV/℃.高精度型运放适用于毫伏级或更低量级的微弱信号检测、计算及自动控制仪表中.

(4) 低功耗型:该类运放具有静态功耗低、工作电源电压低的特点,其功耗只有几毫瓦甚至更小,电源电压为几伏,如有的微功耗运放的功耗约为 180 μW,电源电压为 5 V.低功耗型运放适用于要求低耗能的场合(如空间技术)以及遥控遥测等领域.

另外还有高压型运放、程控型运放、宽带型运放等.除了通用型和特殊型运放外,还有一类是满足某种特定功能的放大器,如测量放大器、隔离放大器、缓冲放大器、对数/反对数放大器以及其他专用集成电路芯片等.

§6.2 习 题 解 答

1. 画出能够实现下列函数的电路,并注明其中电阻的比例关系.

(1) $v_o = 3v_1 + 2v_2 + 5v_3$;

(2) $v_o = -v_1 - 2v_2 - 4v_3$;

(3) $v_o = 3v_1 + v_2 - 3v_3$.

解　一个通用加减运算电路如下图所示:

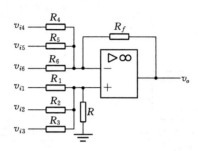

列节点方程如下:

$$v_+ \left(\frac{1}{R_1} + \frac{1}{R_2} + \frac{1}{R_3} + \frac{1}{R_1} \right) - \frac{v_{i1}}{R_1} - \frac{v_{i2}}{R_2} - \frac{v_{i3}}{R_3} = 0$$

$$v_- \left(\frac{1}{R_4} + \frac{1}{R_5} + \frac{1}{R_6} + \frac{1}{R_f} \right) - \frac{v_{i4}}{R_4} - \frac{v_{i5}}{R_5} - \frac{v_{i6}}{R_6} - \frac{v_o}{R_f} = 0$$

$$v_- = v_+$$

若 $R_1 \parallel R_2 \parallel R_3 \parallel R = R_4 \parallel R_5 \parallel R_6 \parallel R_f$, 则利用节点方程可得

$$v_o = R_f \left(\frac{v_{i1}}{R_1} + \frac{v_{i2}}{R_2} + \frac{v_{i3}}{R_3} - \frac{v_{i4}}{R_4} - \frac{v_{i5}}{R_5} - \frac{v_{i6}}{R_6} \right)$$

因此令　　　　　　$v_1 = v_{i1}$, $v_2 = v_{i2}$, $v_3 = v_{i3}$, $v_{i4} = v_{i5} = v_{i6} = 0$

$$R_f = 3R_1 = 2R_2 = 5R_3$$

则

$$v_o = 3v_1 + 2v_2 + 5v_3$$

令　　　　　　$v_1 = v_{i4}$, $v_2 = v_{i5}$, $v_3 = v_{i6}$, $v_{i1} = v_{i2} = v_{i3} = 0$

$$R_f = R_4 = 2R_5 = 4R_6$$

则

$$v_o = -v_1 - 2v_2 - 4v_3$$

令　　　　　　$v_1 = v_{i1}$, $v_2 = v_{i2}$, $v_3 = v_{i4}$, $v_{i3} = v_{i5} = v_{i6} = 0$

$$R_f = 3R_1 = R_2 = 3R_4$$

则　　　　　　$v_o = 3v_1 + v_2 - 3v_3$

2. 分析下列图示的电路，写出它们的输出电压表达式.

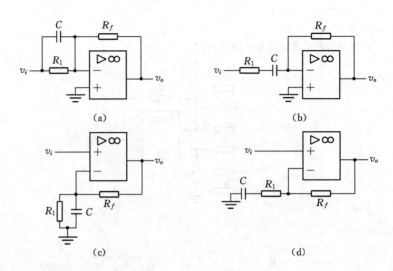

（a）   （b）

（c）   （d）

解　图(a)：反相端节点电流方程为

$$C\frac{\mathrm{d}v_i}{\mathrm{d}t} + \frac{v_i}{R_1} = -\frac{v_o}{R_f}$$

从而得

$$v_o = -R_f\left(C\frac{\mathrm{d}v_i}{\mathrm{d}t} + \frac{v_i}{R_1}\right)$$

图(b)：反相端节点电流方程为　　$$\frac{v_i - v_c}{R_1} = -\frac{v_o}{R_f}$$

而 $C\dfrac{\mathrm{d}v_c}{\mathrm{d}t} = -\dfrac{v_o}{R_f}$，从而得　　　$$v_o + R_1 C\frac{\mathrm{d}v_o}{\mathrm{d}t} + R_f C\frac{\mathrm{d}v_i}{\mathrm{d}t} = 0$$

解此微分方程求得输出电压表达式.

图(c)：反相端节点电流方程为　　$$C\frac{\mathrm{d}v_i}{\mathrm{d}t} + \frac{v_i}{R_1} = -\frac{v_i - v_o}{R_f}$$

从而得

$$v_o = R_f\left(C\frac{\mathrm{d}v_i}{\mathrm{d}t} + \frac{v_i}{R_1} + \frac{v_i}{R_f}\right)$$

图(d)：反相端节点电流方程为　　$$\frac{v_i - v_c}{R_1} = -\frac{v_i - v_o}{R_f}$$

而 $C\dfrac{\mathrm{d}v_c(t)}{\mathrm{d}t} = -\dfrac{v_i - v_o}{R_f}$，从而得

$$v_o + R_1 C\frac{\mathrm{d}v_o}{\mathrm{d}t} = (R_f + R_1)C\frac{\mathrm{d}v_i}{\mathrm{d}t} + v_i$$

解此微分方程求得输出电压表达式.

3. 下图是一种仪表放大器,其中相同标号的电阻具有相同的阻值.通常 R_3 较小而 R_1 和 R_2 较大.试写出它的差模电压增益表达式和共模电压增益表达式,并说明它的电路特点.

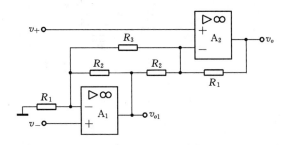

解　当输入共模信号时,根据虚短的概念判断 R_3 两端电位相同,因此 R_3 两端开路,因此

$$\frac{v_{oc} - v_+}{R_1} = \frac{v_+ - v_{o1}}{R_2}, \quad v_{o1} = v_-\left(1 + \frac{R_2}{R_1}\right), \quad v_- = v_+ = v_{ic}$$

$$v_{oc} = 0$$

所以共模输出恒等于零.

当输入差模信号时,根据虚短的概念判断 R_3 两端电位同值反相,因此 R_3 中点位置为虚地点,对应的等效电路如下图所示:

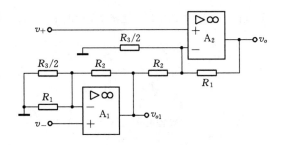

有 $\dfrac{v_{od} - v_+}{R_1} = \dfrac{v_+ - v_{o1}}{R_2} + \dfrac{v_+}{R_3/2}, \quad v_{o1} = v_-\left(1 + \dfrac{R_2}{R_1 /\!/ \dfrac{R_3}{2}}\right), \quad v_- = -v_+ = v_{id}/2$

求得

$$\frac{v_{od}}{v_{id}} = 2 + \frac{2R_1}{R_2} + \frac{4R_1}{R_3}$$

由于 R_3 较小而 R_1、R_2 较大,所以电路的差模增益还是较大的.

该电路特点是输入电阻高,共模抑制比高.

4. 仿照同相积分电路结构,画出同相微分电路并写出输出电压表达式.

　　解　将电容 C 和电阻 R 位置互换,得同相微分电路如下图所示:

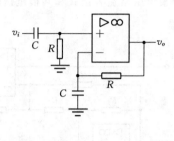

$$RC\,\frac{\mathrm{d}v_i}{\mathrm{d}t} = v_o$$

5. 下图是另一种积分电路,称为自举积分电路.试分析该电路的工作原理,写出输出电压的表达式.

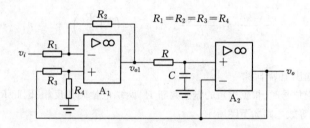

　　解　分析电路可知,前一个运放电路实现减法器功能,即:$v_{o1} = v_o - v_i$,而

$$\frac{v_{o1} - v_o}{R} = C\,\frac{\mathrm{d}v_o}{\mathrm{d}t} = \frac{-v_i}{R}$$

可得

$$v_o = -\frac{1}{CR}\int v_i\,\mathrm{d}t$$

6. 下图是一个锯齿波发生器.忽略二极管的正向压降,画出输出信号的波形,并确定输出信号的周期.

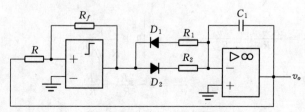

　　解　前级运放构成迟滞比较电路,输出矩形波;后级运放电路构成反相积分电路,输出锯齿

波. D_1、D_2、R_1、R_2 提供充放电不同的时间常数.

两个输出信号的波形如下图所示：

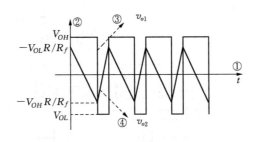

$$T = R_1 C_1 \frac{R}{R_f} \cdot \left| \frac{V_{OH} - V_{OL}}{V_{OL}} \right| + R_2 C_1 \frac{R}{R_f} \cdot \left| \frac{V_{OH} - V_{OL}}{V_{OH}} \right|$$

7. 下图电路为一高输入电阻放大电路,试写出：

(1) 电压放大倍数 v_o/v_s 的表达式.

(2) 写出输入电阻的表达式. 若 $R_3 = R_2$、$R_4 = 2R_1$,讨论在什么条件下输入电阻有极大值.

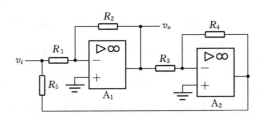

解 (1)

$$A_v = \frac{v_o}{v_i} = -\frac{R_2}{R_1}$$

(2)

$$v_{o2} = -\frac{R_4}{R_3} v_o = 2v_i$$

$$i_i = \frac{v_i}{R_1} + \frac{v_i - v_{o2}}{R_5} = \frac{v_i}{R_1} - \frac{v_i}{R_5}$$

$$r_i = \frac{v_i}{i_i} = \frac{R_1 R_5}{R_5 - R_1}$$

当 $R_5 = R_1$ 时,输入电阻为无穷大,电路是通过引入正反馈实现提高输入电阻的目的,但必须满足 $R_5 - R_1 > 0$,否则电路工作不稳定.

8. 下图是带有负反馈电阻的 Gilbert 乘法器,由于晶体管 T_5、T_6 构成的差分对带有负反馈电阻,所以能够扩展输入电压 v_{i2}(即 v_{i2} 不必限制在小信号).

(1) 写出图中乘法器的乘法关系.

(2) 证明它能够扩展输入电压 v_{i2}.

(3) 试回答:能否在上述乘法器中晶体管 T_1、T_2 和 T_3、T_4 构成的差分对上加上同样的负反馈电阻使得输入电压 v_{i1} 得到扩展？为什么？

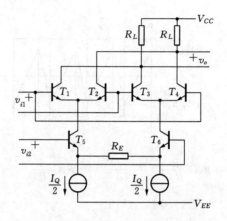

解 (1) 输出电压是由两对差分对的输出电流在电阻 R_L 上的共同压降造成的,可以写成

$$v_o = (i_{c2} + i_{c4})R_L - (i_{c1} + i_{c3})R_L = [(i_{c2} - i_{c1}) - (i_{c3} - i_{c4})]R_L$$

而 $$(i_{c2} - i_{c1}) = g_{m12} v_{i1}, \; (i_{c3} - i_{c4}) = g_{m34} v_{i1}$$

所以 $$v_o = [g_{m12} - g_{m34}]R_L \cdot v_{i1}$$

根据差动放大器的 $g_m = \dfrac{1}{2} \cdot \dfrac{I_{EE}}{V_T}$,而晶体管 T_1、T_2 和 T_3、T_4 的工作点电流是晶体管 T_5、T_6 的集电极电流,所以有 $$v_o = \frac{1}{2V_T}[I_{C5} - I_{C6}]R_L \cdot v_{i1}$$

当存在输入电压 v_{i2} 时,T_5、T_6 的集电极电流 I_{C5}、I_{C6} 将发生变化. 由于晶体管 T_5、T_6 构成一对带有负反馈电阻 R_E 的差分对,当 R_E 比较大时,可以认为输入电压 v_{i2} 在晶体管发射结上的压降 $i_b r_{be}$ 很小,输入电压 v_{i2} 全部加在 R_E 上,所以 T_5、T_6 的集电极电流随输入电压 v_{i2} 的变化部分为

$$\Delta I_{C5} = -\Delta I_{C6} \approx \frac{v_{i2}}{R_E}$$

$$v_o = \frac{1}{2V_T}[(I_Q + \Delta I_{C5}) - (I_Q + \Delta I_{C6})]R_L \cdot v_{i1} = \frac{R_L}{V_T R_E} \cdot v_{i1} \cdot v_{i2}$$

(2) 请参考第四章习题 14 的推导过程.

(3) 不能. 因为在 Gilbert 乘法器中,晶体管 T_1、T_2 和 T_3、T_4 构成的差分对上加同样的负反馈电阻后,会使 $(i_{c2} - i_{c1})$、$(i_{c3} - i_{c4})$ 与 i_{C5}、i_{C6} 无关,乘法关系不再成立.

9. 下图是一个低通滤波器,试求它的电压传递函数,并同《模拟电子学基础》一书图 6-27 的电路比较.

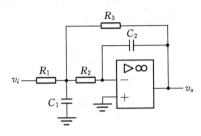

解　定义接点 A 如下图所示:

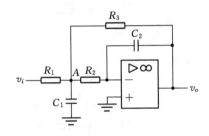

$$\frac{v_A(s) - v_i(s)}{R_1} + \frac{v_A(s)}{R_2} + \frac{v_A(s) - v_o(s)}{R_3} + v_A(s)SC_1 = 0$$

$$\frac{v_A(s)}{R_2} = - v_o(s)SC_2$$

得

$$A_v(s) = \frac{v_o(s)}{v_i(s)} = A_{v0} \frac{\omega_0^2}{s^2 + \frac{\omega_0}{Q}s + \omega_0^2}$$

$$\omega_0^2 = \frac{1}{R_2 R_3 C_1 C_2}, \quad \frac{\omega_0}{Q} = \frac{1}{C_1}\left(\frac{1}{R_1} + \frac{1}{R_2} + \frac{1}{R_3}\right), \quad A_{v0} = -\frac{R_3}{R_1}$$

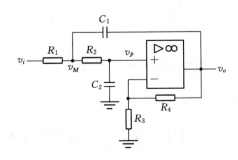

上图为压控二阶有源低通滤波器,输入信号引到运放的同相输入端.这种滤波电路具有所用元器件较少、性能调节比较方便、输出电阻小等优点,缺点是电路参数不合适时将产生自激振荡.而该题给出的电路输入信号接到运放的反相输入端,这种电路称为无限增益多路反馈二阶有源低通滤波器,它不会因通带电压放大倍数的绝对值过大而产生自激振荡,所以性能稳定.

10. 下图是一个高通滤波器,试求它的电压传递函数.

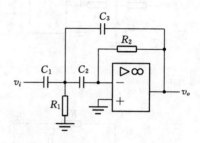

解 定义接点 A 如下图所示:

$$\frac{v_A(s) - v_i(s)}{\frac{1}{SC_1}} + \frac{v_A(s)}{R_1} + \frac{v_A(s) - v_o(s)}{\frac{1}{SC_3}} + \frac{v_A(s)}{\frac{1}{SC_2}} = 0$$

$$-\frac{v_o(s)}{R_2} = v_A(s)SC_2$$

求得

$$A_v(s) = \frac{v_o(s)}{v_i(s)} = A_{v0}\frac{s^2}{s^2 + \frac{\omega_0}{Q}s + \omega_0^2}$$

$$\omega_0^2 = \frac{1}{R_1 R_2 C_2 C_3}, \quad Q = \frac{\sqrt{C_2 C_3}}{C_1 + C_2 + C_3}\sqrt{\frac{R_2}{R_1}}, \quad A_{v0} = -\frac{C_1}{C_3}$$

11. 下图是一个状态变量型有源滤波器.试证明其电压传递函数为 $H(s) = \dfrac{v_o(s)}{v_i(s)} =$

$\dfrac{a_2 s^2 + a_1 s + a_0}{s^2 + b_1 s + b_0}$. 图中两个符号分别表示求和运算和积分运算.求和运算输入端标注的

限定符号为权重,例如第一个符号表示从上至下 3 个输入分别乘以 1、$-b_1$、$-b_0$ 后再相加.

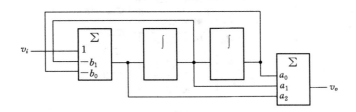

证明　令节点 A 输出为 x,如下图所示:

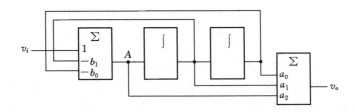

$$x = v_i - b_1 \frac{x}{s} - b_0 \frac{x}{s^2}$$

则

$$v_i = x + b_1 \frac{x}{s} + b_0 \frac{x}{s^2}$$

而

$$v_o = a_2 x + a_1 \frac{x}{s} + a_0 \frac{x}{s^2}$$

进而有

$$H(s) = \frac{v_o(s)}{v_i(s)} = \frac{a_2 s^2 + a_1 s + a_0}{s^2 + b_1 s + b_0}$$

12. 按照《模拟电子学基础》一书第 6 章例题 5 的方式,设计一个将三角波转换成近似正弦波的电路,要求画出电路的结构,给出参考电压的计算过程.

　　解　将三角波转换成近似正弦波,可以将正弦波分成几段折线,每一段的斜率与正弦波接近,斜率与放大器的增益成比例.而输入三角波应该控制放大器的增益,最简单的控制放大器增益的方法是控制反馈电阻大小,我们可以设计多个反馈支路,每条支路用二极管串联反馈电阻,利用二极管的单向导电性,用输入输出电压控制相应支路的导通与截止.

　　设计电路如下图所示:

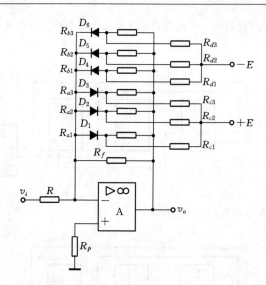

当输入电压由零增加、输出电压由零下降时,二极管 D_1、D_2、D_3 依次导通,等效电阻逐渐减小,折线的斜率绝对值逐渐减小,接近正弦波的底部.同样当输入电压由零下降时,输出电压由零上升,二极管 D_4、D_5、D_6 依次导通,等效反馈电阻也是逐渐减小,接近正弦波的顶部.

例如当输入电压低于 $+V_{i1}$ 时,所有二极管都不导通,此时输出电压等于 $-v_i\dfrac{R_f}{R}$,而二极管 D_1 两端的开路电压为

$$v_i\frac{R_f}{R}\times\frac{R_{c1}}{R_{c1}+R_{a1}}-E\times\frac{R_{a1}}{R_{c1}+R_{a1}}$$

当 $v_i\dfrac{R_f}{R}\times\dfrac{R_{c1}}{R_{c1}+R_{a1}}\geqslant E\times\dfrac{R_{a1}}{R_{c1}+R_{a1}}$ 时,二极管 D_1 开始导通,根据这一计算结果可以反过来求出第一个参考电平为 $v_{i1}=E\times\dfrac{R_{a1}}{R_{c1}}\times\dfrac{R}{R_f}$,依此类推可以计算其他参考电平.

13. 下图是一个电流源电路,试写出负载电流与输入电压的关系,并说明在什么条件下,负载电流与负载电阻无关.

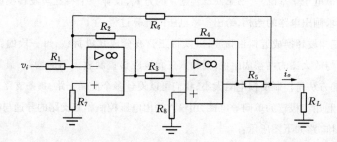

解
$$v_{o1} = -v_i \frac{R_2}{R_1} - v_o \frac{R_2}{R_6}$$

$$v_{o2} = -v_{o1} \frac{R_4}{R_3}$$

$$i_o = \frac{v_{o2} - v_o}{R_5} - \frac{v_o}{R_6} = \frac{v_o}{R_L}$$

求得
$$i_o = \frac{\dfrac{R_2 R_4}{R_1 R_3} v_i}{R_5 + R_L \left(1 + \dfrac{R_5}{R_6} - \dfrac{R_2 R_4}{R_6 R_3}\right)}$$

当 $1 + \dfrac{R_5}{R_6} = \dfrac{R_2 R_4}{R_6 R_3}$ 时, 输出电流大小与负载无关.

14. 假设下图电路中晶体管的 β 很大, 且 r_{ce} 可以忽略, 计算其电压增益 $A_{vd} = v_o/v_{id}$.

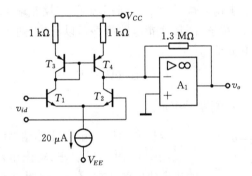

解　前一级放大器是一个镜像电流源做有源负载的差分放大器, 其输出电流(从 T_2、T_4 的集电极流向运放反相端)为

$$i_{o1} = g_m v_{id}, \text{其中 } g_m = \frac{I_{c1}}{V_T} = \frac{10 \times 10^{-6}}{26 \times 10^{-3}} = \frac{1}{2\,600} \left(\frac{1}{\Omega}\right)$$

$$\text{电压增益}_{Avd} = i_{o1} \times 1.3 \times 10^6 = \frac{1.3 \times 10^6}{2\,600} = 500.$$

§6.3　用于参考的扩充内容

一、跨导放大器基本概念和电路结构

跨导放大器(Operational Transconductance Amplifier, 简称 OTA)是一种通用型标准部件. 它的输入信号是电压, 输出信号是电流, 所以它既不是完全的电压模式电

路,也不是完全的电流模式电路.但是由于 OTA 内部只有电压电流变换级和电流传输级,没有电压增益级,因此没有大的电压摆幅和密勒电容倍增效应,因此高频性能好,大信号下转换速率高,同时其电路结构简单、功耗低,因此 OTA 也被看作电流模式电路.

图 6-18 的(a)、(b)图分别是 OTA 的符号和理想情况下的等效电路模型.

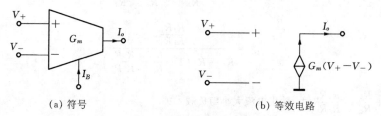

(a) 符号   (b) 等效电路

图 6-18   跨导放大器

OTA 的两个电压输入端子分别是同相端 V_+ 和反相端 V_-,同时还有一个电流输出端子和一个控制端子.由其理想电路模型可以看出,两个电压输入端子基本不取电流.其输入输出关系为

$$I_o = G_m(V_+ - V_-)$$

而 $G_m = \dfrac{I_B}{2V_T}$,I_B 是控制端的电流.

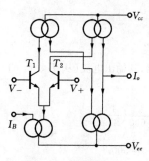

图 6-19   双极型 OTA

双极型 OTA 的内部电路结构框图如图 6-19 所示.

由图 6-19 可以看出,输出电流等于三极管 T_1、T_2 的集电极电流相减,在差分放大器传输特性一节曾得到

$$I_{C1} = \frac{I_{EE}}{1 + \exp[-(V_+ - V_-)/V_T]} = \frac{I_{EE}}{2} + \frac{I_{EE}}{2}\text{th}\left(\frac{V_+ - V_-}{2V_T}\right)$$

$$I_{C2} = \frac{I_{EE}}{1 + \exp[(V_+ - V_-)/V_T]} = \frac{I_{EE}}{2} - \frac{I_{EE}}{2}\text{th}\left(\frac{V_+ - V_-}{2V_T}\right)$$

这样,输出电流为 $I_o = I_{C1} - I_{C2}$

$$= I_{EE}\,\text{th}\left(\frac{V_+ - V_-}{2V_T}\right)$$

如果 $V_+ - V_- = 2V_T$,则 $I_o \approx \dfrac{I_{EE}}{2V_T}(V_+ - V_-)$,其中 I_{EE} 就等于 I_B.

二、跨导放大器的基本应用

图 6-20 的(a)、(b)、(c)、(d)图分别给出几个 OTA 简单应用电路.

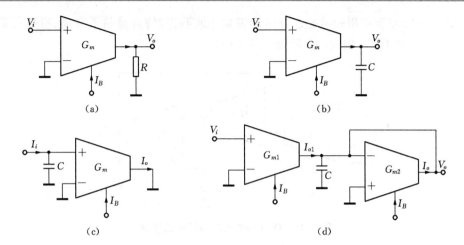

图 6-20　OTA 简单应用电路

图(a)是一个增益可调同相电压放大器,输出电压为

$$V_o = I_o R = G_m (V_+ - V_-)R = G_m V_i R$$

图(b)是一个电压模式积分器,输出电压为

$$V_o(S) = I_o \frac{1}{SC} = G_m(V_+ - V_-)\frac{1}{SC} = \frac{G_m}{SC}V_i(S)$$

图(c)是一个电流模式积分器,输出电流为

$$I_o(S) = G_m(V_+ - V_-) = \frac{G_m}{SC}I_i(S)$$

图(d)是一个直流增益、截止频率独立可调的一阶低通滤波电路. 根据 OTA 性质可得:

$$I_{o1}(s) = G_{m1}V_i(S)$$

$$[I_{o1}(s) + I_o(s)]\frac{1}{SC} = V_o(S) = [I_{o1}(s) - G_{m2}V_o(S)]\frac{1}{SC}$$

可以推导出其传递函数为

$$H(S) = \frac{\dfrac{G_{m1}}{G_{m2}}}{1 + \dfrac{SC}{G_{m2}}}$$

OTA 的一个重要应用领域是连续时间模拟滤波器,其特点是易于集成、参数可调等. 图 6-21 是 OTA 构成的二阶低通滤波器.

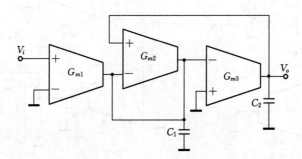

图 6-21   OTA 构成的二阶低通滤波器

可以推导出其传递函数为

$$H(S) = \frac{-\dfrac{G_{m1}G_{m3}}{C_1C_2}}{S^2 + S\dfrac{G_{m2}}{C_1} + \dfrac{G_{m2}G_{m3}}{C_1C_2}}$$

下篇

数字逻辑基础

第 7 章　逻辑代数基础

§7.1　要点与难点分析

本章是数字逻辑的基础理论部分. 在教材中讨论了逻辑代数中的基本内容:逻辑函数、基本逻辑运算及其定律与定理、逻辑函数的化简以及逻辑函数目标形式的转换. 其中基本逻辑运算定律与定理是逻辑运算和化简的基础,尤其是其中 3 个逻辑定理,学生应该牢固掌握.

逻辑函数的化简是本章的重点.

逻辑函数的化简可以用公式法进行,也可以用卡诺图进行. 由于卡诺图化简比较直观,用手工化简逻辑函数时通常用卡诺图方法.

单变量逻辑函数用卡诺图化简成 SOP 形式是卡诺图化简的基础,可以按照一定的步骤进行,过程比较机械,教材中对此做了比较详细的描述,学生很容易掌握. 本章大部分有关卡诺图的习题属于这种类型.

单变量逻辑函数化简的难点是给定结果形式的化简.

逻辑函数化简的另一个问题是带任意项的函数化简和多输出函数的化简. 带任意项的函数化简比较容易,唯约束条件的判断稍有难度. 多输出函数的化简不是很困难,但是要求学生有比较敏锐的观察力.

用卡诺图化简逻辑函数过程中的一个难点是要求按照特定的目标函数形式(非 SOP 形式)对逻辑函数进行化简.

如果要求化简成"或-与"形式,可以在化简时直接按照 POS 的形式进行. 在用这种方法化简时特别要注意和通常的 SOP 形式加以区别,原则是:"0"、"1"交换;"或"、"与"交换;原变量、反变量交换. 具体例子可以参见本章习题 9.

如果要求化简成其他形式,或者在化简时提出对于输入变量的限制、逻辑门形式与数量的限制等附加的约束条件,则化简过程有一定的技巧.

一、利用逻辑函数的转换进行化简

将逻辑函数按照特定的目标函数进行化简的一个方法是先按照最小项化简,

然后将化简得到的逻辑函数进行转换. 可以应用这个方法进行化简的常见的目标逻辑函数形式有: "与-或"形式、"或-与"形式、"与非-与非"形式、"或非-或非"形式、"与或非"形式等. 由于在这个方法中, 按照最小项化简得到一个最小覆盖的逻辑函数一定是"与-或"形式, 所以要研究将"与-或"形式转换成其他形式的方法.

1　将"与-或"形式转换为"或-与"形式

利用对偶定理, 可以先写出化简后的"与-或"形式逻辑函数的对偶逻辑函数并展开, 然后再次写出展开后的逻辑函数的对偶逻辑函数. 这样得到的逻辑函数就是原函数的最简"或-与"形式.

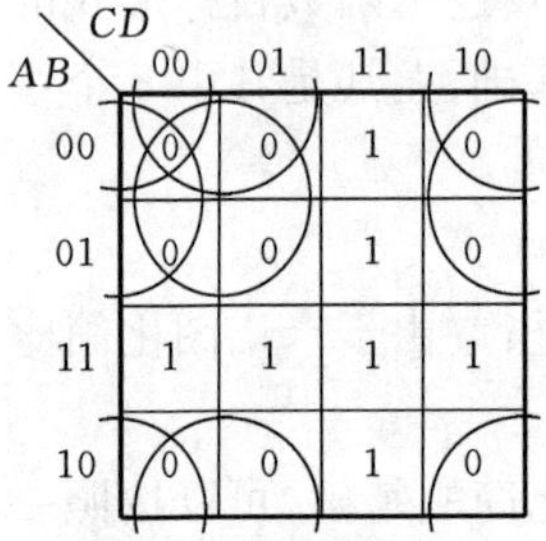

例 7-1　将逻辑函数 $Y = AB + CD$ 转换为"或-与"形式.

图 7-1　例 7-1 的卡诺图化简

解　利用对偶定理, 得

$$Y^* = (A + B) \cdot (C + D)$$
$$= AC + BC + AD + BD$$
$$Y = (Y^*)^*$$
$$= (A + C)(B + C)(A + D)(B + D)$$

本例若用卡诺图直接化简, 采用圈最大项的办法, 也可以得到相同的结果, 如图 7-1 所示.

2　将"与-或"形式转换为"与非-与非"形式

利用自反律和反演定理, 将原来的"与-或"形式逻辑函数进行两次求非, 可以得到原函数的"与非-与非"形式.

例 7-2　将逻辑函数 $Y = AB + CD$ 转换为"与非-与非"形式.

解　利用自反律和反演定理, 得

$$Y = \overline{\overline{AB + CD}} = \overline{\overline{AB} \cdot \overline{CD}}$$

上例结果的逻辑图如图 7-2(a)所示.

实际上, 运用反演律, 可以将与门等效成带输入反相的或非门, 也可以将或门等效成带输入反相的与非门, 如图 7-2 (b)所示. 这个特性常常用来将一个逻辑函数转换成用同一种门实现.

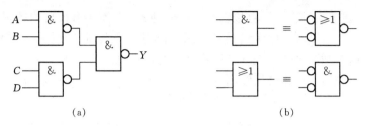

（a）　　　　　　　　　　　　（b）

图 7-2　例 7-2 的逻辑图描述

3　将"与-或"形式转换为"或非-或非"形式

综合上面两个例子的方法,先将原函数利用对偶定理转换成"或-与"形式,再两次求非可以得到原函数的"或非-或非"形式.

例 7-3　将逻辑函数 $Y = AB + CD$ 转换为"或非-或非"形式.

解　先对偶,再两次求非：

$$Y = (Y^*)^*$$
$$= (A+C)(B+C)(A+D)(B+D)$$
$$= \overline{\overline{(A+C)(B+C)(A+D)(B+D)}}$$
$$= \overline{\overline{(A+C)} + \overline{(B+C)} + \overline{(A+D)} + \overline{(B+D)}}$$

4　将"与-或"形式转换为"与或非"形式

将"与-或"形式转换为"与或非"形式可以这样思考：由于最后的逻辑表达式是一个"非"输出(即在最后逻辑表达式的上面有一个横贯全式的"非"号),因此可以先将全式进行两次求非运算,然后保留最外面的"非"号,利用反演律将中间的"非"号消去,再进行展开整理,最后可以得到需要的函数形式.一般而言,通过这样转换得到的结果可能带有反变量输入.

例 7-4　将逻辑函数 $Y = AB + CD$ 转换为"与或非"形式.

解　两次求非、反演、展开：

$$Y = \overline{\overline{AB + CD}}$$
$$= \overline{\overline{AB} \cdot \overline{CD}}$$
$$= \overline{(\overline{A}+\overline{B}) \cdot (\overline{C}+\overline{D})}$$
$$= \overline{\overline{A}\,\overline{C} + \overline{B}\,\overline{C} + \overline{A}\,\overline{D} + \overline{B}\,\overline{D}}$$

其实上述转换过程可以直接在卡诺图上进行. 因为要求最后的逻辑表达式为"与或非"形式,所以若将原卡诺图取反,则相当于在取反的卡诺图上化简成"与或"形式. 根据这个想法对上例进行卡诺图化简的过程见图 7-3,化简结果是原函数的反函数"与或"形式,再将结果取反,可以得到与上述转换过程一致的形式.

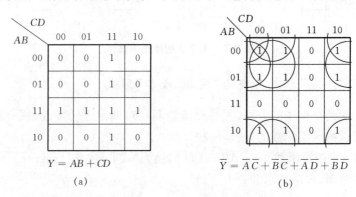

$$Y = AB + CD$$

(a)

$$\overline{Y} = \overline{A}\,\overline{C} + \overline{B}\,\overline{C} + \overline{A}\,\overline{D} + \overline{B}\,\overline{D}$$

(b)

图 7-3   例 7-4 的卡诺图化简过程

二、利用卡诺图运算进行化简

将逻辑函数按照特定的目标函数进行化简的另一个方法是应用卡诺图运算法进行化简. 此方法一般可以将逻辑函数化简成"与非"、"或非"和"与或非"形式的最简表达式,并且通常在这个目标函数中可以不包含反变量输入. 但必须注意,并不是所有的逻辑函数都可以利用此方法进行化简. 另外也可以利用卡诺图运算将逻辑函数化简成某些特殊形式. 下面就上述几种情况展开讨论.

1   将逻辑函数化简成原变量输入的"与非"形式

由于要求原变量输入,又是化简成"与非"形式,因此所有的卡诺圈(包括阻塞圈)必须圈住"1"重心,根据这个原则,可以得到这种类型逻辑函数化简的一般过程:

(1) 围绕"1"重心(即圈出的卡诺圈中必须包含"1"重心)圈出所有包含"1"的卡诺圈,此圈可以包含部分"0"方格.

(2) 围绕"1"重心画阻塞圈. 此圈应包含所有在上一个步骤中被圈入但是其逻辑值为"0"的方格,也可包含未被上一个步骤中被圈入的"0"方格.

(3) 在上述步骤中,卡诺圈和阻塞圈都要求尽可能大,并且都可以有多个.

(4) 将步骤(1)得到的结果转换成"与非–与非"形式,将步骤(2)得到的结果写成"与非"形式. 然后用步骤(2)的结果去阻塞步骤(1)的结果,得到最后的结果.

例 7-5 将逻辑函数 $Y(ABC) = \sum m(1, 4, 5, 6)$ 化简为原变量输入的"与非"形式.

解 本例的卡诺图如图 7-4.

根据前面的步骤,先围绕"1"重心圈出所有包含"1"的卡诺圈,如图中实线所圈的两个卡诺圈,它们的函数分别为 $Y_1 = C$ 和 $Y_2 = A$. 由于要求尽可能大,它们分别圈入了多个"0"方格. 然后画阻塞圈,也围绕"1"重心进行,圈出前面卡诺圈中多余的"0"方格,如图中虚线所圈的 Z,它的函数为 $\overline{BC}$.

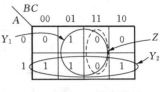

图 7-4 例 7-5 的卡诺图

因为卡诺圈 Y_1 中多圈入的"0"方格可以被 Z 阻塞,根据卡诺图运算规则,SOP 表示的卡诺圈和阻塞圈之间的阻塞关系为"与"关系,所以卡诺圈 Y_1 被阻塞后剩余的最小项 m_1、m_5 可以表示为 $\sum m(1, 5) = C \cdot \overline{BC}$. 同样,卡诺圈 Y_2 被阻塞后剩余的最小项 m_4、m_5、m_6 可以表示为 $\sum m(4, 5, 6) = A \cdot \overline{BC}$. 所以,最后得到化简后的函数为

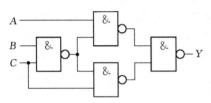

图 7-5 例 7-5 的逻辑图

$$Y = A \cdot \overline{BC} + C \cdot \overline{BC} = \overline{\overline{A \cdot \overline{BC}} \cdot \overline{C \cdot \overline{BC}}}$$

对应的逻辑图如图 7-5. 从图 7-5 可以看到,采用这个方法化简后的逻辑有 3 级,所以可能在速度上要稍稍慢一些. 下面讨论一个稍复杂的例子.

例 7-6 将逻辑函数 $Y(ABCD) = \sum m(2, 6, 8, 9, 10)$ 化简为原变量输入的"与非"形式.

解 本例的卡诺图如图 7-6.

实线所圈的两个卡诺圈分别为 $Y_1 = C$ 和 $Y_2 = A$,虚线所圈的阻塞圈分别为 $Z_1 = \overline{CD}$ 和 $Z_2 = \overline{AB}$.

由于卡诺圈 Y_1 和 Y_2 均被两个阻塞项 Z_1 和 Z_2 所阻塞,根据卡诺图运算规则,卡诺圈 Y_1 被两个阻塞项 Z_1 和 Z_2 阻塞后可以表示为 $\sum m(2, 6, 10) = C \cdot \overline{AB} \cdot \overline{CD}$,卡诺圈 Y_2 被两个阻塞项 Z_1 和 Z_2 阻塞后可以表示为 $\sum m(8, 9, 10) = A \cdot \overline{AB} \cdot \overline{CD}$,所以最后得到化简后的函数为

$$Y = A \cdot \overline{AB} \cdot \overline{CD} + C \cdot \overline{AB} \cdot \overline{CD} = \overline{\overline{A \cdot \overline{AB} \cdot \overline{CD}} \cdot \overline{C \cdot \overline{AB} \cdot \overline{CD}}}$$

对应的逻辑图如图 7-7 所示.

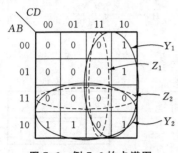

图 7-6 例 7-6 的卡诺图

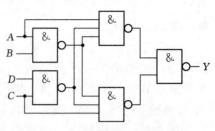

图 7-7 例 7-6 化简后的逻辑图

2 将逻辑函数化简成原变量输入的"或非"形式

原变量输入"或非"形式的卡诺图化简要求所有的卡诺圈(包括阻塞圈)必须围绕"0"重心圈"0",根据这个原则,可以得到这种类型逻辑函数化简的一般过程:

(1) 围绕"0"重心圈出所有包含"0"的卡诺圈,即按照最大项的方式画卡诺圈,但是此圈可以包含部分"1"方格.

(2) 围绕"0"重心画阻塞圈. 此圈应包含所有在步骤(1)中被圈入但是其逻辑值为"1"的方格,也可包含未被步骤(1)中被圈入的"1"方格.

(3) 在上述步骤中,卡诺圈和阻塞圈都要求尽可能大,并且都可以有多个.

(4) 将步骤(1)得到的结果按照最大项的方式写成"或非-或非"形式,将步骤(2)得到的结果写成"或非"形式. 然后用步骤(2)的结果去阻塞步骤(1)的结果,得到最后的结果.

例 7-7 将逻辑函数 $Y(ABCD) = \sum m(0,\ 2,\ 4,\ 6,\ 7,\ 14,\ 15)$ 化简为原变量输入的"或非"形式.

解 按照前面所述的步骤,在图 7-8 的卡诺图中用实线圈出两个卡诺圈,按照最大项之积方式分别记为 $Y_1 = C$ 和 $Y_2 = B$,它们所构成的"或-与"式应该为 $Y_1 \cdot Y_2$. 用虚线圈出阻塞圈,按照最大项之积方式记为 $Z = \overline{A + D}$. 按照最大项之积方式构成阻塞函数时,阻塞函数和被阻塞函数之间应该进行"或"运算,所以最后得到的函数为

$$Y = (Y_1 + Z) \cdot (Y_2 + Z)$$
$$= (C + \overline{A + D}) \cdot (B + \overline{A + D})$$
$$= \overline{\overline{C + (\overline{A + D})} + \overline{B + (\overline{A + D})}}$$

化简后的逻辑图已经在图 7-8 中给出. 将本例同例 7-5 对比,可以看到,只要注意到按照最大项之积方式进行化简,即"0"、"1"交换,"或"、"与"交换,原变量、反变量交换,则两种形式的化简过程完全一致.

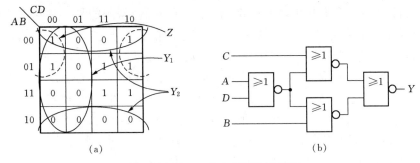

图 7-8 例 7-7 的卡诺图和逻辑图

3 将逻辑函数化简成原变量输入的"与或非"形式

我们在例 7-4 看到,若要求化简的最后结果为"与或非"形式,可以先将卡诺图取反,然后按照"与或"形式进行化简. 所以,要求将逻辑函数化简成原变量输入的"与或非"形式,可以先取反,再按照前面"与或"形式的化简过程进行. 唯一要注意的是,阻塞函数也要转换成"与或非"形式.

例 7-8 将逻辑函数 $Y(ABCD) = \prod M(3, 7, 12, 13)$ 化简为原变量输入的"与或非"形式.

解 本例的化简过程如图 7-9 所示,先将原函数取反,在取反后的卡诺图上按照"与或"形式用阻塞法化简,得到中间结果 $\overline{Y} = AB \cdot \overline{AC} + CD \cdot \overline{AC}$. 再将阻塞项 $\overline{AC}$ 转换成"与或非"形式 $\overline{AC} = \overline{AC + AC}$,就得到了最后结果:

$$Y = \overline{AB \cdot \overline{AC} + CD \cdot \overline{AC}}$$
$$= \overline{AB \cdot \overline{AC + AC} + CD \cdot \overline{AC + AC}}$$

逻辑图已经画在图 7-9 中.

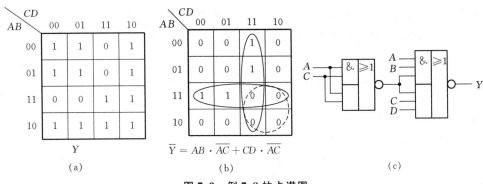

$$\overline{Y} = AB \cdot \overline{AC} + CD \cdot \overline{AC}$$

(a)   (b)   (c)

图 7-9 例 7-8 的卡诺图

前面讨论的 3 种利用卡诺图运算进行化简的过程,得到的是 3 种特定的结果形式.它们的共同特点是:要求最后结果以原变量输入.由于这个约束条件,在圈卡诺圈和阻塞圈时,都必须注意到围绕某个重心进行:"与非"和"与或非"形式围绕"1"重心,"或非"形式围绕"0"重心.上述步骤是一个比较机械的过程.

然而对于一般的函数形式,未必都能够化简成上述 3 种结果,或者虽然化简成上述形式,但未必就是最简的形式.所以在运用卡诺图运算化简时,有时候要根据具体的函数特点进行化简.在教材中讨论了化简成"异或"函数形式的例子,下面举一个化简成"与或"形式但是运用了卡诺图运算方法的例子.

例 7-9　化简逻辑函数 $Y(ABCD) = \sum m(7, 11, 13, 14, 15)$,要求化简后的逻辑电路具有最少的输入端.

解　本例的卡诺图和化简结果如图 7-10 所示,最后结果为 $Y = (AC + BD)(AD + BC)$.若分别计算与门和或门的输入端,共计有 14 个输入端.若按常规方法化简,得到的结果为 $Y = ABD + ABC + ACD + BCD$,共计有 16 个输入端.

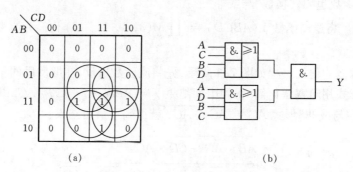

(a)   (b)

图 7-10　例 7-9 的卡诺图

很明显,在本例的化简中运用了卡诺图运算,利用两组交叉的卡诺圈的"与",消除了其中 4 个"0"方格,得到比较简单的结果.但是类似这样的运算,无法完全归纳出规律,还要依赖化简者的观察力,所以是比较困难的化简过程.

§7.2　习 题 解 答

1. 运用基本定理证明下列等式:

(1) $AB + \overline{A}C + \overline{B}C = AB + C$;

(2) $BC + D + \overline{D}(\overline{B} + \overline{C})(DA + B) = B + D$;

(3) $ABC + \overline{A}\,\overline{B}\,\overline{C} = \overline{A\overline{B} + B\overline{C} + C\overline{A}}$;

(4) $AB + BC + CA = (A + B)(B + C)(C + A)$；

(5) $\overline{A}BC + AB + A\overline{C} = BC + A\overline{C}$；

(6) $\overline{A\overline{B} + \overline{A}B} = (A + \overline{B})(\overline{A} + B)$；

(7) $\overline{A}\,\overline{B} + AB + BC = \overline{A}\,\overline{B} + AB + \overline{A}C$.

证明　(1) $AB + \overline{A}C + \overline{B}C = AB + \overline{A}C + BC + \overline{B}C = AB + \overline{A}C + C = AB + C$

(2)　　　　　　　$BC + D + \overline{D}(\overline{B} + \overline{C})(DA + B)$

$$= BC + D + (\overline{B} + \overline{C})(\overline{D}DA + \overline{D}B)$$

$$= BC + D + (\overline{B} + \overline{C})B\overline{D} = BC + D + B\overline{C}\,\overline{D}$$

$$= (BC\overline{D} + B\overline{C}\,\overline{D}) + (BCD + D) = B\overline{D} + D$$

$$= B + D$$

(3)　　$ABC + \overline{A}\,\overline{B}\,\overline{C} = \overline{\overline{ABC + \overline{A}\,\overline{B}\,\overline{C}}} = \overline{\overline{ABC} \cdot \overline{\overline{A}\,\overline{B}\,\overline{C}}}$

$$= \overline{(A + B + C)(\overline{A} + \overline{B} + \overline{C})} = \overline{A\overline{B} + A\overline{C} + \overline{A}B + B\overline{C} + \overline{A}C + \overline{B}C}$$

$$= \overline{A\overline{B} + B\overline{C} + C\overline{A}}$$

(4) 根据　$A(A + B) = A$，得

$$(A + B)(B + C)(C + A) = A(B + C) + B(C + A) = AB + BC + CA$$

(5) $\overline{A}BC + AB + A\overline{C} = \overline{A}BC + AB + BC + A\overline{C} = AB + BC + A\overline{C} = BC + A\overline{C}$

(6) $\overline{A\overline{B} + \overline{A}B} = \overline{A\overline{B}} \cdot \overline{\overline{A}B} = (A + \overline{B})(\overline{A} + B)$

(7) $\overline{A}\,\overline{B} + AB + BC = \overline{A}\,\overline{B} + AB + BC + \overline{A}C = \overline{A}\,\overline{B} + AB + \overline{A}C$

2. 用逻辑代数定理化简下列逻辑函数式.

(1) $AB + \overline{A}B\overline{C} + BC$；

(2) $\overline{A}\,\overline{B}\,\overline{C} + A\overline{B}\,\overline{C} + A\overline{B}C$；

(3) $ab(cd + \overline{c}d)$；

(4) $[x\overline{(xy)}][y\overline{(xy)}]$；

(5) $\overline{(a + b)}\,\overline{(\overline{a} + \overline{b})}$；

(6) $\overline{a}\,\overline{b}\,\overline{c} + \overline{a}\,bc + a\,\overline{b}\,\overline{c} + abc$.

解

(1) $AB + \overline{A}B\overline{C} + BC = AB + \overline{A}B\overline{C} + BC + B\overline{C} = B$；

(2) $\overline{A}\,\overline{B}\,\overline{C} + A\overline{B}\,\overline{C} + A\overline{B}C = \overline{B}\,\overline{C} + A\overline{B}C = \overline{B}\,\overline{C} + A\overline{B}C + A\overline{B} = \overline{B}\,\overline{C} + A\overline{B}$；

(3) $ab(cd + \overline{c}d) = abd$；

(4) $[x\overline{(xy)}][y\overline{(xy)}] = xy\overline{(xy)} = 0$；

(5) $\overline{(a + b)}\,\overline{(\overline{a} + \overline{b})} = \overline{a}\overline{b} \cdot ab = 0$；

(6) $\overline{a}\,\overline{b}\,\overline{c} + \overline{a}\,bc + a\,\overline{b}\,\overline{c} + abc = \overline{a}\,b + \overline{b}\,\overline{c} + abc$.

3. 用卡诺图化简下列逻辑函数.

$$P = \overline{a}bc + a\overline{b}\overline{c} + abc$$

$$Q = \overline{a}\,\overline{b}\,\overline{c}de + \overline{a}b\,\overline{c}de + abcde + a\overline{b}\,\overline{c}de$$

$$R = \overline{v}\,\overline{w} + \overline{v}w\,\overline{y} + v\overline{w}y$$

$$S = \overline{y}z + \overline{w}x\,\overline{y} + \overline{w}xy + x\,\overline{y}z$$

$$T = AB\overline{C}D + \overline{A}\,\overline{B}\,\overline{C}\,\overline{D} + \overline{A}\,CD + A\overline{B}\,\overline{C} + \overline{A}BC + \overline{C}\,\overline{D} + \overline{B}\,\overline{C}$$

$$U = \overline{w}xy + u\overline{z} + xy\overline{z}$$

解 P、Q、R、S、T、U 的卡诺图及化简结果分别如下:

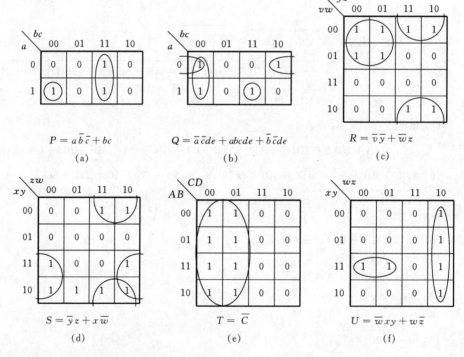

$P = a\overline{b}\,\overline{c} + bc$
(a)

$Q = \overline{a}\,\overline{c}de + abcde + \overline{b}\,\overline{c}de$
(b)

$R = \overline{v}\,\overline{y} + \overline{w}z$
(c)

$S = \overline{y}z + x\overline{w}$
(d)

$T = \overline{C}$
(e)

$U = \overline{w}xy + w\overline{z}$
(f)

4. 用卡诺图化简下列最小项表达式.

$$G = f(a,\,b,\,c) = \sum m(1,\,3,\,5,\,6,\,7)$$

$$H = f(w,\,x,\,y,\,z) = \sum m(0,\,2,\,8,\,10)$$

$$I = f(w,\,x,\,y,\,z) = \sum m(1,\,3,\,4,\,6,\,9,\,12,\,14,\,15)$$

$$J = f(a,\,b,\,c) = \sum m(0,\,1,\,2,\,3,\,4,\,5,\,7)$$

$$K = f(a,\,b,\,c,\,d) = \sum m(3,\,4,\,5,\,7,\,9,\,13,\,14,\,15)$$

$$L = f(a, b, c, d) = \sum m(0, 1, 2, 5, 6, 7, 8, 9, 13, 14)$$

解　G、H、I、J、K、L 的卡诺图及化简结果分别如下:

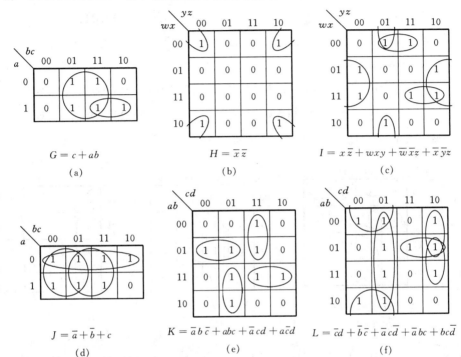

$$G = c + ab$$
(a)

$$H = \overline{x}\,\overline{z}$$
(b)

$$I = x\overline{z} + wxy + \overline{w}\,\overline{x}z + \overline{x}\,\overline{y}z$$
(c)

$$J = \overline{a} + \overline{b} + c$$
(d)

$$K = \overline{a}\,b\,\overline{c} + abc + \overline{a}\,cd + a\overline{c}d$$
(e)

$$L = \overline{c}d + \overline{b}\,\overline{c} + \overline{a}\,c\overline{d} + \overline{a}\,bc + bc\overline{d}$$
(f)

5. 用卡诺图化简下列最大项表达式.

$$H = f(a, b, c, d) = \prod M(2, 3, 4, 6, 7, 10, 11, 12)$$

$$F = f(u, v, w, x, y) = \prod M(0, 2, 8, 10, 16, 18, 24, 26)$$

解　H、F 的卡诺图及化简结果分别如下:

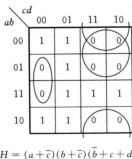

$$H = (a + \overline{c})(b + \overline{c})(\overline{b} + c + d)$$
(a)

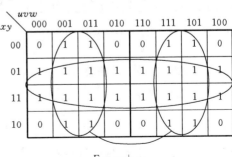

$$F = w + y$$
(b)

6. 化简下列带任意项的逻辑函数：

$$V = f(a, b, c, d) = \sum m(2, 3, 4, 5, 13, 15) + \sum d(8, 9, 10, 11)$$

$$Y = f(u, v, w, x) = \sum m(1, 5, 7, 9, 13, 15) + \sum d(8, 10, 11, 14)$$

$$P = f(r, s, t, u) = \sum m(0, 2, 4, 8, 10, 14) + \sum d(5, 6, 7, 12)$$

$$H = f(a, b, c, d, e)$$

$$= \sum m(5, 7, 9, 12, 13, 14, 17, 19, 20, 22, 25, 27, 28, 30) + \sum d(8, 10, 24, 26)$$

$$I = f(d, e, f, g, h) = \prod M(5, 7, 8, 21, 23, 26, 30) \cdot \prod D(10, 14, 24, 28)$$

解 V、Y、P、H、I 的卡诺图及化简结果分别如下：

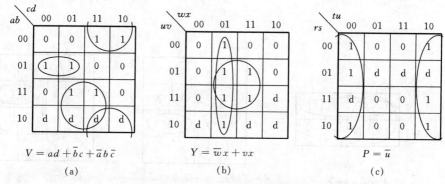

$$V = ad + \bar{b}c + \bar{a}b\bar{c}$$

(a)

$$Y = \bar{w}x + vx$$

(b)

$$P = \bar{u}$$

(c)

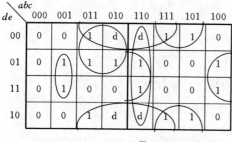

$$H = b\bar{e} + ac\bar{e} + ab\bar{c} + \bar{a}b\bar{d} + a\bar{c}e + \bar{a}bce$$

(d)

$$I = (\bar{e} + f + h)(\bar{d} + \bar{e} + h)(e + \bar{f} + \bar{h})$$

(e)

7. 利用异或函数将下列逻辑函数化简：

$$P = f(a, b, c, d) = \sum m(0, 5, 10, 15)$$

$$Q = f(a, b, c, d) = \sum m(0, 1, 2, 4, 7, 9, 12, 15)$$

$$R = f(a, b, c, d) = \sum m(1, 5, 8, 11, 12, 15)$$

$$S = f(a, b, c, d) = \sum m(0, 1, 4, 5, 10, 11, 14, 15)$$

解　P、Q、R、S 的卡诺图及化简结果分别如下:

(1) $P = f(a, b, c, d) = \sum m(0, 5, 10, 15)$.

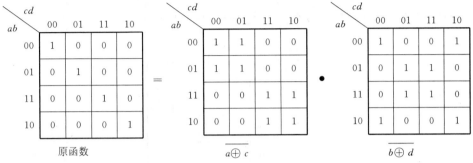

原函数　　　　　　　　　$\overline{a \oplus c}$　　　　　　　　　$\overline{b \oplus d}$

观察 P 的卡诺图,发现只有对角线为 1,即当 $a = c$ 和 $b = d$ 同时满足时输出为 1,从而

$$P = (\overline{a \oplus c})(\overline{b \oplus d})$$

注:此结果也可以看作卡诺图运算的结果,如上图右侧所示.

(2) $Q = f(a, b, c, d) = \sum m(0, 1, 2, 4, 7, 9, 12, 15)$.

原函数 (a)

ab\cd	00	01	11	10
00	1	1	0	1
01	1	0	1	0
11	1	0	1	0
10	0	1	0	0

$b \oplus c \oplus d$ (b)

ab\cd	00	01	11	10
00	0	1	0	1
01	1	0	1	0
11	1	0	1	0
10	0	1	0	1

观察 Q 的卡诺图,发现其与 $b \oplus c \oplus d$ 的卡诺图最为相似,所以 Q 可化简为

$$Q = (b \oplus c \oplus d) \oplus (a\overline{bc}\overline{d}) + \overline{a}\,\overline{b}\,\overline{c}$$

(3) $R = f(a, b, c, d) = \sum m(1, 5, 8, 11, 12, 15)$.

原函数 (a)

ab\cd	00	01	11	10
00	0	1	0	0
01	0	1	0	0
11	1	0	1	0
10	1	0	1	0

$a \oplus c \oplus d$ (b)

ab\cd	00	01	11	10
00	0	1	0	1
01	0	1	0	1
11	1	0	1	0
10	1	0	1	0

观察 R 的卡诺图,发现其与 $a \oplus c \oplus d$ 的卡诺图相似,所以 R 可化简为

$$R = (a \oplus c \oplus d) \oplus (\overline{a}\, c\overline{d})$$

(4) $S = f(a, b, c, d) = \sum m(0, 1, 4, 5, 10, 11, 14, 15)$.

ab＼cd	00	01	11	10
00	1	1	0	0
01	1	1	0	0
11	0	0	1	1
10	0	0	1	1

$$S = \overline{a \oplus c}$$

8. 将下列逻辑函数化简成与非形式最简式:

$$U = f(a, b, c, d) = \sum m(3, 4, 6, 11, 12, 14)$$

$$V = f(a, b, c, d) = \sum m(0, 1, 2, 5, 8, 10, 13)$$

$$W = f(a, b, c, d) = \sum m(3, 5, 7, 10, 11)$$

解 题目要求化简为与非形式最简式,但没有要求只用原变量输入,可先化简为最简与或式,然后再两次取非得到与非形式最简式. U、V、W 卡诺图及化简结果分别如下:

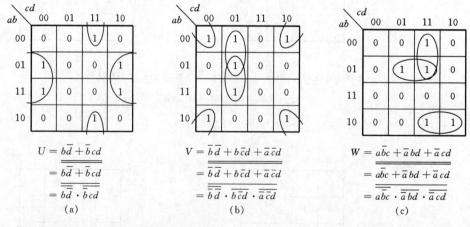

$$U = b\overline{d} + \overline{b}cd$$
$$= \overline{\overline{b\overline{d} + \overline{b}cd}}$$
$$= \overline{\overline{b\overline{d}} \cdot \overline{\overline{b}cd}}$$
(a)

$$V = \overline{b}\,\overline{d} + b\overline{c}d + \overline{a}\,c\overline{d}$$
$$= \overline{\overline{\overline{b}\,\overline{d} + b\overline{c}d + \overline{a}\,c\overline{d}}}$$
$$= \overline{\overline{\overline{b}\,\overline{d}} \cdot \overline{b\overline{c}d} \cdot \overline{\overline{a}\,c\overline{d}}}$$
(b)

$$W = a\overline{b}c + \overline{a}\,bd + \overline{a}\,cd$$
$$= \overline{\overline{a\overline{b}c + \overline{a}\,bd + \overline{a}\,cd}}$$
$$= \overline{\overline{a\overline{b}c} \cdot \overline{\overline{a}\,bd} \cdot \overline{\overline{a}\,cd}}$$
(c)

9. 将下列逻辑函数化简成或非形式最简式:

$$G = f(a, b, c, d) = \prod M(0, 1, 2, 5, 8, 10, 13)$$

$$H = f(a, b, c, d) = \prod M(3, 5, 7, 9, 11)$$

解 题目要求化简为或非形式最简式,可先化简为或与形式最简式,然后再两次取非得到或非形式最简式,G、H 卡诺图及化简结果分别如下:

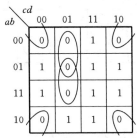

$$G = (b+d)(a+c+\bar{d})(\bar{b}+c+\bar{d})$$
$$= \overline{\overline{(b+d)(a+c+\bar{d})(\bar{b}+c+\bar{d})}}$$
$$= \overline{\overline{b+d}+\overline{a+c+\bar{d}}+\overline{\bar{b}+c+\bar{d}}}$$

(a)

$$H = (a+\bar{b}+\bar{d})(\bar{a}+b+\bar{d})(a+\bar{c}+\bar{d})$$
$$= \overline{\overline{(a+\bar{b}+\bar{d})(\bar{a}+b+\bar{d})(a+\bar{c}+\bar{d})}}$$
$$= \overline{\overline{a+\bar{b}+\bar{d}}+\overline{\bar{a}+b+\bar{d}}+\overline{a+\bar{c}+\bar{d}}}$$

(b)

10. 化简下列多输出函数:

(1) $X = f(a, b, c) = \sum m(1, 3, 7)$, $Y = f(a, b, c) = \sum m(2, 6, 7)$

(2) $X = f(a, b, c) = \sum m(3, 4, 5, 7)$, $Y = f(a, b, c) = \sum m(3, 4, 6, 7)$

(3) $X = f(a, b, c) = \sum m(1, 2, 3, 7)$, $Y = f(a, b, c) = \sum m(1, 2, 3, 6)$

      $Z = f(a, b, c) = \sum m(2, 4, 6)$

解

(1) X、Y 的卡诺图与化简结果如下:

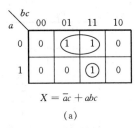

$$X = \bar{a}c + abc$$

(a)

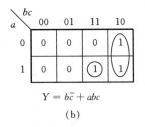

$$Y = b\bar{c} + abc$$

(b)

(2) X、Y 的卡诺图与化简结果如下:

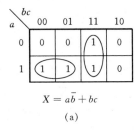

$$X = a\bar{b} + bc$$

(a)

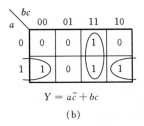

$$Y = a\bar{c} + bc$$

(b)

(3) X、Y、Z 的卡诺图与化简结果如下：

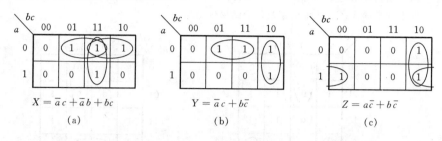

$$X = \bar{a}c + \bar{a}b + bc$$

(a)

$$Y = \bar{a}c + b\bar{c}$$

(b)

$$Z = a\bar{c} + b\bar{c}$$

(c)

§7.3 用于参考的扩充内容

7.3.1 卡诺图运算化简法中的二次阻塞

在教材中提到卡诺图化简中的二次阻塞. 二次阻塞是阻塞法的一种, 主要是针对前面所说的阻塞法中, 如果在阻塞圈内又出现相反的逻辑值时采取的一种化简方法. 下面通过一个例子来说明二次阻塞.

例 7-10 将逻辑函数 $Y(ABCD) = \sum m(3, 7, 12, 13, 15)$ 化简为原变量输入的"与非"形式.

解 本例的卡诺图如图 7-11(a).

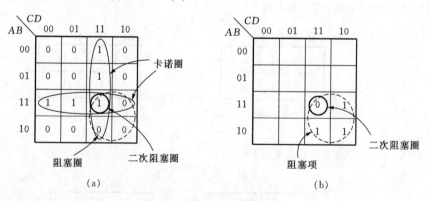

图 7-11 例 7-10 的卡诺图

若按照前面所述的阻塞化简法, 卡诺圈分别是 AB 和 CD, 阻塞项是 $\overline{AC}$. 但是在阻塞圈内出现一个反变量输入 m_{15}. 为了消除这个反变量, 可以再次阻塞, 即用一个二次阻塞项 $ABCD$ 去阻塞一次阻塞项中的反变量. 为了更清楚地看到二次阻塞的作用,在图 7-11(b)中特别将阻塞项取反后另外画出,可以看到二次阻塞恰巧抵消了原来阻塞项中相反的变量.这样得到的结果如下:

$$Y = AB \cdot \overline{AC \cdot \overline{ABCD}} + CD \cdot \overline{\overline{AC} \cdot \overline{ABCD}}$$

$$= \overline{AB \cdot \overline{AC \cdot \overline{ABCD}} \cdot \overline{CD \cdot \overline{AC} \cdot \overline{ABCD}}}$$

顺便指出,图 7-11(b)的卡诺图是将原函数中要阻塞的部分单独取出并取反得到的.这个卡诺图一般称为阻塞卡诺图.在用阻塞法进行化简时,用阻塞卡诺图比较容易看到结果,尤其是在多级阻塞的时候.

另外要指出的是:多级阻塞以后的函数一般延时都较大,所以在高速电路中较少采用这种方法.

7.3.2   逻辑函数的 Q-M 化简法

教材中提到 Q-M 方法(Quine-McCluskey Method).这是一种表格化简法,通常应用在计算机化简中.下面我们通过例题来介绍此方法的各个步骤.虽然这种方法适用于变量较多的情况,但是为了叙述上的方便,这里仍以 4~5 个变量为例来加以说明.

例 7-11   试化简下列逻辑函数

$$F = \overline{X_1}\,\overline{X_2}\,\overline{X_3}\,\overline{X_4} + \overline{X_1}\,X_2\,\overline{X_3}\,X_4 + \overline{X_1}\,X_2\,X_3\,X_4 + X_1\,\overline{X_2}\,\overline{X_3}\,\overline{X_4}$$

$$+ X_1\,\overline{X_2}\,X_3\,X_4 + X_1\,\overline{X_2}\,\overline{X_3}\,X_4 + X_1\,\overline{X_2}\,X_3\,\overline{X_4} + X_1\,X_2\,X_3\,\overline{X_4} + X_1\,X_2\,X_3\,X_4$$

对于任何一个要用 Q-M 方法化简的逻辑函数,首先要给出它的"与或"标准形式表达式.本例已经是标准形式了.然后就是要找到它的全部质蕴涵项,步骤如下:

(1) 用二进制码表示式中每个最小项,如 $\overline{X_1}\,X_2\,\overline{X_3}\,X_4$ 用 0101 表示.

(2) 找出每个二进制码对应的十进制数(即它的状态编号),写在它的左面.

(3) 根据每个二进制码中"1"的个数把这些二进制码分组.定义"1"的个数为这个数的指数.按指数的递增把所有的数排列起来,每组中二进制又是按编号的递增排列,形成一个表格见表 7-1 所示.

(4) 对比表中指数相邻的两组.如果除一个码元外,其他各码元均相同,则将此不同的码元去掉,并用"-"表示,得到化简的一个数.如表中指数为 0 的"0000"和指数为 1 的"1000"是相邻的,它们后面 3 个 0 相同,只有第一个码元不同,去掉该码元,用"-"表示,得到化简后的结果"-000".在该结果的左面写明它是由哪两个状态合并而来的,如"-000"是 0 和 8 合并而来的等等.并且在原来这两项(即 0 和 8)

后面打一个"√",表示后面已经有代表它们的简化项了.

表 7-1　例 7-11 的 Q-M 化简过程

原始表格			第 1 次化简			第 2 次化简		
指数	编号	二进制表示	指数	编号	化简结果	指数	编号	化简结果
0	0	0000 √	0	0, 8	-000 E	1	8, 9, 10, 11	10-- B
1	8	1000 √	1	8, 9	100- √	2	10, 11, 14, 15	1-1- A
	5	0101 √		8, 10	10-0 √			
2	9	1001 √		5, 7	01-1 D		(c)	
	10	1010 √	2	9, 11	10-1 √			
	7	0111 √		10, 11	101- √			
3	11	1011 √		10, 14	1-10 √			
	14	1110 √		7, 15	-111 C			
4	15	1111 √	3	11, 15	1-11 √			
				14, 15	111- √			
(a)			(b)					

(5) 重复步骤(3)和(4). 每次在步骤(3)后就得到一个简化后的表格,直到不能再简化. 最后得到的所有不打"√"的项就是它的全部的质蕴涵项,每项用一个字母表示,记为 A、B、C、D、E,本例得到的质蕴涵项为

$$A = X_1 X_3,\ B = X_1 \overline{X_2},\ C = X_2 X_3 X_4,\ D = \overline{X_1} X_2 X_4,\ E = \overline{X_2}\,\overline{X_3}\,\overline{X_4}$$

把上述过程和卡诺图方法相比较,可以看出,第一步就是表示出逻辑函数等于1 的各最小项. 按指数分组有利于判别是否相邻. 如果只有一项不同,就是对应相邻两项可以合并一项,保留那些相同的变量,去掉变化的变量,可得到简化项. 所以第一次化简就是找出可以合并的相邻项,相当于在卡诺图中将相邻的小格合并. 第二次化简就是看看能否把合并起来的两小格再合并为 4个小格,这相当于卡诺图中画出更大的圈. 后来的简化项如果包含了前面的项,即已用更大的圈代替了小圈,那些小圈就不是质蕴涵项了,可以去掉,记

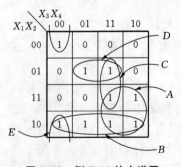

图 7-12　例 7-11 的卡诺图

以"√". 最后得到的是所有可能得到的最大的化简圈, 对应所有的质蕴涵项.

得到了所有质蕴涵项以后, 要设法表示一个最简化的逻辑函数. 我们知道, 表示一个逻辑函数不一定要用到全部质蕴涵项, 只要找到最小覆盖, 即能够把所有最小项包括进去就可以了, 也就是要找出基本质蕴涵项. 我们也用列表的方法来寻找, 如表 7-2 所示.

表 7-2　例 7-11 的基本质蕴涵项

最小项 质蕴涵项	0	5	7	8	9	10	11	14	15
A^*						$\times$	$\times$	$\otimes$	$\times$
B^*				$\times$	$\otimes$	$\times$	$\times$		
C			$\times$						$\times$
D^*		$\otimes$	$\times$						
E^*	$\otimes$			$\times$					

具体步骤如下:

(1) 将找到的质蕴涵项全部列出, 把构成该逻辑函数的全部最小项列出. 在每个质蕴涵项所包含的最小项下面打个"×", 如 A 包含了 10、11、14、15, 就在对应 A 这行的 10、11、14、15 各列对应的位置上打一个"×".

(2) 如果一个最小项仅被一个质蕴涵项所包含, 如 14 只有 A 所包含, 则 A 是基本质蕴涵项. 我们将这种只有一个质蕴涵项包含的最小项记作"⊗", 并在对应的质蕴涵项上打个"*". 本题中 A、B、D、E 都是质蕴涵项.

(3) 如果某一个质蕴涵项不是基本质蕴涵项, 并且它所包含的各最小项都已包含在其他基本质蕴涵项中, 则此质蕴涵项可以不包含在化简后的最终表达式中. 例如在本例题中, C 不是基本质蕴涵项, 它所包含的 7、15 已分别包含在 D 和 A 中了. 因此最终的式子中不包含 C, 而只由基本质蕴涵项 A、B、D 和 E 所构成. 因此, 可得到下式:

$$F = A + B + D + E$$
$$= X_1 X_3 + X_1 \overline{X_2} + X_1 \overline{X_2} X_4 + \overline{X_2}\, \overline{X_3}\, \overline{X_4}$$

从上面的例题 7-11, 可以看到 Q-M 方法的化简过程是一种机械的重复过程, 所以很适合计算机进行化简.

例题 7-11 属于比较简单的情况. 从这个例题的卡诺图中可以看到, 质蕴涵项 C 所包含的最小项已经被其他质蕴涵项所全部包含, 而基本质蕴涵项 A、B、D 和 E 覆盖了所有的最小项, 因此, 最终表达式只要包含基本质蕴涵项就可以了. 然而在大多数情况下,按照例题 7-11 寻找基本质蕴涵项的过程,得到的基本质蕴涵项可能不一定能将所有最小项全部覆盖.因为按照定义,基本质蕴涵项中一定有一个最小项仅被它所包含.换言之,在卡诺图中,代表基本质蕴涵项的卡诺圈至少包含一个最小项没有被其他卡诺圈所包围.但在列表化简的过程中,会发生多个质蕴涵项交叉重叠的情形.这样,简单地用观察一个最小项是否被某个质蕴涵项所单独包含的方法来判断基本质蕴涵项,就有可能发生基本质蕴涵项的遗漏.当发生此种情况时,就需要继续化简,直至寻找到最终结果.下面举例说明.

例 7-12　试化简下列逻辑函数

$$F(X_4 X_3 X_2 X_1 X_0) = \sum m(0, 1, 2, 8, 9, 15, 17, 21, 24, 25, 27, 31)$$

首先,使用同例 7-11 相同的列表法得到质蕴涵项,再得到基本质蕴涵项,如表 7-3所示.

表 7-3　例 7-12 的 Q-M 化简过程

原始问题			第 1 次化简			第 2 次化简		
指数	编号	二进制表示	指数	编号	二进制表示	指数	编号	二进制表示
0	0	00000 ✓	0	0, 1	0000- ✓	0	0, 1; 8, 9	0-00- C
1	1	00001 ✓		0, 2	000-0 I		0, 8; 1, 9	0-00- C
	2	00010 ✓		0, 8	0-000 ✓	1	1, 9; 17, 25	--001 B
	8	01000 ✓	1	1, 9	0-001 ✓		8, 9; 24, 25	-100- A
	9	01001 ✓		1, 17	-0001 ✓			
2	17	10001 ✓		8, 9	0100- ✓		(c)	
	24	11000 ✓		8, 24	-1000 ✓			
3	21	10101 ✓		9, 25	-1001 ✓			
	25	11001 ✓	2	17, 21	10-01 H			
4	15	01111 ✓		17, 25	1-001 ✓			
	27	11011 ✓		24, 25	1100- G			
5	31	11111 ✓	3	25, 27	110-1 F			
				15, 31	-1111 E			
			4	27, 31	11-11 D			
(a)			(b)					

注意在第二次化简中,有指数为 0 的两个质蕴涵项"C".这两个质蕴涵项虽然是从两个不同的第一次化简结果得来(一个是 0,1 和 8,9,另一个是 0,8 和 1,9),但具有相同的化简结果,并且具有相同的编号(表示包含相同的最小项),所以实际是相同的质蕴涵项,可以归并为一个质蕴涵项,用同一个符号"C"表示.

第二步是由上述质蕴涵项列表寻找基本质蕴涵项.列表的方法同例 7-11 一致,如表 7-4 所示:

表 7-4　例 7-12 的质蕴涵项列表 1

质蕴涵项 \\ 最小项	0	1	2	8	9	15	17	21	24	25	27	31
A				×	×				×	×		
B		×			×		×			×		
C	×	×		×	×							
D											×	×
E^*						⊗						×
F										×	×	
G									×	×		
H^*							×	⊗				
I^*	×		⊗									

按照例 7-11 的方法,将只被一个质蕴涵项所包含的最小项记作"⊗",找出基本质蕴涵项 E、H、I.我们发现,由于质蕴涵项的交叉,还有一些最小项没有被这些基本质蕴涵项所包含.

为了继续寻找基本质蕴涵项,我们可以首先将上表中的基本质蕴涵项及其包含的各最小项去掉.去掉的理由是:既然这些最小项已经包含在基本质蕴涵项中,那么在进一步的化简过程中,已经没有必要再出现.这样将得到表 7-5.

在表 7-5 中,因为没有哪一个最小项被某一个质蕴涵项单独包含,所以已经无法继续按照例 7-11 的方法得到基本质蕴涵项了.为了把问题解下去,先作如下两个定义:

(1) 设 M 和 N 是表中的两行(或两列).若它们具有完全相同的"×",则称这两行(或两列)相等,记为 $M = N$.

(2) 设 M 和 N 是表中的两行(或两列).若 M 在 N 有"×"的列(或行)都有"×",则称 M 主控 N,记作 $M \supset N$.N 称为被主控行(或列).

在本例中,$9 \supset 8$,$25 \supset 24$,$A \supset G$,$F \supset D$.

表 7-5 例 7-12 的质蕴涵项列表 2

最小项 质蕴涵项	1	8	9	24	25	27
A		×	×	×	×	
B	×		×		×	
C	×	×	×			
D						×
F					×	×
G				×	×	

在上述定义后,我们可以继续如下操作:

(1) 相等的行(或列)中可以去掉一个.

(2) 去掉所有的被主控行和主控列.

操作(1)的合理性不言而喻.关于操作(2)可以这样理解:被主控行是一个质蕴涵项,由于它的各个最小项已经全部包含在另一个质蕴涵项——主控行的各个最小项中,所以被主控行可以去掉.

另一方面,主控列和被主控列都是最小项,取质蕴涵项构成一个逻辑函数时,必须把所有的最小项包括在里面.凡是包含了被主控列的最小项的质蕴涵项中都包含了主控列的那个最小项.如 $9 \supset 8$,质蕴涵项 A 和 C 包含了 8,也包含了 9.但是包含主控列最小项的质蕴涵项不一定包含被主控列最小项,如 B 中包含了 9,但不包含 8.只要考虑把被主控列的最小项表达出来,主控列的最小项自然就包含在其中了,所以可以把主控列去掉.

进行上述操作后,可以得到一个新的表.在这个表中,可以按照"一个最小项被某一个质蕴涵项单独包含,这个质蕴涵项就是基本质蕴涵项"的原则,寻找新的基本质蕴涵项.

找到新的基本质蕴涵项后,又可以将表中的基本质蕴涵项及其包含的各最小项去掉,从而得到一个新的表.然后,在这个新表中再次进行去掉主控列和被主控行等操作,又得到一个新表.重复这个过程,直至找到所有的基本质蕴涵项.

对于本例,这个过程中得到的两个新表以及找到的基本质蕴涵项如表 7-6 所示:

表 7-6　例 7-12 的质蕴涵项列表 3

质蕴涵项＼最小项	1	8	24	27
A^*		×	⊗	
B	×			
C	×	×		
F^*				⊗

(a)

质蕴涵项＼最小项	1
B	×
C	×

(b)

　　在第一次去掉主控列和被主控行后,我们得到两个基本质蕴涵项 A 和 F. 将 A 和 F 以及它们所包含的最小项去掉,并作第二次去掉主控列和被主控行操作后,只留下 B 和 C 两个质蕴涵项. 这两个质蕴涵项相等,我们可以去掉一个. 另一个作为逻辑函数的构成项,应取对应变量较少的质蕴涵项. 对于本例,由前面的化简结果可知,B 对应于"--001",即 $B = \overline{X}_2\overline{X}_1X_0$;$C$ 对应于"0-00-",即 $C = \overline{X}_4\overline{X}_2\overline{X}_1$. B 和 C 都是 3 个变量的,所以我们可任选一个. 如选 B,最后可得到:

$$F = A + B + E + F + H + I$$
$$= X_3\overline{X}_2\overline{X}_1 + \overline{X}_2\overline{X}_1X_0 + X_3X_2X_1X_0 + X_4X_3\overline{X}_2X_0 + X_4\overline{X}_3\overline{X}_1X_0 + \overline{X}_4\overline{X}_3\overline{X}_2\overline{X}_0$$

第8章 组合逻辑电路

§8.1 要点与难点分析

本章可以分为几个大的结构：

(1) 组合逻辑电路的分析；

(2) 组合逻辑电路模块；

(3) 组合逻辑电路的设计；

(4) 实际逻辑电路的电气特性.

一、基本的组合逻辑分析与设计

组合逻辑的分析是本章最为基础的部分，教材中介绍了逐级分析的办法和划分为模块进行分析的办法.这一部分内容比较简单，只要掌握第 1 章的基本逻辑代数，对组合逻辑的分析是没有问题的.

组合逻辑的设计是本章的重点，教材中讨论了几种基本设计方法：直接从逻辑门级开始设计、从逻辑模块开始设计以及迭代设计.

直接从逻辑门级开始设计可以按照一定的规则进行，大致过程是：

(1) 对问题或要求进行逻辑抽象，得到输入输出之间的逻辑关系.

(2) 列出真值表.

(3) 化简输出逻辑.

(4) 根据输出逻辑函数，得到组合逻辑电路.上述过程实际上是第 1 章的延续，学生比较容易掌握.

基于逻辑模块进行设计是有经验的电路设计者经常采用的办法.无论是用中规模集成电路进行系统设计还是在 EDA 软件中利用现有的库进行设计，这都是一个简捷的设计方法.但是这种设计方法需要熟悉组合逻辑模块的种类及其功能，在某些场合需要一定的经验和技巧，所以对于初次入门的学生来说，是一个比较困难的方法.尤其是如果在设计时附有一定的约束条件，则更为困难，比较典型的就是用数据选择器形成一个函数.

　　一般情况下,用 2^n 选 1 电路能够实现 $n+1$ 个输入变量的逻辑函数,条件是需要且仅需要一个非门.但是若附加约束为不增加非门,则不是所有的函数都能够实现的.即使能够实现,也需要挑选合适的变量作为输入变量.挑选变量的过程可以用逻辑函数化简的办法进行,也可以在卡诺图上进行.

　　用逻辑函数化简的办法挑选变量的过程是观察化简以后的逻辑函数,找出其中不含反变量输入的那个作为输入变量.教材例 2-10 以及习题 15 都是这种解法的例子.

　　用卡诺图挑选合适的变量作为输入变量的问题就是将原始卡诺图降维,成为影射变量卡诺图的过程.要求不增加非门(或只允许原变量输入)就是要求在影射变量卡诺图中不出现影射变量的"非".这可以通过对卡诺图的观察进行.

　　以习题 15 为例,原始问题的逻辑表达式为

$$Z = \overline{S_1}\,\overline{S_0}(A \oplus B) + \overline{S_1}S_0 AB + S_1 \overline{S_0}(A+B) + S_1 S_0 (\overline{A \oplus B})$$

原始卡诺图以及降维后的影射变量卡诺图如图 8-1 所示.

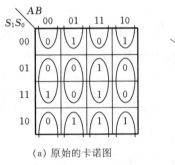
(a) 原始的卡诺图

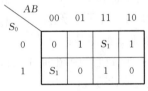
(b) 以 S_1 作为影射变量
　　的卡诺图

图 8-1　本章习题 15 的卡诺图

　　根据影射变量卡诺图的原理,若选择某个变量 X(本问题为 S_1)作为影射变量,则在原始卡诺图中,将所有 X 改变而其余变量不变的最小项合并,合并的最小项在图中用圈表示(如本问题选 S_1 作为影射变量,已在上述卡诺图中画出了表示合并的圈).在圈内的值只有 4 种可能:

　　(1) 全 0,对应的影射变量卡诺图中为 0;

　　(2) 全 1,对应的影射变量卡诺图中为 1;

　　(3) 与变量 X 的值相同,对应的影射变量卡诺图中为变量 X;

　　(4) 与变量 X 的值相反,则对应的影射变量卡诺图中为变量 $\overline{X}$.

选择不同的变量作为影射变量时,合并圈的位置不同,其值也会发生变化,但总是只有上述 4 种可能.这个结论也说明了用 2^n 选 1 电路实现 $n+1$ 个输入变量的逻辑函数最多需要一个非门.

在我们的问题中不允许增加非门,所以选择的影射变量必然只能以原变量形式出现在影射变量卡诺图中.这意味着在上述合并的圈中,只能存在前 3 种情况.若不能满足,就要选择其他变量作为影射变量.在本问题中,选择 S_1 作为影射变量是唯一的选择.

本章的习题中有许多要求基于逻辑模块进行设计,读者可以通过这些习题大致了解这种方法的一些设计思路和技巧.

二、运算类逻辑设计

本章的一个难点是运算类逻辑电路设计.其难点在于两个方面:一是要熟悉二进制数的运算规律,二是要掌握迭代设计方法.迭代设计法一般用在具有大量重复单元的场合,这种设计法的重点是要理解迭代设计的原理.若用组合逻辑模块进行设计,还要熟悉组合逻辑模块的功能.

在运算电路中通常采用的二进制数有:无符号二进制数、有符号二进制数、二-十进制数(BCD 码)等.关于无符号数的加减乘除运算,在教材中已经给出设计的例子.其中比较难掌握的是:

(1) 二进制加减电路中超前进位链的设计,教材中已经给出了加法器超前进位链的结构以及设计方法.

(2) 乘除运算电路.在这两种电路的设计中,涉及递归运算方法以及电路的迭代方法,这也是要求学生了解的两种重要的设计方法.要指出的是,教材中的例子不是唯一的设计结果,也不一定是最优化的结果.它只是学生容易理解的例子.

关于有符号二进制数的运算,教材中仅给出了有符号二进制数的表示方法以及它在减法运算中的应用.对于学生而言,这是比较困难的内容.下面比较详细地展开有符号数的运算问题以供参考.由于在数字处理运算中主要进行加法与乘法运算,下面我们就这两种运算展开讨论.

一个包含符号位在内为 n 位的有符号二进制数,正数用原码表示,负数用补码表示,能够表示的数值范围为 $-2^{n-1} \sim +(2^{n-1}-1)$.例如 8 位有符号二进制数能够表示的数值范围为 $-128 \sim +127$,如表 8-1 所示.

表 8-1　8 位有符号二进制数的结构

数的符号	符号位	有效数位	十进制数
正	0	1111111	127
	……	……	……
	0	0000001	1
零	0	0000000	0
负	1	1111111	−1
	……	……	……
	1	0000000	−128

若将一个 n 位的有符号二进制数看成一个符号位与有效数位连在一起的二进制数 x，则这个有符号数可以写成下列形式：

正数和零：$x = a$；负数：$x = 2^n - a$. 其中 a 是该有符号数的绝对值.

由于两个 n 位有符号二进制数的代数和可能有进位，所以其代数和应该有 $n+1$ 位. 在进行加法运算前，应该将两个加数进行符号位扩展，使它们成为 $n+1$ 位有符号数. 扩展后符号位的值应该与原来的符号位的值相同. 扩展后正数不变，负数为 $2^{n+1} - a$.

下面我们将两个符号扩展后的有符号数如同无符号数一样相加.

容易证明，两个正数相加的结果与两个无符号数相加的结果相同，这里不再赘述.

若一个正数 a 与一个绝对值为 b 的负数相加，运算结果为 $a + (2^{n+1} - b) = 2^{n+1} + a - b$. 此结果可分成两种情况：

(1) 若 $a \geqslant b$，则结果为 $2^{n+1} + (a - b)$. 由于结果只取 $n+1$ 位，2^{n+1} 被自动舍弃，从而得到正确结果.

(2) 若 $a < b$，则由于 $a - b < 0$，结果为 $2^{n+1} - (b - a)$. 这就是绝对值为 $(b - a)$ 的负数的 $n+1$ 位有符号数的表达式，所以也得到正确结果.

若两个绝对值分别为 a、b 的负数相加，运算结果为 $(2^{n+1} - a) + (2^{n+1} - b) = 2^{n+2} - (a + b)$. 此结果就是绝对值为 $(a + b)$ 的负数的 $n+2$ 位有符号数的表达式. 由于 $(a + b)$ 的最大值为 2^n，所以 2^n 位一定为 1，这样只取低 $n+1$ 位就得到正确的负数结果.

综上所述，两个 n 位(包含符号位)的有符号二进制数的加法运算规则如下：

(1) 将两个有符号数扩展 1 位符号位；

(2) 将两个符号扩展后的有符号数如同无符号数一样相加;

(3) 取运算结果的低 $n+1$ 位作为代数和,其中最高位(2^n 位)为运算结果的符号位.

根据上述算法,很容易画出有符号二进制数加法器的逻辑结构.

有符号二进制数乘法器的结构见习题 12 的解答.

三、数字逻辑电路的电气特性

本章还讨论了数字逻辑电路的电气特性,其目的是为了让学生对于数字逻辑电路有一个实际的物理概念. 由于现在的数字逻辑设计大量向 EDA 方向转移,使得初学者容易产生数字逻辑纯数学化的倾向. 但是随着数字电路的速度越来越高,数字电路的输入输出特性和传输延时的影响变得日益严重. 所以掌握电路的实际传输特性是设计实际逻辑电路的基础. 教材中对于数字电路的电气特性的介绍是基础性的,在本章的扩充内容中,我们将介绍一些比较深入的数字电路电气特性的知识.

在明确实际逻辑电路的非理想传输特性的基础上,教材讨论了竞争、冒险等组合逻辑电路中的不稳定现象. 对于这部分内容,教师应该让学生明确不稳定现象与实际电路之间的关系,不要局限于在卡诺图或其他纯粹逻辑方面的讨论.

§8.2 习题解答

1. 分析下列电路,写出其逻辑表达式.

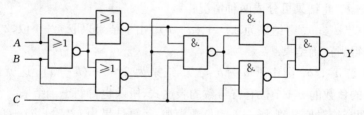

解 $Y = c$

2. 分析下图所示的逻辑,其中 $S_1 \sim S_0$ 作为功能选择端. 列表说明当 $S_1 \sim S_0$ 作不同的选择时,输出 F 与输入 A、B 之间的函数关系.

解 当 $S_0 S_1 = 00$ 时,$Y = \overline{A \oplus B}$;

当 $S_0 S_1 = 11$ 时,$Y = A \oplus B$;

当 $S_0 S_1 = 01$ 时,$Y = A + B$;

当 $S_0 S_1 = 10$ 时, $Y = AB$.

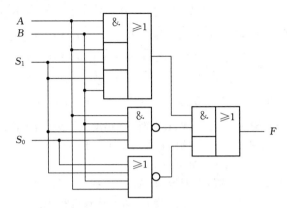

3. 下图为另一种数值比较器. 试分析它的原理, 写出其逻辑表达式. 并分析它和教材中图 8-34 的数值比较器有何不同.

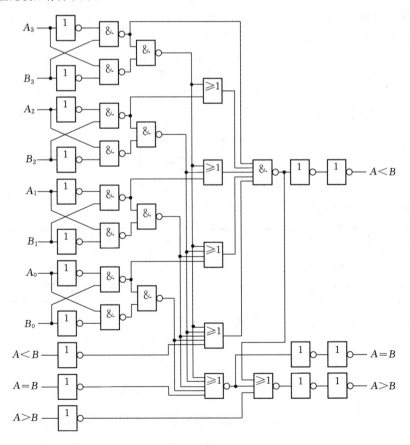

解

$$(A < B)_{out} = \overline{A_3} B + \overline{A_3 \oplus B_3} \cdot \overline{A_2} B + \overline{A_3 \oplus B_3} \cdot \overline{A_2 \oplus B_2} \cdot \overline{A_1} B$$
$$+ \overline{A_3 \oplus B_3} \cdot \overline{A_2 \oplus B_2} \cdot \overline{A_1 \oplus B_1} \cdot \overline{A_0} B_0$$
$$+ \overline{A_3 \oplus B_3} \cdot \overline{A_2 \oplus B_2} \cdot \overline{A_1 \oplus B_1} \cdot \overline{A_0 \oplus B_0} \cdot (A < B)_{in}$$

$$(A = B)_{out} = \overline{A_3 \oplus B_3} \cdot \overline{A_2 \oplus B_2} \cdot \overline{A_1 \oplus B_1} \cdot \overline{A_0 \oplus B_0} \cdot (A = B)_{in}$$

$$(A > B)_{out} = \overline{(A < B)_{out}} \cdot \overline{(A = B)_{out}} \cdot (A > B)_{in}$$

为了区分低位输入和本位结果,在上面等式中增加了表示输入输出的脚标.

该比较器与教材中图 8-34 的比较器的不同在于:$(A > B)_{out}$ 利用了 $(A < B)_{out}$ 和 $(A = B)_{out}$ 的比较结果,结构比较简单.

该比较器的另一个特别之处是要求 $(A > B)_{in} = 1$ 才能得到正确的 $A > B$ 结果. 如果低位比较结果 $A = B$ 而 $(A > B)_{in} = 0$,则无论本位比较结果如何,$(A > B)_{out} = 0$,若本位比较结果为 $A > B$,则输出错误结果. 可以说这是这种比较器的一个缺陷,对其简单的改进方法是不将 $(A > B)_{in}$ 接入电路,即 $(A > B)_{out} = \overline{(A < B)_{out}} \cdot \overline{(A = B)_{out}}$. 读者可以自行证明,这样做的结果符合比较器的逻辑功能.

4. 分析下图所示逻辑电路,指出它实现何种逻辑功能.

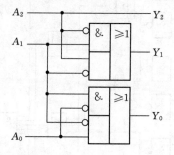

解 写出该电路的输入输出真值表如下:

$A_2A_1A_0$	$Y_2Y_1Y_0$	$A_2A_1A_0$	$Y_2Y_1Y_0$	$A_2A_1A_0$	$Y_2Y_1Y_0$	$A_2A_1A_0$	$Y_2Y_1Y_0$
000	000	010	011	100	110	110	101
001	001	011	010	101	111	111	100

可见这是一个将二进制码转换为格雷码的电路.

5. 用尽可能少的集成电路分别实现下列逻辑函数,假设输入变量及其反变量已知:

$$x = f(a, b, c) = \sum m(0, 1, 3, 5, 7)$$

$$y = f(a, b, c, d) = \sum m(1, 4, 5, 7, 8, 12)$$

$$z = f(a, b, c, d, e) = \sum m(0, 1, 3, 4, 6, 7, 15, 21, 25)$$

解　x、y、z 有 3 个相同的输入 a、b、c,因此在用卡诺图化简的时候,应尽量寻找相互之间的重复项. 据此得到本题的化简结果如下:

$$x = c + \bar{a}\,\bar{b}$$

$$y = \bar{a}\,bd + b\bar{c}\,\bar{d} + a\bar{c}\,\bar{d} + \bar{a}\,\bar{b}\,cd$$

$$z = \bar{a}\,\bar{b}\,\bar{c}\,\bar{d} + \bar{a}\,\bar{b}\,\bar{c}e + \bar{a}\,bcd + \bar{a}\,bce + \bar{a}\,bdce + abcde$$

6. 某控制台有 4 个启动锁,其中 1 把为主锁,另 3 把为副锁. 只有同时开启 3 把锁(其中必须包括主锁)或 4 把锁才能启动设备. 试设计开启设备的逻辑.

解　设输入逻辑变量为:A、B、C、D,其中 A 代表主锁,B、C、D 分别代表 3 把副锁,设备输出变量为 Y,根据题意得到如下真值表:

$ABCD$	Y	$ABCD$	Y	$ABCD$	Y	$ABCD$	Y
1000	0	1010	0	1100	0	1111	1
1001	0	1011	1	1101	1	$0xxx$	0

由真值表得到如下卡诺图:

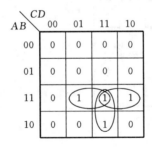

化简得

$$Y = ACD + ABD + ABC$$

逻辑图如下:

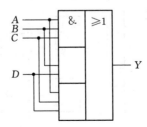

7. 设计一个具有以下功能的电路:该电路有 5 个输入和一个输出. 4 个输入为一组 BCD 码,另 1 个输入为控制端. 当控制端为逻辑 0 时,输出为 1 的条件是输入的 BCD 码大于等于 5. 当控制端为逻辑 1 时,输出为 1 的条件是输入的 BCD 码小于等于 5.

解　该题既可以用小规模器件门电路实现,也可以用中规模器件比较器实现,有两种做法.

解法 1　用小规模器件门电路实现,设 A、B、C、D 代表 BCD 码的 4 个输入变量,S 为控制变量,Y 为输出变量,根据题意得到 S 为 0 和 S 为 1 的真值表如下:

$S = 0$				$S = 1$			
$ABCD$	Y	$ABCD$	Y	$ABCD$	Y	$ABCD$	Y
0000	0	0101	1	0000	1	0101	1
0001	0	0110	1	0001	1	0110	0
0010	0	0111	1	0010	1	0111	0
0011	0	1000	1	0011	1	1000	0
0100	0	1001	1	0100	1	1001	0
(a)				(b)			

S 为 0 和 S 为 1 的卡诺图如下:

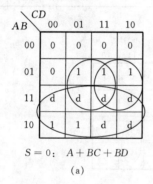

$S = 0$：$A + BC + BD$

(a)

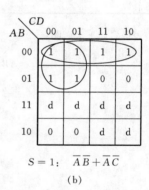

$S = 1$：$\overline{A}\,\overline{B} + \overline{A}\,\overline{C}$

(b)

$$Y = \overline{S}(A + BC + BD) + S(\overline{A}\,\overline{B} + \overline{A}\,\overline{C})$$

逻辑图从略.

解法 2　用中规模器件数值比较器实现,电路如下:

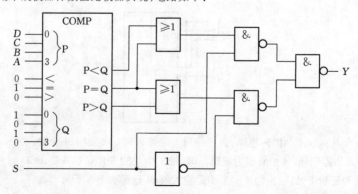

8. 设计一个 2-4 译码器. 使能输入采用低电平有效, 输出采用高电平有效. 构造真值表, 确定数据和使能输入变量和输出变量. 描述电路的功能, 画出译码器的逻辑图.

解 设 2-4 译码器的两个译码输入变量为: A_1、A_0, 使能端为 S, 2-4 译码器的译码输出变量为: Y_3、Y_2、Y_1、Y_0, 根据题意, 得到真值表如下:

S	A_1A_0	$Y_3Y_2Y_1Y_0$	S	A_1A_0	$Y_3Y_2Y_1Y_0$
0	00	0001	0	11	1000
0	01	0010	1	xx	0000
0	10	0100			

结果为 $Y_0 = \overline{S}\,\overline{A_1}\,\overline{A_0}$, $Y_1 = \overline{S}\,\overline{A_1}A_0$, $Y_2 = \overline{S}A_1\overline{A_0}$, $Y_3 = \overline{S}A_1A_0$

逻辑图从略.

9. 设计一个 4-2 优先编码器. 输入 $I_0 \sim I_3$, 其中 I_3 的优先级最高. 没有选通输入. 输出 Y_1、Y_0, 高电平有效. 构造真值表, 画出逻辑图.

解 根据题意, 得到真值表如下:

I_0	I_1	I_2	I_3	Y_1Y_0	I_0	I_1	I_2	I_3	Y_1Y_0
x	x	x	1	11	x	1	0	0	01
x	x	1	0	10	1	0	0	0	00

得到 Y_0、Y_1 的卡诺图及化简结果如下, 逻辑图从略.

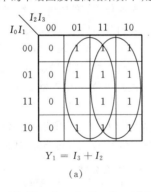

$$Y_1 = I_3 + I_2$$

(a)

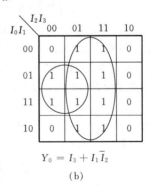

$$Y_0 = I_3 + I_1\overline{I_2}$$

(b)

10. 用逻辑门电路设计一个 2 位乘 2 位二进制乘法器. 要求有尽可能短的延时.

解 2 位乘 2 位二进制乘法器的乘法过程如下:

$$
\begin{array}{rrrr}
 & & A_1 & A_0 \\
\times & & B_1 & B_0 \\
\hline
 & & A_1B_0 & A_0B_0 \\
+ & A_1B_1 & A_0B_1 & \\
\hline
P_3 & P_2 & P_1 & P_0 \\
\end{array}
$$

根据以上过程逻辑推理可得(也可以利用真值表、卡诺图化简得到)

$$P_3 = (A_1 B_1) \cdot (A_1 A_0 B_1 B_0) = A_1 A_0 B_1 B_0$$

$$P_2 = (A_1 A_0 B_1 B_0) \oplus (A_1 B_1) = A_1 \overline{A_0} B_1 + A_1 B_1 \overline{B_0}$$

$$P_1 = (A_1 B_0) \oplus (A_0 B_1) = \overline{A_1} A_0 B_1 + A_0 B_1 \overline{B_0} + A_1 B_1 B_0 + A_1 \overline{A_0} B_0$$

$$P_0 = A_0 B_0$$

逻辑图从略.

11. 用上一题的结果作为迭代单元,画出 8 位乘法器的结构图.

解 观察教材图 8-32 的乘法器,可以看到乘法器的迭代单元的基本结构是一个乘法单元和一个加法单元,乘法单元的结果作为部分积,然后进行加法运算,利用移位相加的原理完成多位数的乘法.

用上题 2 位乘 2 位二进制乘法器作为迭代单元完成 8 位乘法器,可以这样考虑:若将一个 2 位二进制数整体看成一个四进制数,则 8 位乘法器的结构与图 8-32 的乘法器相同,所不同者仅迭代单元的内部结构而已.

下面研究怎样用 2 位乘 2 位二进制乘法器构成迭代单元.

教材中的图 8-32 乘法器中的迭代单元结构是:1 位乘 1 位的乘法器,其积同一个来自上一行的 1 位二进制数、一个来自本行低位的 1 位二进制数进位,总共 3 部分相加. 相加的结果是一个 1 位二进制数以及一个 1 位二进制数进位. 下面我们将说明,这个结构对于任意进制的乘法器都是一样的.

设一个 a 进制数的乘法器,在进行乘法过程中移位相加的时候,迭代单元的数据由两个 1 位 a 进制数的积、上一行的 1 位 a 进制数,以及本行低位的进位 3 部分相加构成. 由于一个 1 位 a 进制数的最大值为 $a-1$,所以上述 3 部分的和最大值为 $(a-1)^2 + 2(a-1) = a^2 - 1$,这正是 2 位 a 进制数可能达到的最大值. 所以对于任意进制的数,迭代单元的输出都是本位的部分积(1 位 a 进制数,送往下一行)以及进位输出(1 位 a 进制数,送往本行高位).

回到本问题,我们将 2 位二进制数整体看成一个 4 进制数,则迭代单元应该包含 2 位乘 2 位二进制乘法器,其积同另两个 2 位二进制数相加. 所以一种可能的结构如下:

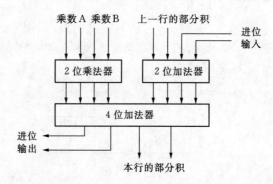

以上述迭代单元构成的 8 位乘法器的结构与教材图 8-32 的结构相同,只要将教材图 8-32中迭代单元之间的连线由 1 条变为 2 条即可.

要说明的是,本方案构成的 8 位乘 8 位乘法器,在结构上并非是最合理的结构.本题的目的主要是要启发读者对于迭代的理解以及任意进制数的思考.

12. 如果在乘法器电路中考虑有符号数(用补码形式表示负数),那么乘法器的结构要作什么改动?

解 首先考虑乘积的符号:有符号数乘法结果的符号,与逻辑运算中的异或运算结果相同,所以对两个乘数的符号位做异或运算就是乘积的符号.

其次考虑乘积的值:有符号数乘积的绝对值应该是两个乘数绝对值的乘积,所以每个乘数在输入乘法器之前应该作绝对值处理,正数保持不变、负数求补.对乘积做同样的处理:若乘积的符号为 0,则乘积不变,否则对乘积求补.

最后考虑乘积的长度:两个 n 位有符号二进制数相乘,每个乘数绝对值的最大可能值为 2^{n-1},乘积绝对值的最大可能值为 2^{2n-2},所以无符号数乘积的最高位永远是 0(正数).若实际乘积为负,可以直接对绝对值的乘积求补.

按照上述分析,有符号数乘法器的结构应该是:将两个乘数通过一个绝对值逻辑同无符号乘法器的输入连接,无符号乘法器的输出通过一个绝对值逻辑作为最后的乘积.绝对值逻辑的结构可以参照教材中减法器的做法,用异或门和全加器实现(当符号位为 0 时为原码加 0,当符号位为 1 时为反码加 1).输入端的绝对值逻辑的求补控制端来自各乘数的符号位,输出端的绝对值逻辑的求补控制端来自对两个乘数的符号位做异或运算的结果.

13. 用译码器和必要的门电路实现下列函数:

$$A = f(x,\, y) = \sum m(0,\, 3)$$

$$B = f(a,\, b,\, c) = \sum m(1,\, 3,\, 5,\, 7)$$

$$C = f(a,\, b,\, c) = \sum m(3,\, 5,\, 6)$$

$$D = f(a,\, b,\, c) = \prod M(3,\, 5,\, 7)$$

解 $A = f(x,\, y) = \sum m(0,\, 3) = \overline{\overline{m_0} \cdot \overline{m_3}}$.

采用 2-4 译码器实现的电路如下:

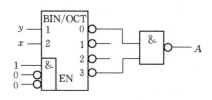

$$B = f(a,\, b,\, c) = \sum m(1,\, 3,\, 5,\, 7) = \overline{\overline{m_1} \cdot \overline{m_3} \cdot \overline{m_5} \cdot \overline{m_7}}.$$

采用 3-8 译码器实现的电路如下：

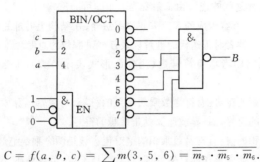

$$C = f(a,\, b,\, c) = \sum m(3,\, 5,\, 6) = \overline{\overline{m_3} \cdot \overline{m_5} \cdot \overline{m_6}}.$$

采用 3-8 译码器实现的电路如下：

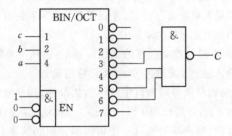

$$D = f(a,\, b,\, c) = \prod M(3,\, 5,\, 7) = \sum m(0,\, 1,\, 2,\, 4,\, 6) = \overline{\overline{m_0} \cdot \overline{m_1} \cdot \overline{m_2} \cdot \overline{m_4} \cdot \overline{m_6}}.$$

采用 3-8 译码器实现的电路如下：

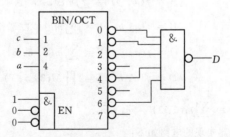

14. 试用 2 个 4 选 1 数据选择器和必要的逻辑门实现一个 1 位二进制全加器.

解 1 位二进制全加器逻辑函数的标准表达式为

$$S = \overline{C_i}\,\overline{A}B + \overline{C_i}A\overline{B} + C_i\,\overline{A}\,\overline{B} + C_iAB$$

$$C_0 = C_i\overline{A}B + C_iA\overline{B} + AB$$

用 2 个 4 选 1 数据选择器构成的全加器如下：

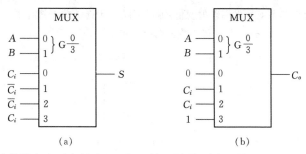

（a）　　　　　　　　　　　　　　　（b）

15. 用 8 选 1 数据选择器实现下表所示的逻辑函数，不允许反变量输入：

$S_1 S_0$	$F(A, B)$	$S_1 S_0$	$F(A, B)$	$S_1 S_0$	$F(A, B)$	$S_1 S_0$	$F(A, B)$
00	$A \oplus B$	01	$A \cdot B$	10	$A + B$	11	$A \odot B$

解 写出输出函数 $Z = F(A, B)$ 的逻辑表达式如下：

$$Z = \overline{S_1}\,\overline{S_0}(A \oplus B) + \overline{S_1}S_0 AB + S_1\overline{S_0}(A + B) + S_1 S_0(\overline{A \oplus B})$$
$$= \overline{S_1}\,\overline{S_0}\,\overline{A}B + \overline{S_1}\,\overline{S_0}A\overline{B} + \overline{S_1}S_0 AB + S_1\overline{S_0}A + S_1\overline{S_0}B + S_1 S_0 AB + S_1 S_0 \overline{A}\,\overline{B}$$

将表达式化简（目的是寻找只以原变量出现的输入变量）如下：

$$Z = \overline{S_0}\,\overline{A}B + \overline{S_0}A\overline{B} + S_0 AB + S_1\overline{S_0}A + S_1\overline{S_0}B + S_1 S_0 \overline{A}\,\overline{B}$$

发现 S_1 只以原变量形式出现，将上式写成以 S_1 作为输入的数据选择器的表示形式：

$$Z = \overline{S_0}\,\overline{A}\,\overline{B} \cdot 0 + \overline{S_0}\,\overline{A}B \cdot 1 + \overline{S_0}A\overline{B} \cdot 1 + \overline{S_0}ABS_1 + S_0\overline{A}\,\overline{B}S_1 + S_0\overline{A}B \cdot 0$$
$$+ S_0 A\overline{B} \cdot 0 + S_0 AB \cdot 1$$

最终得到的逻辑图如下：

16. 如果允许单个变量采用影射变量，用合适的数据选择器实现下列逻辑函数：

$$x = (a, b, c) = \sum m(0, 1, 4, 5, 7)$$

$$y = (a, b, c, d) = \sum m(0, 3, 4, 5, 7, 9, 13, 15)$$

$$z = (a, b, c, d, e) = \sum m(0, 2, 3, 4, 6, 9, 12, 13, 15, 19, 23, 25, 26, 31)$$

解　如果允许单个变量采用影射变量,则 x 可以用 4 选 1 数据选择器实现,y 可以用 8 选 1 数据选择器实现,z 可以用 16 选 1 数据选择器实现.

$$x = \bar{b} + ac = \bar{a}\,\bar{b} \cdot 1 + \bar{a}\,b \cdot 0 + a\bar{b} \cdot 1 + abc$$

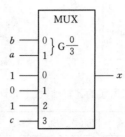

$$y = \bar{a}\,\bar{b}\,\bar{c}\,\bar{d} + \bar{a}\,\bar{b}cd + \bar{a}\,b\bar{c} \cdot 1 + \bar{a}\,bcd + a\bar{b}\,\bar{c}d + ab\bar{c} \cdot 0 + abc\bar{d} + abcd$$

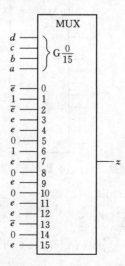

$$z = \bar{a}\,\bar{b}\,\bar{c}\,\bar{d}\,\bar{e} + \bar{a}\,\bar{b}\,\bar{c}d \cdot 1 + \bar{a}\,bcd\,\bar{e} + \bar{a}\,bcde + \bar{a}\,b\bar{c}\,\bar{d}e + \bar{a}\,b\bar{c}d \cdot 0 + \bar{a}\,bc\bar{d} \cdot 1 + \bar{a}\,bcde$$
$$+ a\bar{b}\,\bar{c}\,\bar{d} \cdot 0 + a\bar{b}\,\bar{c}de + ab\bar{c}d \cdot 0 + abcde + ab\bar{c}\,\bar{d}e + ab\bar{c}d\bar{e} + abc\bar{d} \cdot 0 + abcde$$

17. 试用两个 4 位全加器附加必要的门电路,设计一个 1 位十进制加法器.

提示:当两个数的和小于等于 9(二进制 1001)时,二进制和 BCD 码一致.当两个数的和大于 9 时,十进制的结果等于二进制的结果加 6(0110).

解　按照题意,用两个 4 位全加器实现的电路如下.其中与门和或门构成的逻辑用来判断是 否存在十进制进位.若存在,则此逻辑输出为 1,后一个全加器将前一个全加器之和再加 6, 否则再加 0.这个过程通常称为十进制调整.

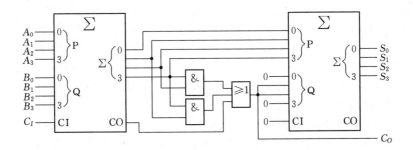

此电路也可以用 1 位全加器实现.现将电路列出如下供参考:

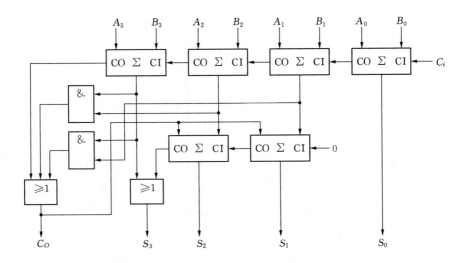

18. 试用一个 4 位全加器附加必要的门电路,设计一个代码转换电路.该代码转换电路可以将 BCD 码与余三码相互转换.有一个转换控制端 K,当 $K = 0$ 时,电路将 BCD 码转换成余三 码;当 $K = 1$ 时,电路将余三码转换成 BCD 码.

解　根据余三码的特点,将 BCD 码加 0011 即得到余三码,而将余三码减 0011 或加负 3 可 得到 BCD 码,加负 3 可用补码运算,即加 1101 实现,电路如下:

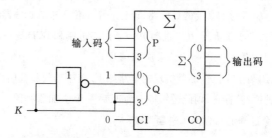

19. 简述组合逻辑电路中的冒险现象的成因以及避免冒险的方法.

    解   组合逻辑电路中的冒险现象的原因主要是由于门电路的延时和连线的延时导致在某一个确定的时刻,一个逻辑门的输入逻辑电平,可能由于延时而发生短暂的与理想情况不符合的逻辑信号,通常称之为毛刺信号.一般情况下,毛刺信号存在的时间非常短暂.但是,这种毛刺信号将可能使负载电路发生误动作,从而产生冒险现象.

    避免冒险常用的方法如下:

(1) 组合电路的输出端对地接入一个小电容;

(2) 修改逻辑设计,使卡诺圈之间不存在相切现象;

(3) 在电路中引入一个选通脉冲.

20. 分析下图所示逻辑电路,写出它的逻辑表达式.

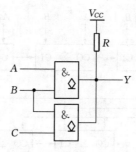

    解   这是集电极开路 OC 门,实现线与功能的电路,$Y = \overline{AB} \cdot \overline{BC} = \overline{ABC}$.

21. 用最少的集成逻辑门设计下列逻辑函数,要求在单个输入变化时不发生冒险.

$$P = f(w, x, y, z) = \sum m(5, 7, 13, 15)$$

$$Q = f(a, b, c, d) = \sum m(5, 7, 8, 9, 10, 11, 13, 15)$$

$$S = f(a, b, c, d) = \sum m(0, 2, 4, 6, 8, 10, 12, 14)$$

$$T = f(a, b, c, d) = \sum m(0, 2, 4, 6, 12, 13, 14, 15)$$

    解 P、Q、S、T 的卡诺图及化简结果如下:

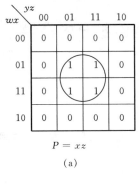

$$P = xz$$

(a)

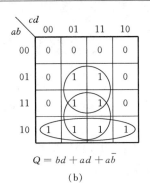

$$Q = bd + ad + a\bar{b}$$

(b)

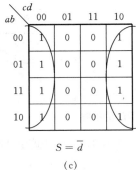

$$S = \bar{d}$$

(c)

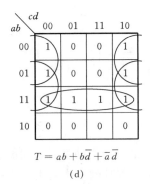

$$T = ab + b\bar{d} + \bar{a}\,\bar{d}$$

(d)

22. 已知下列电路中各异或门的延时为 $t_{pd} = 5$ ns. 在考虑该延时特性后,试画出 $K = 0$ 和 $K = 1$ 两种情况下的输出波形.

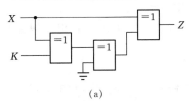

(a)

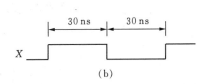

(b)

　解　$K = 0$ 和 $K = 1$ 两种情况下的输出波形如下:

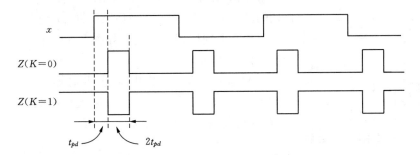

§8.3 用于参考的扩充内容

8.3.1 逻辑电路的动态冒险

教材中提到动态冒险的概念,也给出了动态冒险的波形.下面给出产生动态冒险的电路例题.

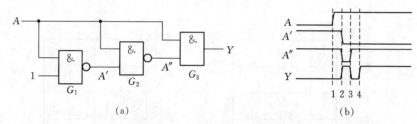

(a)   (b)

图 8-2 产生动态冒险的电路

图 8-2 给出产生动态冒险的例子.当输入 A 在时刻 1 由低变高时,A' 和 A'' 要经过延时 t_{PD},到时刻 2 才发生变化,所以在时刻 1~2 之间,门 G_3 的输入均为高,输出 Y 经过延时 t_{PD},在时刻 2 变高.在时刻 2,A' 和 A'' 均变低.A' 变低使得 A'' 在时刻 3 变高,而 A'' 变低使得 Y 在时刻 3 变低.在时刻 3,A'' 重新变高,使得 Y 在时刻 4 又变高.在时刻 3 与 4 之间,输出 Y 出现动态冒险.

动态冒险一定要有 3 级或 3 级以上门电路才会发生,2 级门电路只会产生静态冒险.

8.3.2 开路输出门的负载电阻设计

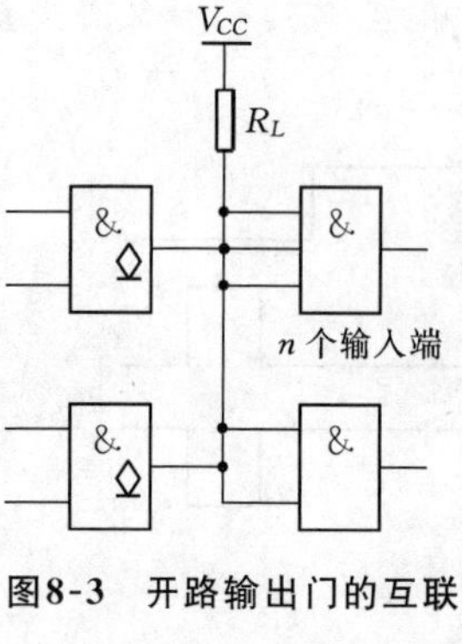

开路输出门需要外界负载电阻,此电阻应该根据开路输出门的最大允许输出电流以及后级负载门的输入电流确定.

L 型开路输出门互联电路如图 8-3 所示,计算负载电阻要从两个方向进行:

(1)考虑只有一个输出导通,此时输出低电平,且所有的电流(包括流过负载电阻的电流和后级输入端的电流)都流过此输出,此电流为

图 8-3 开路输出门的互联

$$\frac{V_{CC} - V_{OL}}{R_L} + n \mid I_{IL} \mid$$

必须保证它不超过开路输出门的最大允许低电平输出电流,即:

$$\frac{V_{CC} - V_{OL}}{R_L} + n \mid I_{IL} \mid < \mid I_{OL} \mid$$

(2) 考虑所有输出截止,此时输出高电平,所有后级输入端的输入电流将在负载电阻上形成压降,必须保证此压降不会使输入端的电平下降到阈值电平以下,即:

$$V_{CC} - n I_{IH} R_L > V_{IH}$$

联立以上两个不等式,可以确定负载电阻的阻值范围. 若是 H 型输出,需要对不等式作相应的修改.

8.3.3　不同类型的逻辑门的互联

随着半导体集成电路的发展,集成电路内部的电源电压有下降的趋势.但是为了与原有的系统兼容,集成电路的外部(输入输出端)电压基本上只有 3 个系统: TTL 电平、5 V 的 CMOS 电平、3.3 V 的 CMOS 电平.

在有些场合,我们可能需要将不同系列甚至不同类型的逻辑电路混合设计在一个数字系统中,例如 TTL 和 CMOS 电路的混合设计.由于逻辑电平和驱动能力的不一致,使得不同系列的集成逻辑电路之间的互联存在一定的困难.

下面分两部分来讨论上述问题.

一、TTL 电路和 5 V 的 CMOS 电路的互联问题

由于 TTL 电路和 5 V 的 CMOS 电路在低电平方面能够相互兼容,所以不用考虑低电平问题.下面主要考虑高电平的匹配.

TTL 电路输出的逻辑高电平为 2.7 V,而 CMOS 电路要求输入逻辑高电平为 3.5 V. 显然,直接将 TTL 电路的输出连接到 CMOS 电路会造成 CMOS 电路得不到正确的逻辑 1 信号. 反过来,如果由 CMOS 电路输出,TTL 电路输入,在逻辑电平上似乎没有问题,但是扇出有问题. 例如:4000 系列的低电平输出电流只有 0.5 mA,而 LS 系列的低电平输入电流为 0.4 mA,所以扇出数为 1. 也就是说, 4000 系列 CMOS 电路的输出只能提供一个 LS 系列的 TTL 门电路作为输入.

解决上述问题的办法是:当 TTL 电路输出而 CMOS 电路输入时,可以在 TTL

电路的输出端接一个上拉电阻到 V_{CC}. 由于 TTL 电路在输出高电平时,图腾柱输出下端的晶体管截止,上拉电阻可以有效地提高输出高电平,一般能够满足 CMOS 电路对于输入高电平的要求.

当由 CMOS 电路输出而 TTL 电路输入时,逻辑电平没有问题,只是要解决驱动能力问题. 一般一个 CMOS 电路驱动一个 TTL 电路没有问题,若驱动多个 TTL 电路时,CMOS 电路的驱动能力可能不够. 解决的一种办法是接入专门的 CMOS 驱动电路,这些驱动电路可以输出比较大的驱动电流. 另一种办法是简单地将若干个相同的 CMOS 门电路并联,以获得大的输出电流.

有些 CMOS 器件(HCT 系列和 ACT 系列)可以同 TTL 电路很好地匹配. 这些电路是生产厂商专门为 TTL/CMOS 混合设计而生产的. 型号中的 T 表示与 TTL 电路兼容.

二、5 V 器件和 3.3 V 器件的混合设计问题

由于这两种器件的电源电压不同,逻辑电平有很大的差别. TTL 电路要求输入高电平 V_{IH} 在 2 V 以上;输入低电平 V_{IL} 在 0.8 V 以下. CMOS 电路要求输入高电平 V_{IH} 为 $0.7V_{DD}$ 以上;输入低电平 V_{IL} 为 $0.3V_{DD}$ 以下. 由于目前 3.3 V 器件的输入结构都采用 CMOS 结构. 所以在 3.3 V/5 V 混合系统的设计中,有以下两种可能的情况:

(1) 5 V TTL 器件和 3.3 V 器件混合设计;

(2) 5 V CMOS 器件和 3.3 V 器件混合设计.

对于第一种情况,用 3.3 V 器件驱动 5 V TTL 的输入端在电平上是没有困难的. 因为所有 3.3 V 器件的输出结构都是 CMOS 或 BiCMOS 结构,所以 3.3 V 器件实际上能输出接近 3.3 V 的高电平和接近 0 V 的低电平,对 TTL 的输入高电平门限(2 V)和低电平门限(0.8 V)是容易满足的. 但是要注意扇出,一般扇出为 1.

然而用 TTL 器件来驱动 3.3 V 器件时有些问题. TTL 器件的输出低电平大约为 0.3 V 甚至更低,所以低电平的配合是没有问题的. 但是当一个 5 V 器件的输出为高电平时,典型情况是 $V_{CC} - 2V_{BE} \approx 3.6$ V. 虽然这个电压还不会使得 3.3 V CMOS 器件输入端的保护电路起作用,但是可能会引起 CMOS 器件的可控硅效应等意外情况,所以最好不要直接连接. 可以用下面要介绍的专用的电平移位电路互联. 若一定要直接连接,最好在中间串联一个限流电阻,但是这样做会影响系统的速度.

对于第二种情况,通常无法直接连接. 因为用 5 V CMOS 器件来驱动 3.3 V 器件输入时,输出高电平可能会超出 3.3 V 接收器件的输入容许极限. 当用 3.3 V 器件驱动 5 V CMOS 器件时,由于 5 V CMOS 所要求的 V_{IH} 至少是 $0.7V_{DD} = 3.5$ V,而

3.3 V 器件的输出高电平达不到这个电压.

　　为了解决这个问题,集成电路生产商开发了专门的电平移位电路.电平移位电路是一种双电源供电的器件,一端用 5 V 电源作为 V_{DDA},而另一端则用 3.3 V 作为 V_{DDB},电平移位在其内部进行.双电源能保证两边端口的输出摆幅都能达到满电源幅值,并且有很好的噪声抑制性能和驱动能力.

　　在一些 3.3 V 供电的大规模逻辑集成电路中,为了解决上述问题,特地在内部设计了电平移位电路,将一些要同外部逻辑电路交换的信号通过电平移位电路输入或输出到外部引脚上,并将此电平移位电路的外侧电源引到芯片外部,使用者可以将这个电源按照需要接到 5 V 或 3.3 V 上,从而完成电平匹配.

8.3.4　CMOS 电路的安全使用

一、输入电路的保护

　　由于 CMOS 电路的输入阻抗极高,所以在使用中,要注意对输入电路的保护.尽管在 CMOS 电路的输入端,电路内部已经有保护电路,但是由于这个保护电路的容量有限,只能在有限的范围内起到保护作用.

　　引起 CMOS 电路输入电路的损坏原因,主要是外界进入 CMOS 电路的能量.只要这个能量超出保护电路的承受能力,就可能对它造成破坏,从而破坏整个电路.所以在 CMOS 电路的输入端,一定要注意不使它受到过大能量的侵入.这种过大的能量,可能是在存储、运输和装配过程中产生的静电高压,也可能是使用中在输入端输入的电流、电压超出额定的指标,还可能是由于其他高压脉冲在输入端产生的感应电势.

　　对上述几种可能发生的侵害,可以采取的防护措施有:在存储和运输中采用抗静电的材料如金属作包装;在装配和焊接的时候将烙铁和其他可能接触器件的东西(包括双手)全部接地.还可以在设计的时候考虑在输入端串联一个电阻(几十欧姆到几千欧姆)以限制电流.为了避免感应电势的产生,不用的输入端一定要根据逻辑电平的需要妥善接地或接 V_{DD}.

二、可控硅效应的防止

　　可控硅效应(Silicon Controlled Rectifier Effecter)又称锁定(Latch Up)效应,是 CMOS 电路中特有的一种现象.一旦发生可控硅效应,往往造成器件的永久性损坏.

可控硅效应的产生原因如下：CMOS 电路的结构如图 8-4 所示. 为了制造 N 沟道场效应管, 必须在 N 型衬底上制造 P 型隔离岛, 再在 P 型隔离岛上制造 N 型的漏极和源极. 这样就形成了寄生的 NPN 晶体管 T_1 和 T_2. 另外, P 沟道场效应管的 P 型漏极和源极, 又与衬底、P 型隔离岛之间形成寄生的 PNP 晶体管 T_4 和 T_5. 再加上输入保护电路形成的两个寄生晶体管 T_3 和 T_6, 一共可以形成 6 个寄生晶体管. 这些寄生晶体管中, T_5 和 T_1 形成交叉连接, 在 V_{DD} 和地之间构成一种 P-N-P-N 四层结构, 相当于一个可控硅器件, 可控硅效应的名称由此而来.

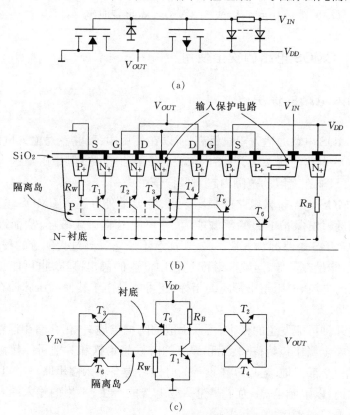

图 8-4 **CMOS 器件内部可控硅效应的产生原理**

可控硅器件一旦被触发, 由于其内部的正反馈作用, 可控硅器件将处于导通状态. 由于在 CMOS 器件中的寄生可控硅直接连接 V_{DD} 与地, 所以一旦导通, 将会在其中形成极大的导通电流, 直接导致器件烧毁.

防止 CMOS 器件的可控硅效应, 除了在 CMOS 器件制造工艺上加以改进外,在使用 CMOS 器件时也可以加以适当的防护. 观察图 8-4, 可知寄生可控硅的触发极与 CMOS 器件的输入输出相关, 所以在 CMOS 器件的应用中, 要注意不使输入输出端受到尖峰脉冲的干扰, 这些干扰包括外来的干扰以及由于电路设计不当引起的振铃等. 在速度允许的情况下, 可以在输入端串联电阻以限制电流, 在输出端串联小电阻以消除振铃.

　　另一个防止 CMOS 器件的可控硅效应的办法是限制器件的电源电流, 可以采取在器件的 V_{DD} 端串联一个小电阻实现. 此电阻在正常情况下对 CMOS 器件的影响极微, 但是一旦发生可控硅效应, 迅速增长的电流使得 CMOS 器件的电源电压迅速下降, 从而使寄生可控硅的内部反馈条件得不到满足而自动脱离锁定状态.

第 9 章　触发器及其基本应用电路

§9.1　要点与难点分析

本章介绍的触发器是时序逻辑电路的基础,要点如下:

(1) 触发器的逻辑功能.

触发器按照逻辑功能可以分为 RS、JK、D 和 T(包括 T′)4 种类型,必须熟记各种触发器的逻辑功能,包括状态表、状态方程以及激励表.

(2) 触发器的电路结构.

触发器按照电路结构可以分为锁存器、主从触发器和边沿触发器 3 种类型,必须分清不同类型触发器各自的动作特点.

(3) 触发器的逻辑功能和电路结构是两个不同的概念,两者没有固定的对应关系.

同一种逻辑功能的触发器可以用不同的电路结构实现,同一种电路结构的触发器可以做成不同的逻辑功能.

由于本章内容相对较少,故难点不多.比较困难的可能有如下两个问题.

一、触发器的动作特点

关于触发器的动作特点,由于触发器实际上是一个基本型异步时序电路,所以用基本型异步时序电路的理论分析它比较容易.但是学生在学习本章时尚未学习异步时序电路,所以理解稍有困难.下面以维持-阻塞型触发器为例,用基本型异步时序电路理论进行分析.

图 9-1 是维持-阻塞型 D 触发器的结构.由于 G_5、G_6 构成的简单 RS 触发器很容易理解,所以我们重点放在理解 G_1 到 G_4 组成的维持-阻塞结构上.

如图所示,记 G_1 到 G_4 组成的维持-阻塞结构的输出为 S_m、R_m,按照基本型

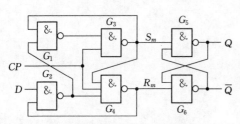

图 9-1　维持-阻塞型 D 触发器的结构

异步时序电路的分析,可以写出此结构的状态方程和状态流程表如下:

$$S_m = \overline{\overline{CP} \cdot S'_m \cdot \overline{DR'_m}} = \overline{CP} + S'_m \cdot \overline{DR'_m}$$

$$R_m = \overline{\overline{CP} \cdot S'_m \cdot \overline{DR'_m}} = \overline{CP} + \overline{S'_m} + DR'_m$$

　　由表 9-1 的状态流程表可以看到,此结构在
$CP = 0$ 时,只有唯一的稳定状态 $S_m R_m = 11$, 此状态
使得 G_5、G_6 构成的 RS 触发器处于保持状态. 当 CP 从
0 跳变到 1 时,根据 D 的不同,将有两个不同的转移途
径. 以 $D = 1$ 为例,总态的变化将是 $DCPS'_m R'_m =$
$1011 \to 1111 \to 1101$, 最后稳定在 $S_m R_m = 01$ 状态,此
状态使得 G_5、G_6 构成的 RS 触发器输出 $Q = 1$. 当 CP 返
回 0 时,总态变化为 $1101 \to 1001 \to 1011$. $D = 0$ 的情况与
此类似. 在状态流程表中已经将所有的转换途径标出.

表 9-1　维持-阻塞型 D
触发器的状态流程表

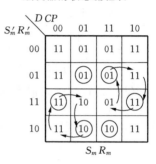

　　从状态流程表也可以看到,尽管在 $CP = 1$ 的状态
下,每列有 2 个稳定总态,其中一个是正确的,另一个不正确. 但是由于不存在临界
竞争,所以实际上不会到达两个不正确的稳定总态.

二、触发器的应用电路

　　由于本章尚未介绍时序电路的理论,因此有关触发器的应用只能从触发器的
基本特性展开,大致只能是异步计数器、寄存器等有限的几种应用. 其中异步计数
器(行波计数器)是比较典型的应用.

　　行波计数器是将若干个触发器串接形成的电路,对于初学者来说,容易搞错的
地方是时钟信号的传递过程. 例如对于图 9-2 的电路,假定开始时所有的触发器的
Q 端都为 0, 当 CLK 信号的有效边沿(下降沿)到来时,引起触发器 FF0 翻转,Q_0
由 0 到 1,$\overline{Q_0}$ 由 1 到 0,即 $\overline{Q_0}$ 产生一个下降沿. 此下降沿又是后级 FF1 的有效时钟,

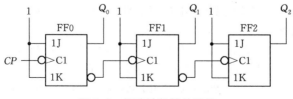

图 9-2　行波计数器的结构

又引起 FF1 翻转,以此类推.其中比较容易混淆的就是时钟上升沿触发还是下降沿触发、后级时钟来自前级的 Q 还是 $\overline{Q}$、这两者的组合形成的计数状态究竟是加法计数还是减法计数.其实通过波形图可以很方便地确定这些问题,为了方便应用,现将它们的组合情况列表如表 9-2 所示.

表 9-2 行波计数器的时钟和计数状态的关系

	上升沿触发	下降沿触发
加法计数	后级时钟来自前级的 $\overline{Q}$	后级时钟来自前级的 Q
减法计数	后级时钟来自前级的 Q	后级时钟来自前级的 $\overline{Q}$

注意在应用表 9-2 的时候,所有触发器都以 Q 作为计数器的输出.若以触发器的 $\overline{Q}$ 作为计数器的输出,则加法计数和减法计数的关系恰恰颠倒.

§9.2 习题解答

1. 简述锁存器、主从触发器和边沿触发器的动作特点.

答 锁存器(Latch)的动作特点是:输出状态不是由时钟信号触发,或者虽然由时钟信号触发但在时钟信号的某个电平下输出会随着输入改变而改变的器件.

主从触发器的动作特点是:触发器要等到 CP 脉冲的下降沿以后才输出,而激励信号发生在 CP 脉冲的逻辑 1 期间,所以实际上输出被延时了.触发器的输出不完全取决于 CP 脉冲的下降沿时刻的激励输入,而是同整个 CP 脉冲为逻辑 1 期间的激励信号状态有关.若在整个 CP 脉冲为逻辑 1 时间内激励信号受到干扰,出现虚假信号,输出将受到严重的破坏.

边沿触发器的动作特点是:输出状态在时钟输入的上升沿或下降沿到来时发生变化,并且只有该时刻的激励输入才能对触发器的输出状态产生影响.在时钟脉冲的其他时刻,激励输入对触发器的输出状态不产生影响.这种通过时钟边沿检测激励输入的功能,可以消除由于锁存器或者主从触发器的不正常触发而产生的许多问题,大大提高触发器的工作可靠性.

2. 简述触发器的逻辑功能和电路结构之间的关系.

答 触发器逻辑功能的基本特点是可以保存 1 位二值信息,具有记忆功能.根据输入方式和触发器状态随输入信号变化规律的不同,各种触发器在逻辑功能上又分成了 RS、JK、T、T'、D 等几种逻辑功能.

触发器逻辑从电路结构形式上又分为基本 RS 触发器、同步 RS 触发器、主从触发器、边沿触发器 4 种,而边沿触发器又有 3 种不同结构,不同的电路结构带来不同的动作特点.

需要特别指出:触发器的电路结构和逻辑功能是两个不同的概念,两者没有固定的对应关系,同一种逻辑功能的触发器可以用不同的电路结构实现,同一种电路结构的触发器可以做成不同的逻辑功能. 当选用触发器时, 不仅要知道它的逻辑功能, 还须知道它的电路结构, 这样才能把握其动作特点, 做出正确的设计.

3. 能否用 TTL 电路构成主从结构的边沿触发器? 若认为可以, 请画出电路结构并说明工作原理; 若认为不可以, 请说明理由.

　　答　主从触发器和主从结构的边沿触发器是两种不同结构的触发器, 主从结构的边沿触发器一般可以用 CMOS 传输门实现, 如果用 TTL 电路构成主从结构的边沿触发器有一个可行方案: 可以用主从 RS 触发器改造实现, 必须使主从 RS 触发器在 $CP = 1$ 期间不要出现保持状态, 即不要有记忆功能, 为此令 $R = \overline{D}$, $S = D$, 即构成了一个主从结构的负边沿触发方式的 D 触发器.

4. 已知正边沿触发的 D 触发器的 CP 和 D 端的波形如下, 试画出它的 Q 端波形, 假定 Q 的初始值为 0.

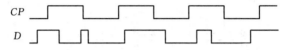

　　解　Q 端波形如下:

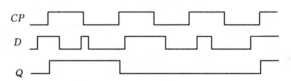

5. 将上一题的触发器改为 T 触发器, 激励输入改为 T 端, 试画出它的 Q 端波形, 假定 Q 的初始值为 0.
　　解　Q 端波形如下:

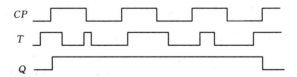

6. 已知负边沿翻转的主从型 JK 触发器的 CP 和 J、K 端的波形如下, 试画出它的 Q 端波形, 假定 Q 的初始值为 0.

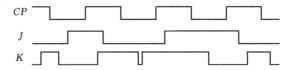

　　解　Q 端波形如下:

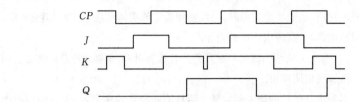

7. 按照下图给出的逻辑关系画出输出 Q 的波形, 假定 Q 的初始值为 000.

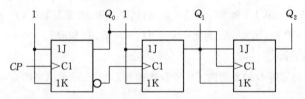

　　解　Q_0、Q_1、Q_2 端波形分别如下:

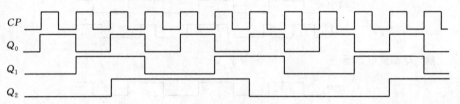

8. 按照下图给出的逻辑关系画出输出 Q 的波形, 假定 Q 的初始值为 000. 并比较本题电路与上一题电路的不同.

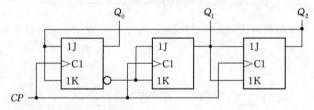

　　解　Q_0、Q_1、Q_2 端波形分别如下:

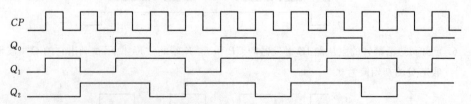

　　该电路是一个同步时序电路, 而上一题电路是一个异步时序电路.

9. 试用 4 个负边沿触发的 JK 触发器构成一个异步二进制加法计数器, 要求画出逻辑图和输出波形.

　　解　电路如下:

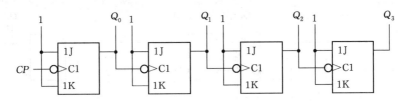

输出波形如下：

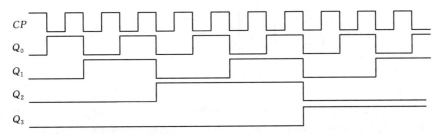

10. 是否可以用锁存器构成环形计数器和扭环形计数器？为什么？

　　答　不可以．以 D 锁存器为例，D 锁存器在 $CP = 1$ 期间状态是透明的，这样导致在 $CP = 1$ 时第一个 D 锁存器的 1 会直接传送到后级锁存器，无法实现 1 的轮流输出．

11. 试用 4 个正边沿触发的 JK 触发器构成一个扭环形计数器，要求画出逻辑图和输出波形．

　　解　电路如下：

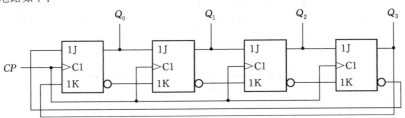

输出波形图如下：

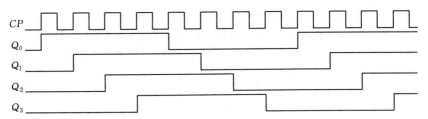

12. 试用同步 RS 触发器和 JK 触发器附加必要的门电路构成串行输入、串行输出的移位寄存器，要求画出逻辑图和输出波形．

　　解　用同步 RS 触发器和 JK 触发器构成串行输入、串行输出的移位寄存器电路分别如下，图中同时画出了并行输出的信号．

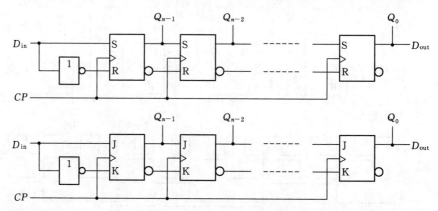

输出波形略.

13. 下图是基本 RS 触发器的一个典型应用:抗抖动开关电路. 在按动开关时,由于触点的抖动,可能在开关按下或松开的瞬间产生一串脉冲如图(b)的波形. 试画出 RS 触发器的输出波形.

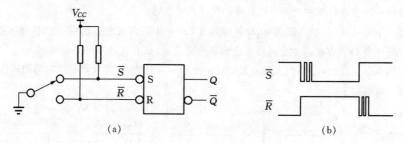

解 输出波形如下:

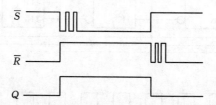

14. 下图是用 D 触发器构成的另一种抗抖动开关电路,其输入波形如图(b)所示. 一般情况下,触点抖动的延续时间大致在几个毫秒,所以 CP 脉冲的周期必须大于此值. 试画出触发器输出波形,并与上一题的结果比较.

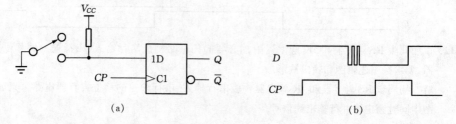

解　输出波形如下:

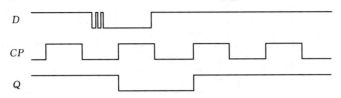

　　本题电路利用 CP 脉冲对输入采样,实现开关抗抖动.而上题利用 RS 锁存器的记忆功能实现开关抗抖动.一般来说,由于本题的办法要等待时钟脉冲的到来,所以用 RS 锁存器的办法对于输入的响应要快于用 CP 采样的办法.但是本题的办法也有其优越性,就是通过 CP 采样,使得一个异步的输入信号与系统时钟同步.这个特点在同步时序电路中极为重要,所以本题电路在同步时序电路中得到广泛的应用.

15. 试用一个 3 位异步二进制计数器和一个 3-8 译码器,构成一个顺序脉冲发生器.要求画出原理图和输出波形图.

　　解　电原理图如下:

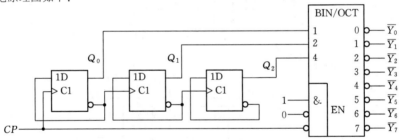

　　输出波形如下图所示.由于在电路中用 CP 作为输出选通脉冲,有效地避免了由于异步计数器可能造成的输出冒险现象.

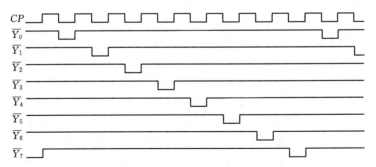

16. 试用 2 个 D 触发器设计一个四相时钟发生器.所谓四相时钟发生器是指它产生 4 个相互相差 90 度的脉冲信号.要求画出原理图和输出波形图.

　　解　四相时钟波形如下:

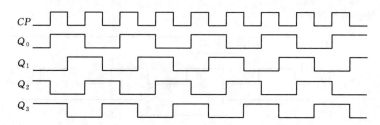

分析四相时钟波形,发现 Q_0、Q_2 互为反相,Q_1、Q_3 互为反相.当 CP 脉冲占空比为 50% 时,Q_0 在时钟上升沿触发,Q_1 在时钟下降沿触发则正好满足相互相差 90 度的要求,故设计电路如下图(a).

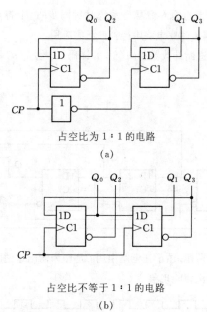

占空比为 $1:1$ 的电路

(a)

占空比不等于 $1:1$ 的电路

(b)

当 CP 脉冲占空比不为 50% 时,不能采用上述设计,此时应该使 CP 时钟频率加倍,然后利用 Q_0 和 Q_1 之间的相位关系进行互锁,设计电路如图(b).此时输出波形和时钟波形的关系与本题开始解答时给出的波形有所不同,请读者自行分析.

17. 设计一个三人抢答器.该抢答器共有 4 个开关,一个给裁判,另 3 个给选手.要求在裁判的开关打开以后,哪个选手的开关首先打开,该选手的指示灯亮,其余选手的开关再打开无效.在裁判的开关未打开之前,哪个选手的开关打开,则该选手的犯规指示灯亮.

解 该题可有多种方案实现,可以用锁存器,也可以用触发器,下面给出两种方案的原理图供读者参考.其中 A、B、C 为抢答者,S 为裁判.

方案 1 用锁存器实现

下图为用 4D 锁存器 74LS75 和其他门电路实现的抢答器电路.

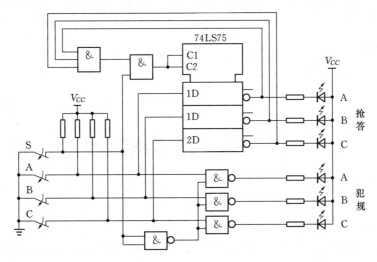

方案 2 用触发器实现

下图为用 4D 触发器 74LS175 和其他门电路实现的抢答器电路.

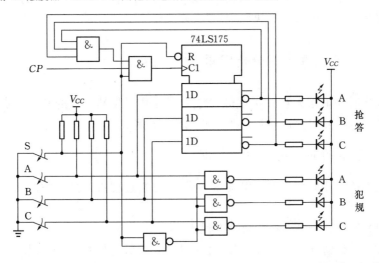

应注意的是,在设计实际应用电路时,还应进行开关防抖动设计、*CP* 脉冲振荡器设计.

第 10 章　同步时序电路

§10.1　要点与难点分析

本章是数字逻辑的重点,介绍了时序电路的模型问题、同步时序电路的分析、同步时序电路模块以及同步时序电路的设计,其中同步时序电路的分析和设计是本章的重点.

为了使读者掌握同步电路的分析与设计问题,这里首先将分析和设计问题分成几大类,对每类问题进行讨论,提出一些基本的分析和设计原理.然后在第二部分习题解答中,结合具体的习题加以展开讨论.读者可以结合前面的讨论和后面的解答来体会它们的基本解决原则.

一、同步时序电路分析问题

同步时序电路大致可以分成两类:一类是由触发器构成的基本同步时序电路,另一类是以同步时序电路模块为核心构成的电路.

1. 基本的同步时序电路分析

基本的同步时序电路由触发器构成,其分析过程可以按照一定的步骤进行,这些步骤包括:

(1) 列出每个触发器的激励方程;

(2) 将激励方程代入触发器的状态方程,得到电路的状态方程.同时写出输出方程;

(3) 列出状态转换表或画出状态转换图,并分析此结果.

本章习题 1、2、3 的解答就是典型的由触发器构成的同步时序电路的分析过程.

在实际的分析中,对于一些简单的电路,也可以简化上述分析过程.例如可以直接根据电路的连接关系,画出每个触发器的时序图,从而得到电路的功能描述等.但是这种简化的分析方法必须对时序电路有了足够的认识才能进行.初学者比较容易犯的错误是将电路状态的现态与次态混淆. 例如同步计数器,某触发器在 CP 作用下状态发生改变,其输出连到下一个触发器的激励端,但是下一个触发器的状态不是立即响应此激励,而是要到下一个 CP 的有效沿才响应. 初学者容易直接将激励与输出状态联系起来,结果造成错误,所以对于初学者,建议还是按照上述步骤进行分析.

2. 由时序电路模块构成的同步时序电路分析

若同步时序电路由时序电路模块构成,而触发器隐含在每个模块中,所以采用上述的分析过程是不合适的. 由于这类电路通常是对原有模块进行改动得到,所以对于这类时序电路问题的分析过程,一般是先明确电路中的时序电路模块的功能,然后在该模块的功能基础上,分析附加的逻辑部分(通常是一些组合逻辑)如何修改了原来模块的功能,必要时可以采用时序图、状态图等手段加以辅助. 最后在上述分析的基础上得到此电路的功能描述. 由于这类电路的分析在教材中没有展开讨论,所以下面结合几个例题对此进行阐述.

例 10-1 分析图 10-1 电路的功能.

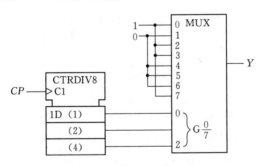

图 10-1 例 10-1 的电路

这是一个基于计数器模块构成的电路. 分析时首先要确定计数器的状态转换关系. 由图 10-1 可知,该计数器是一个二进制模 8 加法计数器,所以其输出应该是二进制数 0~7,即 000→001→010→011→100→101→110→111. 由于其输出接一个数据选择器的选择端,所以该数据选择器的输出将随此计数器的状态变化不断选择不同的输入数据. 对于本例而言,数据选择器的输入从 0 到 7 分别为 10110001,所以输出 Y 就是 10110001 的不断循环反复. 这类电路被称为序列信号发生器,序列长度就是循环的序列字的长度,本例为 8.

例 10-2 分析图 10-2 电路的功能.

这是一个基于移位寄存器的电路. 3 位移位寄存器在时钟脉冲的作用下作向

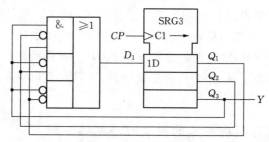

图 10-2   例 10-2 的电路

下移位,其输出数据经过一个组合电路后,反馈到移位寄存器的数据输入端形成串行输入数据.电路的输出是移位寄存器的 Q_3.

分析本例题可以先写出移位寄存器的所有 8 个状态,然后根据组合逻辑写出次态的激励 D_1,并根据移位寄存器的特点写出次态,根据它们的关系就可以写出本例题的状态转换关系,以及得到输出.这个过程列表如表 10-1.

表 10-1   例 10-2 的状态表

状态	激励	次态	输出	状态	激励	次态	输出
$Q_3Q_2Q_1$	D_1	$Q_3Q_2Q_1$	Y	$Q_3Q_2Q_1$	D_1	$Q_3Q_2Q_1$	Y
000	1	001	0	100	0	000	1
001	0	010	0	101	1	011	1
010	1	101	0	110	0	100	1
011	1	111	0	111	0	110	1

由上面的表格,可以得到此电路的状态转换关系和输出如下:

状态转换是 $000 \rightarrow 001 \rightarrow 010 \rightarrow 101 \rightarrow 011 \rightarrow 111 \rightarrow 110 \rightarrow 100 \rightarrow 000 \rightarrow \cdots \cdots$,依次循环.输出则是以 000101110 序列不断循环.所以这也是一个序列长度为 8 的序列信号发生器.

例 10-3   分析图 10-3 电路的功能.

这是一个基于同步计数器的电路.该同步计数器的同步清零端被接成由计数器输出反馈的形式.当计数器的输出(计数值)在从 0000 到 1011 之间变化时,由于 3-8 译码器的 4 号输出一直是逻辑 1,所以对计数器的工作没有影响.当计数器的输出为 1100 时,3-8 译码器的 4 号输出变为逻辑 0,所以当下一个时钟脉冲到来时,计数器被同步清零,即计数值为 0000.所以此计数器的输出状态在 0000 到 1100 之间循环.

下面看此电路的输出.由于输出接在 3-8 译码器的 2 号与 4 号输出,这两个输

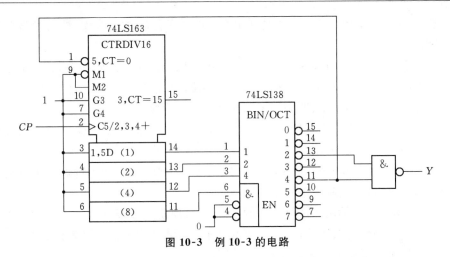

图 10-3 例 10-3 的电路

出有效(逻辑 0)对应的计数器的输出为 1010 和 1100,并且输出 Y 是它们的"与非",所以可以知道,当计数器的计数值为 1010 和 1100(十进制的 10 和 12)时,输出逻辑 1,其余情况下输出逻辑 0.据此,可以画出输出的时序图如图 10-4.

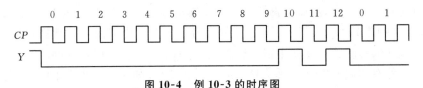

图 10-4 例 10-3 的时序图

由此时序图可以看到,此例的输出是一个双脉冲序列,即相隔一定时间输出一对脉冲.所以这是一个双脉冲发生器电路.

二、同步时序电路设计问题

同步时序电路的设计是本章的难点.最为常见的同步时序电路的设计问题大致有以下几个类型:一个是基本的状态机的设计问题,另一个是同步计数器的设计问题,还有就是综合性的应用设计问题.

1. 基本的状态机设计

基本的状态机设计问题可以参照教材中介绍的基本设计步骤进行,这些步骤可以分成功能分析和逻辑实现两大部分.

功能分析是从原始问题中得到系统的状态转换关系(状态转换表或状态转换

图),逻辑实现是将上述状态转换关系用实际的数字逻辑加以实现,即得到最后的逻辑图.

一般而言,功能分析包括确定时序电路模型以及确定状态转换关系.由于涉及对于问题的理解能力,可能对于初学者有些困难.下面提出一些大致的原则:

首先是确定电路模型,即采用米利模型还是采用摩尔模型.

由于米利模型的输出直接与输入有关,所以若问题本身要求输出与输入直接相关者,肯定采用米利模型.

由于米利模型的输出一般要比摩尔模型快一个节拍,所以若对输出响应输入的时间有要求者,一般应该采用米利模型.

由于摩尔模型的输出能够稳定地维持一个时钟周期,虽然状态数目多了一些,但是逻辑结构简单清晰,所以除了上述几种情况之外,一般都可以考虑采用摩尔模型.

其次是确定系统的状态以及状态转换关系.

若问题的状态转换关系明确(例如本章习题 15、17),则可以根据题意直接列出状态转换表,然后进入逻辑实现过程.

若问题的状态转换关系隐含在题目的叙述中(例如本章习题 8、10),一般情况下要首先确定状态数,然后根据题目的叙述确定状态转换关系,并据此作出状态转换图.在这种情况下,有可能会因为对题目的分析不够透彻而导致状态数过多,但是这可以在随后的状态化简中得到解决,所以不是一个十分严重的问题.

若问题有明确的时序关系(例如本章习题 18),则可以在时序图上确定状态数.确定原则是找出时序的重复周期,然后按照此周期确定状态数,并据此作出状态转换表.对于一些没有给出明确的时序图,但是问题本身带有明确的时序关系的问题(例如本章习题 10),也可以根据题意作出时序图,然后再进行分析.利用时序图进行分析得到的状态在某些情况下会产生冗余,所以也应该在随后的逻辑实现中尝试进行状态化简.

对于比较复杂的问题,可以参考教材中介绍的 ASM 方法进行分析.由于 ASM 方法是一种图表式的分析方法,所以有助于问题的分析过程.

不管采用上面所说的哪种方法,要完美地分析一个问题就需要对问题有透彻的了解,并需要在设计实践中不断进行经验积累.

逻辑实现则相对简单,只要掌握基本设计步骤,一般不存在设计上的困难.大致的逻辑实现步骤如下:

(1) 化简 对状态转换表或状态转换图进行化简以得到一个最简单的状态机.在化简过程中,要注意区分完全描述状态表和不完全描述状态表的不同化简方法.

（2）状态编码　适当的编码可以简化最终的电路结构,有一些常用的编码规则,但是没有一成不变的方法.

（3）确定触发器类型,得到状态激励表　在这个步骤中,可能要对冗余的状态进行处理.要区分两种不同的冗余状态处理:一种是对所有的冗余状态有特定的次态和输出要求的;另一种是只要求系统能够进入正常循环.

（4）得到方程和逻辑图　根据状态激励表得到触发器的激励方程,根据状态转换表得到电路的输出方程.并由上述两组方程得到最终的逻辑图.

本章习题 8、9、10、15、17、18 等是一些典型的状态机设计问题,这些题目的解答基本上都按照基本的状态机设计步骤进行,读者可以通过它们进一步熟悉状态机设计问题.

2. 同步计数器设计

同步计数器的设计有两种基本方法:基于触发器的设计和基于计数器模块的设计.

由于计数器可以看成一种特殊(无输入变量)的状态机,而基于触发器的状态机设计在教材中有比较详细的说明,所以这个设计问题可以归结为同步时序电路的一般设计方法.本章习题 11 和习题 12 解答的第一部分介绍了基于触发器的计数器设计的一般过程.

基于触发器设计计数器还有一些特殊的问题或方法.

一个问题是利用修改法将多位二进制计数器改造成 n 进制计数器.这是一个设计计数器的简化的方法,其本质同一般的设计方法一致,是设计 n 进制计数器中 JK 触发器的激励方程,但是将整个设计过程归纳成一个固定的程式,若能够掌握这个程式,则可以比较快地实现计数器的设计.本章习题 12 解答的第二部分介绍了利用这种方法进行 n 进制计数器设计的一般过程.

另一个问题是基于计数器模块设计 n 进制计数器问题.这是工程上常用的一种计数器设计方法,它的基本设计思想是利用计数值的反馈,使得原有的计数器中某些状态被跳过,从而达到改变计数进制.在本章习题 4 到习题 6 的解答过程中,比较详细地讨论了这种模式的设计过程,最后给出的电路也是工程上能够实现的电路.要注意的是这种方法的设计思想与前面修改二进制计数器的方法完全不同.

比较特殊的计数器设计是要求设计最简结构的计数器,即不附加任何组合电路的计数器.这种计数器可以有两种结构:第一种结构是环形计数器或扭环形计数器.这种结构十分简单,适用于所有的计数器情况,缺点是可以利用的状态数比较少,分别为 n 和 $2n$（n 是触发器个数）.第二种结构是通过合适的状态编码,使得计数器中每个触发器的激励函数直接就是某个触发器的 Q 或 $\overline{Q}$,或者是 0 或 1,这样就可以无需附加组合电路.这种结构主要涉及计数器的状态编码问题,是一种特殊的情况,并不是对所有的计数器都适用.本章习题 13 的解答讨论了这种设计的一个例子.

3. 综合性应用设计

综合性应用设计问题涉及的面很广,可以是设计一个功能复杂的状态机,也可能是设计一个逻辑系统.

功能复杂的状态机设计问题中,许多问题可以归结为利用控制端实现不同的逻辑功能问题.这类问题大多可以利用数据选择器对状态机的激励或输出进行选择,从而达到改变逻辑功能的目的.本章习题 11、17、18 就是几个这样的例子,在习题解答部分已经做了比较详细的说明,读者可以参照答案了解这类问题的解决方法.

在设计功能复杂的状态机电路过程中,合理采用时序逻辑模块进行设计可以收到事半功倍的效果.本章习题 14、17、18 的解答中就有这类设计过程的例子.采用此方法进行设计需要设计者对各种模块的性能十分了解.

至于逻辑系统的设计问题,解决方案变化多端,而且越复杂的问题解决方案越多.设计方案的优劣与设计者的知识和经验具有很大关系.由于教科书的要求与篇幅的限制,在教材中不可能对此问题作深入的展开,在本书中同样也只能作一些初步的分析.在教材中所列举的一个测量反应时间的例子可以认为是一个逻辑系统的设计问题,本章习题 16 以及第 6 章讨论了有关该例子的一些具体设计问题.另外,本章习题 14 也可以勉强算是一个这样的例子.更多的例子可以在本书第 6 章中找到.读者要进行逻辑系统设计问题的深入研究,应该参考其他有关书籍与资料.

§10.2 习 题 解 答

1. 在下图所示电路中,设初始状态为 $Q_1 = Q_2 = Q_3 = 0$.

(1) 写出状态转换表,画出状态转换图.

(2) 分别画出 $X = 0$ 和 $X = 1$ 的输出波形.

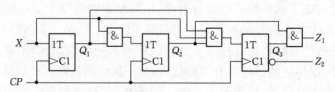

解 从左到右 3 个 T 触发器的激励方程分别为

$$T_1 = X; \quad T_2 = XQ_1; \quad T_3 = XQ_1Q_2$$

输出方程分别为　　　　　　　　　$Z_1 = Q_2 Q_3\,;\ Z_2 = \overline{Q}_3$

由 T 触发器的特征方程得到从左到右 3 个 T 触发器的状态方程为

$$Q_{1(n+1)} = X\overline{Q}_{1n} + \overline{X}Q_{1n}$$

$$Q_{2(n+1)} = XQ_{1n}\overline{Q}_{2n} + \overline{XQ_{1n}}Q_{2n}$$

$$Q_{3(n+1)} = XQ_{1n}Q_{2n}\overline{Q}_{3n} + \overline{XQ_{1n}Q_{2n}}Q_{3n}$$

据此可得状态转换表如下：

现态 $Q_1 Q_2 Q_3$	次　态		Z_1	Z_2	现态 $Q_1 Q_2 Q_3$	次　态		Z_1	Z_2
	$X=0$	$X=1$				$X=0$	$X=1$		
000	000	100	0	1	100	100	010	0	1
001	001	101	0	0	101	101	011	0	0
010	010	110	0	1	110	110	001	0	1
011	011	111	1	0	111	111	000	1	0

状态转换图如下，其中表示状态的圈内标记为 $Q_1 Q_2 Q_3/Z_1 Z_2$.

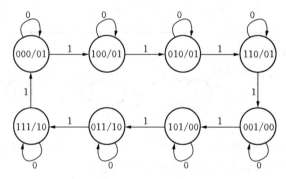

$X = 0$ 时触发器状态不变，Z_1 输出恒为 0，Z_2 输出恒为 1. 输出波形从略.

$X = 1$ 时的输出波形如下：

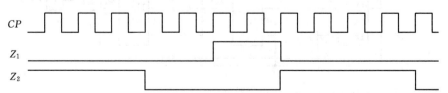

2. 分析下图电路，画出状态转换图并说明其逻辑功能.

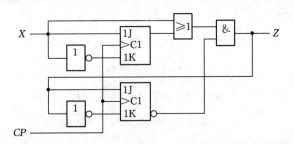

解 本题中两个 JK 触发器通过反相器已经转换为 D 触发器,从上到下两个触发器的激励方程为

$$D_1 = X; \quad D_2 = (X + Q_1)\,\overline{Q}_2$$

输出方程为
$$Z = (X + Q_1)\,\overline{Q}_2$$

状态方程为
$$Q_{1(n+1)} = X, \quad Q_{2(n+1)} = (X + Q_1)\,\overline{Q}_2$$

状态转换表如下:

现态 Q_1Q_2	次态/输出		现态 Q_1Q_2	次态/输出	
	$X=0$	$X=1$		$X=0$	$X=1$
00	00/0	11/1	10	01/0	11/1
01	00/0	10/0	11	00/0	10/0

状态转换图如下:

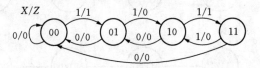

由状态转换图知,当输入为 0 时,输出恒为 0,当输入为 1 时,输出为时钟信号的二分频.

3. 分析下图电路,写出状态方程并检查其能否自启动.

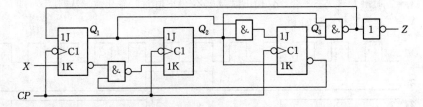

解 从左到右 3 个 JK 器的激励方程分别为

$$J_1 = \overline{Q_2Q_3}; \; K_1 = X; \; J_2 = Q_1; \; K_2 = Q_1 + Q_3; \; J_3 = Q_1Q_2; \; K_3 = Q_2$$

根据 JK 触发器的特征方程,得到电路的状态方程如下:

$$Q_{1(n+1)} = \overline{\overline{Q_2 Q_3} \cdot \overline{Q_1}} + \overline{X} Q_1$$

$$Q_{2(n+1)} = Q_1 \overline{Q_2} + \overline{Q_1 + Q_3} \cdot Q_2$$

$$Q_{3(n+1)} = Q_1 Q_2 \overline{Q_3} + \overline{Q_2} Q_3$$

状态转换表如下：

现态 $Q_1 Q_2 Q_3$	次　态		Z	现态 $Q_1 Q_2 Q_3$	次　态		Z
	$X = 0$	$X = 1$			$X = 0$	$X = 1$	
000	100	100	1	100	110	010	1
001	101	101	0	101	111	011	0
010	110	110	1	110	100	001	1
011	000	000	0	111	100	000	0

检查自启动在状态转换图进行最为方便. 本题的状态转换图如下, 为了更清晰地看出状态转换关系, 图中将 $X = 0$ 和 $X = 1$ 分开处理. 由于所有状态最后都进入有效循环, 所以电路能够自启动.

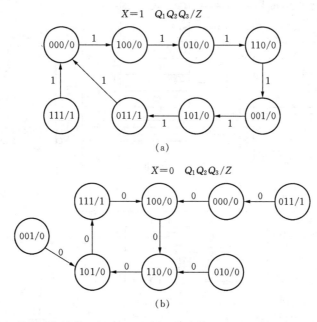

(a)

(b)

4. 试用 2 个 4 位二进制同步计数器构成 24 进制同步计数器. 画出电路图和状态转换图.

　　解　利用商品计数器器件 (在用 PLD 设计时是利用设计库中的计数器模块) 构成 n 进制的计数器是常见的一个时序电路设计问题. 通常总是用二进制计数器作为计数器模块, 附加其他门电路改变计数循环值. 在这种设计中, 根据设计要求有多种实现方法. 由于 24 进制同步计数器大于 16, 所以必须用两个 4 位二进制同步计数器构成. 我们在下面的设计中主要采用 TTL 电路器件 74LS163, 这是一个 4 位二进制同步计数器, 具有同步清 0 和同步置数输入.

方法 1　同步清 0 法

若设计要求计数器的循环按照二进制码的顺序,从 0 开始计数,计数到 $n-1$,则可以采用同步清 0 法.此法要求计数器模块具有同步清 0 端.在计数到达 $n-1$ 时,通过译码电路产生一个同步清 0 信号,此信号被接到计数器模块的同步清 0 端(例如 74LS163 的 1 号引脚),这样下一个时钟脉冲到达时,计数器被清 0,计数状态循环是 $0\sim(n-1)$,从而实现 n 进制计数.

下图是按照同步清 0 方式实现的电路,先将两个计数器串联成 256 进位计数器,然后用置 0 法去除多余状态.图中译码器为 TTL 电路器件 74LS138,在计数值到达 23(二进制 10111)时产生同步清 0 信号.标注在器件的输入输出连线上的是它们的引脚编号.所有逻辑 0 都接地,所有逻辑 1 都通过电阻(或直接)接电源电压 V_{cc}.

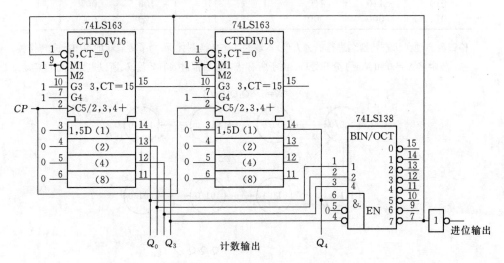

方法 2　同步置 0 法

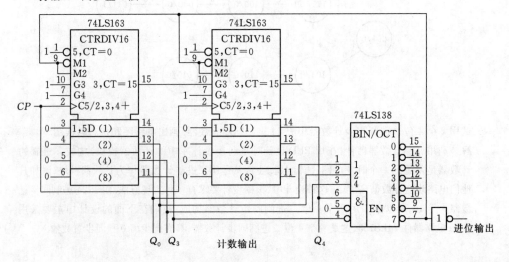

此法要求计数器模块具有同步加载输入,并将所有输入端接逻辑 0. 在计数到达 $n-1$ 时,通过译码电路产生一个同步加载信号,这样下一个时钟脉冲时,计数器被加载成 0,从而实现 n 进制计数. 此方法得到的计数器的计数顺序也是 $0 \sim (n-1)$.

上图是按照同步置 0 方式实现的电路.

方法 3　同步置 1 法

若设计要求中并不规定计数器的循环顺序,则也可以采取置 1 法. 此法改变了置数值和同步加载信号的有效译码状态,置数值为 2^m-1(全 1),其中 m 是二进制计数器模块的字长. 译码器在计数状态等于 $n-2$ 时输出同步加载信号. 这样,计数状态循环是 2^m-1、$0 \sim (n-2)$,它的一个好处是可以利用计数器模块自身的进位输出.

下图是按照置 1 方式实现的电路,译码器在计数值等于 22(二进制 10110)时产生同步置 1 信号.

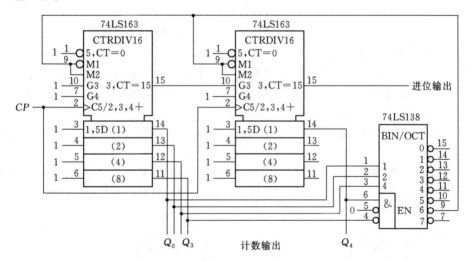

方法 4　同步置数法

不规定计数器的循环顺序时,还有一个简单的办法就是直接利用计数器模块本身的进位输出作为同步置数信号. 例如要用 4 位二进制同步计数器 74LS163 实现 12 进制计数,可以将同步计数器的进位输出取反后(因为 74LS163 的加载端是逻辑 0 有效)送到计数器模块的同步加载端,而将计数器模块的并行数据输入端接成 $16-12=4$. 这样,当计数器计数到 15 时,下一个计数脉冲计数器进行置数,即置为 4. 整个计数器的计数循环为 $4 \sim 15$,总共 12 个状态. 对本题来说,要求完成 24 进制计数,可以用两个 16 进制计数器串联后,将并行置数端接成 $256-24=232$(11101000),即高位计数器接成 1110,低位计数器接成 1000. 这样该计数器的计数循环为 $232 \sim 255$,总共 24 个状态. 电路图如下:

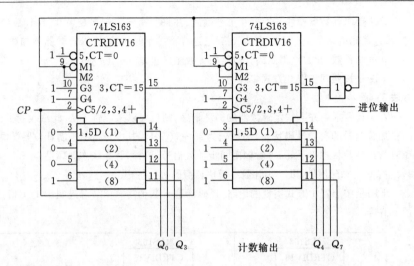

方法 5 拆分计数值

当采用多个计数器模块进行计数器设计时,若规定计数器的循环顺序,则必须将多个计数器模块串联后设计.若不规定计数器的循环顺序,还可以采用拆分计数值的办法设计.例如,对于本题来说可以将 24 拆分成 12×2、8×3 或 6×4,然后两个计数器模块分别实现两个拆分后的计数器,再进行拼接.对于每个拆分后的计数器,可以采用前面所述的置 0 或置 1 的办法设计.

下面的两帧图是按照 6×4 拆分后的两种计数器设计方案.其中译码器部分仅给出逻辑关系,实际电路需要选用合适的器件(例如 74LS138)加以实现.

方案 1 置 0 方案

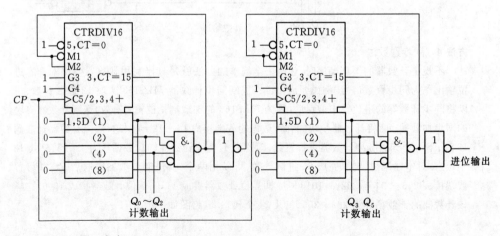

方案 2 置 1 方案

在拆分计数值的设计中,需要注意两个计数器的状态.在置 0 方案中,当低位计数器

(6 进制)计到 5 时产生清零信号,此信号又是高位计数器的计数允许信号,在下一时钟脉冲到达时低位计数器清零,而高位计数器(4 进制)计数一次.高位计数器在计到 4 时产生给自己的置 0 信号.所以总的计数值循环情况是:高位:低位=0:1, …, 0:5, 1:0, …, 1:5, 2:0, …, 2:5, 3:0, …, 3:5, 4:0, 0:1, …而在置 1 方案中,由于多了全 1 的状态,低位计数器计到 4 时产生置 1 信号,高位计数器在计到 3 时产生置 1 信号.总的计数值循环情况是:高位:低位=0:0, …, 0:4, 0:15, 1:0, …, 1:4, 1:15, 2:0, …, 2:4, 2:15, 3:0, 15:1, …, 15:4, 15:15, 0:0, …

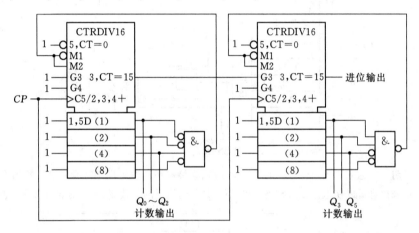

从上面的分析也可以看到,拆分计数值后,计数器的输出一般是不连续的,所以若要求输出连续的计数值时不应采用此方法.但若实际需要分组(例如设计时钟需要将 60 进制分成 10 进制与 6 进制两组),则采用此法比较方便.

方法 6　异步清 0 法

以上的设计都是同步设计.若计数器模块没有同步置数输入以及同步清 0 输入,只有异步清 0 输入,则可以采用异步清零设计.

异步清零设计办法是在输出端加一个译码电路,当计数值到达 n 时,译码器输出有效清零信号,此信号反馈到计数器模块的异步清 0 输入端(例如 74LS161 的 1 号引脚),计数器随即被清零.随着计数器被清零,译码器输出的清零信号变成无效,计数器重新从 0 开始计数.计数器的有效状态循环为 $0 \sim (n-1)$,也是 n 个状态.这种计数器与同步清零计数器的一个区别是译码器有效输出对应的计数器状态:同步计数器在计数值等于 $n-1$ 状态时输出,下一个时钟置 0;异步计数器在计数值等于 n 状态时输出,并立即清零.由此带来的一个较大的问题是异步计数器在计数值等于 n 的时刻存在一个短暂的输出,其时间长短取决于器件的延时,类似一个冒险,所以较少采用.

5. 试用 1 个 4 位二进制同步计数器构成一个可变进制同步计数器.该计数器有一个控制端 S,要求当 $S=0$ 时实现 10 进制计数功能,$S=1$ 时实现 12 进制计数功能.画出电路图和状态转换图.

解 利用上题方法,用置 0 的方法实现,两种进制的区别是同步置 0 的计数状态不同,利用控制端 S 改变此状态可以实现设计要求.电路图如下,状态转换图略.为了突出主要功能,译码器部分仅画出了逻辑功能,其状态请读者自行分析.实际的译码器可以参考第 4 题,用译码器模块电路实现.

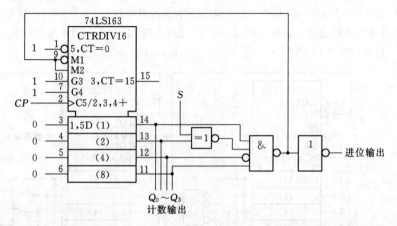

说明 本题若不规定计数器的循环次序时,直接利用计数器模块本身的进位输出作为同步加载信号可以使电路变得相当简单.下图是此情况下的计数器,原理请读者自行分析.

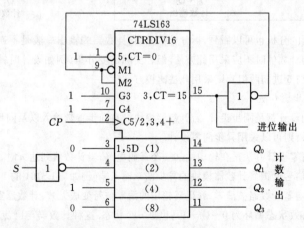

6. 试用 1 个 4 位二进制同步计数器构成一个余 3 码十进制同步计数器,即按照余 3 码规律计数.画出电路图和状态转换图.

解 按照余 3 码规律计数,即从 0011 计数到 1100.可以利用 4 位二进制同步计数器的同步并行置位,当计数到达 1100 时,并行置位有效,下一个时钟脉冲计数器进入置位状态.由于并行输入端接成 0011,所以下一个时钟的输出就是 0011.这样就完成了余 3 码十进制同步计数器,电路如下图所示,其中译码器部分仅画出了逻辑功能,实际的译码器可以参考第 4 题,用译码器模块电路实现.状态转换图从略.

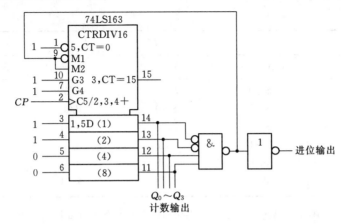

7. 化简下列状态转换表.

(1)

状　　态	次　　态		状　　态	次　　态	
	$X=0$	$X=1$		$X=0$	$X=1$
A	$F/0$	$B/0$	E	$D/0$	$C/0$
B	$D/0$	$C/0$	F	$F/1$	$B/1$
C	$F/0$	$E/0$	G	$G/0$	$H/1$
D	$G/1$	$A/0$	H	$G/1$	$A/0$

解　这是一个完全描述状态表,其状态化简隐含表如下:

B	FD BC						
C	BE	FD CE					
D	$\times$	$\times$	$\times$				
E	FD BC	$\checkmark$	FD CE	$\times$			
F	$\times$	$\times$	$\times$	$\times$	$\times$		
G	$\times$	$\times$	$\times$	$\times$	$\times$	$\times$	
H	$\times$	$\times$	$\checkmark$	$\times$	$\times$	$\times$	$\times$
	A	B	C	D	E	F	G

　　由隐含表知道,B 和 E、D 和 H 是等价对,由于 B 和 E 是等价对,故 A 和 C 是等价对,
再加上 F、G 共 5 个状态.化简后的状态转换表从略.

（2）

状 态	次 态			
	$X_1 X_2 = 00$	$X_1 X_2 = 01$	$X_1 X_2 = 11$	$X_1 X_2 = 10$
S_1	S_2 / d	$S_3 / 0$	$d / 0$	S_4 / d
S_2	$S_3 / 0$	$S_5 / 0$	d / d	d / d
S_3	S_4 / d	S_6 / d	S_3 / d	d / d
S_4	$S_5 / 1$	d / d	d / d	S_1 / d
S_5	d / d	d / d	d / d	d / d
S_6	d / d	S_4 / d	S_4 / d	S_2 / d

解　这是一个不完全描述状态表,其状态化简隐含表和合并图如下:

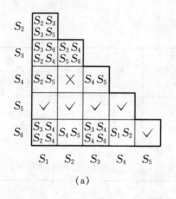
　　　　　　　　　　（a）

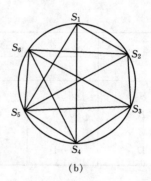
　　　　　　　　　　（b）

由合并图得到最大相容类,有

$$\{S_2,S_3,S_5,S_6\},\{S_1,S_4,S_5\}或\{S_3,S_4,S_5,S_6\},\{S_1,S_2,S_5\}$$

最大相容类$\{S_3,S_4,S_5,S_6\}$满足封闭性,但$\{S_1,S_2\}$不满足封闭性,将S_1、S_2拆开,但这样又使S_4、S_6冲突,将S_6再移出,S_2、S_6又可以合并,最后得到的简化状态为

$$\{S_1\},\{S_3,S_4,S_5\},\{S_2,S_6\}$$

化简后的状态转换表从略.

8. 设计一个"110"序列检测器. 当连续输入"110"后输出为1,其余情况输出为0.

　　解　根据题意,该题可用米利模型,定义4个状态,分别说明如下:

　　S_0:电路初始状态;

　　S_1:收到一个1;

　　S_2:连续收到两个1;

　　S_3:连续收到110.

状态图如下:

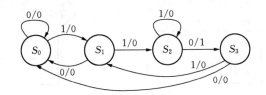

观察状态图发现 S_0、S_3 是等价状态,简化后的状态图及编码形式状态图如下:

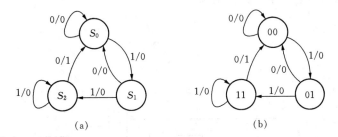

(a)	(b)

状态转换表如下:

现态 $Q_1 Q_2$	次态/输出	
	$X=0$	$X=1$
00	00/0	01/0
01	00/0	11/0
11	00/1	11/0

选用 JK 触发器,得到状态激励表如下:

输　入	J_1　K_1　J_0　K_0			
	$Q_1 Q_0 = 00$	$Q_1 Q_0 = 01$	$Q_1 Q_0 = 10$	$Q_1 Q_0 = 11$
$X=0$	0d, 0d	0d, d1	dd, dd	d1, d1
$X=1$	0d, 1d	1d, d0	dd, dd	d0, d0

激励信号和输出信号的卡诺图如下:

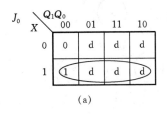

(a)

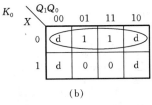

(b)

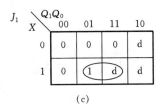

(c)

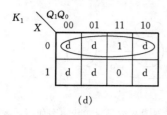

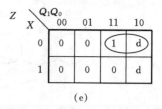

各触发器的激励方程和输出方程为

$$J_0 = X;\ K_0 = \overline{X}$$

$$J_1 = XQ_0;\ K_1 = \overline{X}$$

$$Z = \overline{X}Q_1$$

电路图如下:

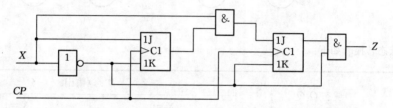

经检查电路能够自启动.

9. 设计一个串行 3 位数字比较器. 它有 3 个输入端: X_1、X_2 和 X_3,2 个输出端 Z_1、Z_2. 数据从低位开始输入 X_1 和 X_2,X_3 是字同步信号. 当 $X_1 > X_2$ 时,$Z_1 = 1$,$Z_2 = 0$;当 $X_1 < X_2$ 时,$Z_1 = 0$,$Z_2 = 1$;当 $X_1 = X_2$ 时,$Z_1 = 0$,$Z_2 = 0$. 输入到第三个数码时,字同步信号 $X_3 = 1$,表示一个字(3 位)比较结束,电路回到初态.

解 根据题意,由于有字同步信号,故定义 3 个状态,说明如下:

S_0:电路的初始状态或 $X_1 = X_2$ 时电路的状态.

S_1:$X_1 < X_2$ 时电路的状态.

S_2:$X_1 > X_2$ 时电路的状态.

定义当 $X_3 = 0$ 时系统输出为零,只进行状态转换,而 $X_3 = 1$ 时,系统将转换结果输出,并回到初始状态,这样 $X_3 = 0$ 和 $X_3 = 1$ 的状态图分别如下图(a)、(b) 所示.

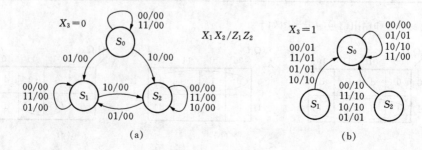

从而得到 $X_3 = 0$ 和 $X_3 = 1$ 的状态转换表如下：

$X_3 = 0$

现　　态	次态/输出			
	$X_1 X_2 = 00$	$X_1 X_2 = 01$	$X_1 X_2 = 10$	$X_1 X_2 = 11$
$S_0(00)$	00/00	01/00	10/00	00/00
$S_1(01)$	01/00	01/00	10/00	01/00
$S_2(10)$	10/00	01/00	10/00	10/00

$X_3 = 1$

现　　态	次态/输出			
	$X_1 X_2 = 00$	$X_1 X_2 = 01$	$X_1 X_2 = 10$	$X_1 X_2 = 11$
$S_0(00)$	00/00	00/01	00/10	00/00
$S_1(01)$	00/01	00/01	00/10	00/01
$S_2(10)$	00/10	00/01	00/10	00/10

当 $X_3 = 0$ 时输出 $Z_1 = Z_2 = 0$；当 $X_3 = 1$ 时次态为零.

如采用 D 触发器,状态表就是激励表,$X_3 = 0$ 时的激励信号卡诺图为下图(a)、(b).

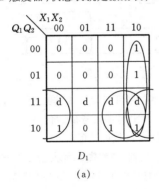

D_1

(a)

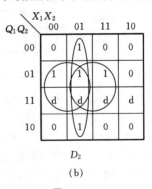

D_2

(b)

得
$$D_1 = X_1 \overline{X}_2 + X_1 Q_1 + Q_1 \overline{X}_2$$
$$D_2 = \overline{X}_1 X_2 + X_2 Q_2 + \overline{X}_1 Q_2$$

$X_3 = 1$ 时输出信号卡诺图为下图(a)、(b).

得
$$Z_1 = X_1 \overline{X}_2 + X_1 Q_1 + Q_1 \overline{X}_2$$
$$Z_2 = \overline{X}_1 X_2 + X_2 Q_2 + \overline{X}_1 Q_2$$

考虑 X_3 输入信号,最后的输出方程和激励方程为
$$Z_1 = X_3 (X_1 \overline{X}_2 + X_1 Q_1 + Q_1 \overline{X}_2)$$

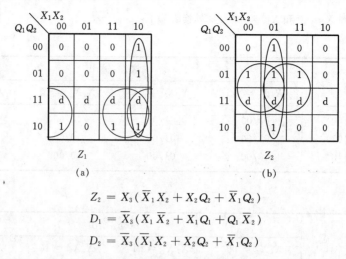

Z_1

(a)

Z_2

(b)

$$Z_2 = X_3(\overline{X}_1 X_2 + X_2 Q_2 + \overline{X}_1 Q_2)$$
$$D_1 = \overline{X}_3(X_1 \overline{X}_2 + X_1 Q_1 + Q_1 \overline{X}_2)$$
$$D_2 = \overline{X}_3(\overline{X}_1 X_2 + X_2 Q_2 + \overline{X}_1 Q_2)$$

电路图从略. 由于有 X_3 同步信号,电路自启动应该没问题.

说明 在串行数据设备中,为了使接收设备知道一个字(规定的若干位)的开始(或结束),常常使用字同步信号. 通常情况下,字同步信号占一个时钟脉冲的宽度. 下图所示的波形是以字同步信号标志数据开始、4 位数据为一个字的格式.

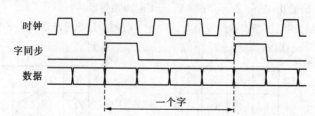

采用字同步信号以后,一般在接收端不需要进行自启动设计. 这是因为字同步信号相当于一个复位信号. 若设计无误,则当系统接收到字同步信号后,将自动进入规定的状态(开始接收或结束接收),最多只要一个字的周期,系统就可以正常工作.

由于采用字同步方式传输数据需要 3 根连线:时钟、字同步和数据,所以这种方式被称为 3 线制同步数据传输方式. 随着数据传输技术的发展,现在已经有许多种传输方式采用 2 线制甚至单线传输.

10. 设计一个串行 4 位奇偶校验电路. 一组 4 位数码从 X_1 输入,输入到第 4 个数码时,字同步信号 $X_2 = 1$,表示一个字(4 位)输入结束. 当 4 个数码中的"1"的个数为奇数时,输出 $Z=1$,否则输出为 0.

解 因为有字同步信号,电路设计相对简单,根据题意,定义 S_1 和 S_2 两个状态.

S_1:代表初始状态,系统输出为 0,由于收到偶数个 1,系统输出仍为 0,故定义系统收到偶数个 1 的状态也为 S_1.

S_2:代表系统收到奇数个 1.

状态图如下:

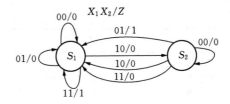

状态转换表如下:

现　　态	次态/输出			
	$X_1X_2 = 00$	$X_1X_2 = 01$	$X_1X_2 = 10$	$X_1X_2 = 11$
$S_1(0)$	0/0	0/0	1/0	0/1
$S_2(1)$	1/0	0/1	0/0	0/0

如采用 D 触发器设计,状态表就是激励表,激励信号和输出信号卡诺图如下:

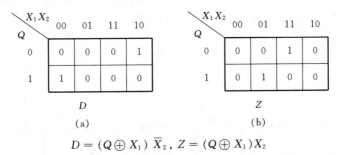

(a)　　　　　　　　　　　　　　　(b)

得
$$D = (Q \oplus X_1)\,\overline{X}_2,\ Z = (Q \oplus X_1)X_2$$

电路图从略,因为有字同步信号电路自启动应该没问题.

11. 试用 JK 触发器设计一个同步 4 进制计数器,它有 2 个控制端,其功能如下:

X_1X_2	功　　能	X_1X_2	功　　能
00	保　　持	10	减法计数
01	加法计数	11	本输入不允许出现

解

解法 1　根据题意,定义 A、B、C、D 4 个状态,编码分别为 00、01、10、11,定义一个输出变量 Z 代表加计数的进位或减计数的借位,状态转换表如下:

现　　态	次态/输出			
	$X_1X_2 = 00$	$X_1X_2 = 01$	$X_1X_2 = 10$	$X_1X_2 = 11$
$A(00)$	00/0	01/0	11/1	dd/d

（续表）

现　态	次态/输出			
	$X_1X_2 = 00$	$X_1X_2 = 01$	$X_1X_2 = 10$	$X_1X_2 = 11$
$B(01)$	01/0	10/0	00/0	dd/d
$C(10)$	10/0	11/0	01/0	dd/d
$D(11)$	11/0	00/1	10/0	dd/d

如采用 JK 触发器设计，状态激励表如下：

现　态	J_1K_1，J_2K_2			
	$X_1X_2 = 00$	$X_1X_2 = 01$	$X_1X_2 = 10$	$X_1X_2 = 11$
00	0d, 0d	0d, 1d	1d, 1d	dd/d
01	0d, d0	1d, d1	0d, d1	dd/d
10	d0, 0d	d0, 1d	d1, 1d	dd/d
11	d0, 0d	d1, d1	d0, d1	dd/d

激励信号和输出信号的卡诺图以及化简后的函数如下：

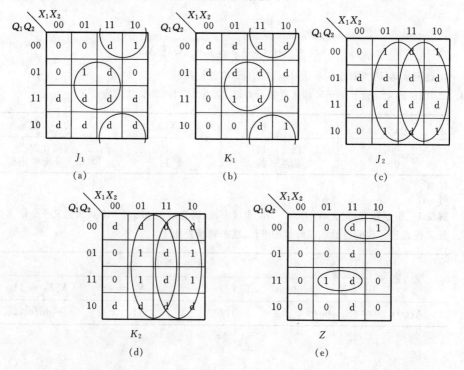

$$J_1 = K_1 = X_2 Q_2 + X_1 \overline{Q_2}$$

$$J_2 = K_2 = X_2 + X_1$$

$$Z = X_2 Q_1 Q_2 + X_1 \overline{Q_1}\, \overline{Q_2}$$

电路图从略.

解法 2　根据多功能时序电路可以用数据选择器进行功能选择的原理,采用 D 触发器进行设计.

已知加法计数器的状态方程如下:

$$Q_{0(n+1)} = \overline{Q_0}$$

$$Q_{i(n+1)} = Q_i \oplus \big(\prod_{j=0}^{i-1} Q_j \big),\ i \neq 0$$

由于采用 D 触发器设计,所以该方程中的 Q_{n+1} 换成激励信号 D 就是激励方程.

减法计数器的状态方程如下:

$$Q_{0(n+1)} = \overline{Q_0}$$

$$Q_{i(n+1)} = Q_i \oplus \big(\prod_{j=0}^{i-1} \overline{Q_j} \big),\ i \neq 0$$

可以看到,加法计数器和减法计数器的差别仅仅是下一个触发器的激励采用前面触发器的 Q 输出还是 $\overline{Q}$.

在保持状态,状态方程应该是

$$Q_{i(n+1)} = Q_i$$

根据题意,可以直接写出两个 D 触发器的激励方程如下,电路图从略.

$$D_0 = (\overline{X_1}\, \overline{X_2})Q_0 + (X_1\, \overline{X_2})\overline{Q_0} + (\overline{X_1} X_2)\overline{Q_0}$$

$$= X_1 \oplus X_2 \oplus Q_0$$

$$D_1 = (\overline{X_1}\, \overline{X_2})Q_1 + (X_1\, \overline{X_2})(Q_1 \oplus Q_0) + (\overline{X_1} X_2)(Q_1 \oplus \overline{Q_0})$$

$$= \overline{X_1}\, \overline{X_2}Q_1 + X_1 \oplus Q_1 \oplus Q_0 + X_2 \oplus Q_1 \oplus Q_0$$

12. 试用 JK 触发器设计一个可控进制的同步计数器. 当控制端 $M = 0$ 时为 10 进制计数器,控制端 $M = 1$ 时为 12 进制计数器. 完成设计并同第 5 题比较.

解

解法 1

同步计数器的设计可以在写出状态转换关系后,按照同步时序电路的一般方法进行. 以此方法解答本题的过程如下:

首先写出状态转换表以及激励表,以 10 进制计数器为例.

现　态	次　态	激　　励			
$Q_3Q_2Q_1Q_0$	$Q_3Q_2Q_1Q_0$	J_3K_3	J_2K_2	J_1K_1	J_0K_0
0000	0001	0d	0d	0d	1d
0001	0010	0d	0d	1d	d1
0010	0011	0d	0d	d0	1d
0011	0100	0d	1d	d1	d1
0100	0101	0d	d0	0d	1d
0101	0110	0d	d0	1d	d1
0110	0111	0d	d0	d0	1d
0111	1000	1d	d1	d1	d1
1000	1001	d0	0d	0d	1d
1001	0000	d1	0d	0d	d1

然后作出激励卡诺图,化简并得到激励函数:

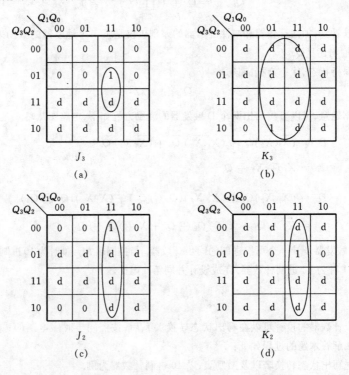

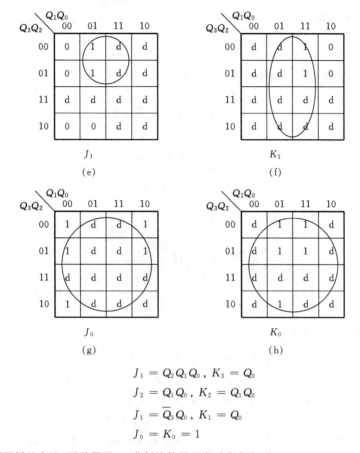

$$J_3 = Q_2 Q_1 Q_0 , \ K_3 = Q_0$$
$$J_2 = Q_1 Q_0 , \ K_2 = Q_1 Q_0$$
$$J_1 = \overline{Q}_3 Q_0 , \ K_1 = Q_0$$
$$J_0 = K_0 = 1$$

用同样的方法,可以得到 12 进制计数器的激励方程如下:

$$J_3 = Q_2 Q_0 Q_1 , \ K_3 = Q_1 Q_0$$
$$J_2 = \overline{Q}_3 Q_1 Q_0 , \ K_2 = Q_1 Q_0$$
$$J_1 = Q_0 , \ K_1 = Q_0$$
$$J_0 = K_0 = 1$$

按照上面两个激励方程,可以分别得到 10 进制和 12 进制的计数器的逻辑图. 但是本题要求计数可控,所以要考虑控制端的作用. 考虑控制变量 $M=0$ 为 10 进制计数器,$M=1$ 为 12 进制计数器,参照数据选择器的逻辑方程的做法,激励方程应修改如下:

$$J_3 = Q_2 Q_1 Q_0 , \ K_3 = \overline{M}Q_0 + MQ_1 Q_0$$
$$J_2 = \overline{M}Q_1 Q_0 + M \overline{Q}_3 Q_1 Q_0 , \ K_2 = Q_1 Q_0$$
$$J_1 = \overline{M} \overline{Q}_3 Q_0 + MQ_0 , \ K_1 = Q_0$$
$$J_0 = K_0 = 1$$

电路图从略.

解法 2

对于用 JK 触发器进行 n 进制 $(n < 2^m)$ 计数器的设计,可先设计 2^m 进制同步加法计数器,然后用修改法完成 n 进制计数器的设计.

用 m 个 JK 触发器设计 2^m 进制同步加法计数器的过程如下:将 JK 触发器改为 T 触发器,然后由 T 触发器构造同步加法计数器. 此方法用 m 个 JK 触发器设计 2^m 进制同步加法计数器的激励方程为

$$\begin{cases} J_0 = K_0 = 1 \\ J_n = K_n = \prod_{i=0}^{n-1} Q_i, \ n \neq 0 \end{cases}$$

例如 4 个 JK 触发器设计 16 进制同步加法计数器电路如下:

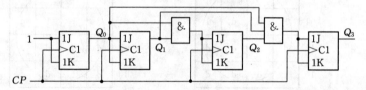

其激励方程为

$$J_0 = K_0 = 1, \ J_1 = K_1 = Q_0$$
$$J_2 = K_2 = Q_1 Q_0, \ J_3 = K_3 = Q_2 Q_1 Q_0$$

用修改法设计加法计数器的指导思想为:在时钟 CP 的作用下,电路自 S_0 状态(计数值为 0)开始,S_1、S_2、S_3…的状态顺序出现,电路的 S_{n-1} 状态出现后,设法修改触发器的激励方程,使触发器的下一个状态不是进入 S_n,而是进入 S_0,从而实现 n 进制计数.

修改原则列表如下:

状 态	Q_i			
S_{n-1}	0	1	0	1
S_n	0	0	1	1
修正情况	不修正	不修正	J 修正	K 修正

修改法的具体步骤如下:

(1) 填写上表,确定哪一个触发器要修正,进行什么修正.

(2) 令 $P = \prod Q^{(1)}\Big|_{n-1}$,$\prod Q^{(1)}\Big|_{n-1}$ 表示在 S_{n-1} 状态下各个触发器输出为 1 的项的与.

(3) 进行 J、K 修正:$J_i = (Q_{i-1} \cdots Q_1 Q_0) \cdot \overline{P}$,$K_i = (Q_{i-1} \cdots Q_1 Q_0) + P$.

(4) 对 K_i 式,P 中含有的 Q_i 因子可删掉.

针对本题情况,根据上述步骤,首先作 10 进制计数器和 12 进制计数器的修正表如下:

	10 进制计数器					12 进制计数器			
状态	Q_3	Q_2	Q_1	Q_0	状态	Q_3	Q_2	Q_1	Q_0
S_{n-1}	1	0	0	1	S_{n-1}	1	0	1	1
S_n	1	0	1	0	S_n	1	1	0	0
修正情况	K_3		J_1		修正情况	K_3	J_2		

          (a)   (b)

对于 10 进制计数器,需修正 K_3 与 J_1. 由上表,$P = Q_3 Q_0$,所以 K_3 修正为 $K_3 = Q_0$;J_1 修正为 $J_1 = Q_0 \overline{P} = Q_0 \overline{Q_3}$. 最后得到完整的激励方程为

$$J_0 = K_0 = 1$$
$$J_1 = Q_0 \overline{Q_3}, \ K_1 = Q_0$$
$$J_2 = K_2 = Q_0 Q_1$$
$$J_3 = Q_0 Q_1 Q_2, \ K_3 = Q_0$$

对于 12 进制计数器,需修正 K_3 与 J_2. 由上表,$P = Q_3 Q_1 Q_0$,所以 K_3 修正为 $K_3 = Q_1 Q_0$,J_2 修正为 $J_2 = Q_0 Q_1 \overline{P} = Q_1 Q_0 \overline{Q_0 Q_1 Q_3} = Q_1 Q_0 \overline{Q_3}$,完整的激励方程为

$$J_0 = K_0 = 1$$
$$J_1 = K_1 = Q_0$$
$$J_2 = Q_1 Q_0 \overline{Q_3}, \ K_2 = Q_0 Q_1$$
$$J_3 = Q_0 Q_1 Q_2, \ K_3 = Q_1 Q_0$$

其结果与解法 1 的结果相同,以下略.

此题与第 5 题的最大不同,就是此题基于触发器设计,而第 5 题基于计数器模块设计. 由这两题的设计过程可以看到,这两种设计在方法上有很大不同.

13. 试用 3 个 JK 触发器(每个只有 1 个 J 端和 1 个 K 端)构成一个同步模 5 计数器,不得增加 其他门电路. (提示:先构成有 6 个状态的扭环形计数器,再设法去除一个状态.)

    解 这类问题不能要求计数顺序满足二进制顺序. 由于 3 个 JK 触发器构成计数器共有 140 种编码状态,如何减少编码方案而尽快找出满足要求的编码是解决问题的关键. 该题可有多 种解法,答案并不唯一. 下面介绍两种方法.

方法 1

根据题中的提示,首先用 3 个 JK 触发器构成有 6 个状态的扭环形计数器如下:

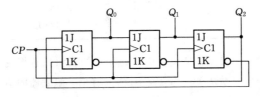

其状态转换过程如下：

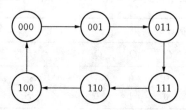

为了去除一个状态又不影响其他状态,需要观察其状态转换过程,为此将此扭环形计数器的状态转换卡诺图以及激励卡诺图画出如下.为了观察方便,其中状态转换卡诺图根据转换前后的状态,采用以下记号:$0 \to 0$ 记为 0,$0 \to 1$ 记为 α,$1 \to 0$ 记为 β,$1 \to 1$ 记为 1.这样的卡诺图称为动态卡诺图.未填的方格是冗余的状态.

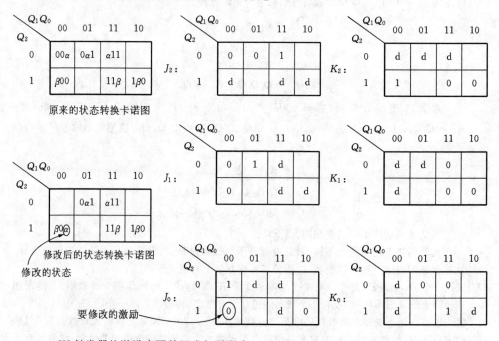

JK 触发器的激励表可以写成如下形式：

状态转换关系	J	K	状态转换关系	J	K
$0(0 \to 0)$	0	d	$\beta(1 \to 0)$	d	1
$\alpha(0 \to 1)$	1	d	$1(1 \to 1)$	d	0

从上表可知,当状态转换关系从 0 变为 α 或相反,只有相关触发器的 J 端激励发生改变;当状态转换关系从 1 变为 β 或相反,只有相关触发器的 K 端激励发生改变.由于

在上述卡诺图中存在大量任意态,所以可能找到这样的状态改变:它只影响某个触发器的 J 或 K 端的激励,并且改变以后的激励卡诺图仍然可以得到包含 4 个方格的卡诺圈(因为在 3 变量卡诺图中只有包含 4 个方格或 8 个方格的卡诺圈才不会需要附加的组合电路).

观察上述卡诺图,发现如果去掉 000 状态,从 100 直接转到 001 状态,只需改变 Q_0 触发器状态转换关系,从 0 变为 α. 此改动不会影响其他 4 个状态循环,且改动后 J_0 仍然可以圈到 4 个方格. 经过这样修改后的第一个触发器的激励由原来的 $J_0 = \overline{Q_2}$ 改为 $J_0 = \overline{Q_1}$, K_0 不变. 电路图如下:

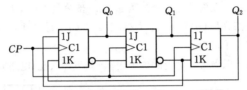

其实根据上述做法,还可以有多种选择,例如去掉 001 状态,000 直接转到 011 状态,改动的将是 J_1;去掉 011 状态,001 直接转到 111 状态,改动的将是 J_2;等等.

根据扭环计数器具有 6 个状态这一特点,还可以用 4 个 JK 触发器构造 12 进制计数器而不附加任何其他门电路.电路图如下,请读者自行分析其设计过程.

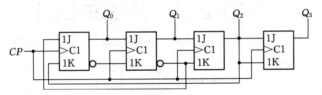

方法 2

由于要求不得增加其他门电路,所以 JK 激励卡诺图上的卡诺圈应尽量圈大. 观察 JK 触发器的激励表,发现原状态到新状态的变化从 0 到 1 和从 1 到 0 时,JK 激励分别为 1d 和 d1,因此在进行状态编码时相邻状态最好从 0 到 1 或从 1 到 0,如从 010 到 101,当然所有的相邻状态不可能都从 0 到 1 或从 1 到 0,应再结合激励函数卡诺图进行调整(并要检查自启动).下面给出一种编码方案就是按上述原则确定的,从状态图可见其可以自启动.

S_1 :101

S_2 :010

S_3 :001

S_4 :111

S_5 :110

电路图如下(其他设计过程从略):

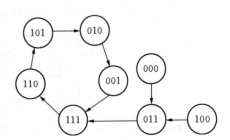

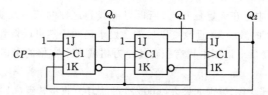

14. 设计一个串行码流转换电路.一组 4 位 8421 码(LSB 先输入)从 X_1 输入,在输入第 1 个数码(LSB)时,字同步信号 $X_2 = 1$,表示一个字(4 位)输入开始.该电路能够将输入的 8421 码转换为余 3 码输出(LSB 先输出).

解 分析题目要求,可以将该电路分为两部分:一部分是串行全加器,将 8421 码加 3 可以完成数码转换,另一部分是 0011 序列信号(即数码 3 的串行序列)发生器,用于数码转换所需的加数.下面分别给予说明.

串行全加器:可以参考教材上的例子用 RS 触发器实现,电路如下:

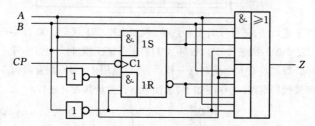

0011 序列信号发生器:可利用字同步信号 X_2 和 1 个 D 触发器产生,电路如下:

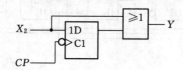

最后综合的总电路如下:

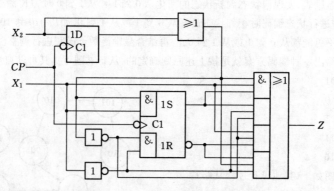

说明 本电路设计的关键是题意的分析.明确了余 3 码和 8421 码的关系以后,可以将电路分成两个部分设计,这样就可以利用已知的模块,达到事半功倍的效果.若采用常规的设计

步骤,从列状态转换表开始,最后也能达到设计目的,但是工作量要大许多.

15. 试用 D 触发器设计一个同步时序电路,能够满足下列状态转换图要求.

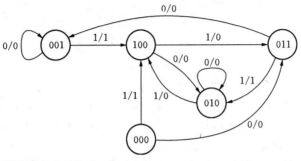

解 根据状态图得以下状态转换表:

现　　态	次态/输出		现　　态	次态/输出	
	$X=0$	$X=1$		$X=0$	$X=1$
000	011/0	100/1	100	010/0	011/0
001	001/0	100/1	101	ddd/d	ddd/d
010	010/0	100/0	110	ddd/d	ddd/d
011	001/0	010/1	111	ddd/d	ddd/d

采用 D 触发器,状态转换表就是状态激励表,由此得激励信号和输出信号卡诺图如下:

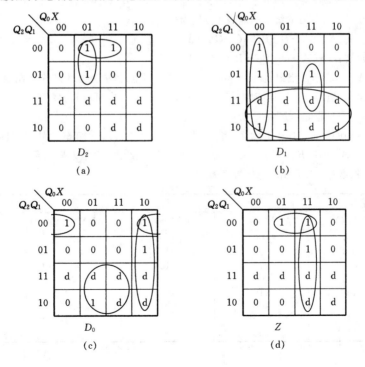

从而求得

$$D_2 = X\overline{Q_0}\,\overline{Q_2} + X\overline{Q_1}\,\overline{Q_2}$$

$$D_1 = Q_2 + \overline{X}\,\overline{Q_0} + XQ_0Q_1$$

$$D_0 = XQ_2 + \overline{X}Q_0 + \overline{X}\,\overline{Q_1}\,\overline{Q_2}$$

$$Z = XQ_0 + X\overline{Q_1}\,\overline{Q_2}$$

电路图从略.

16. 设计一个反应时间测量电路. 该电路用来测量短跑运动员的反应速度, 要求时间测量精确到毫秒. 由于运动员的反应时间不可能小于 200 ms, 所以要求当反应时间小于 200 ms 时, 要给出犯规信号. 要求完成设计并给出最后的电路图.

说明 这是教材中的例题. 在教材中已对此题作了功能分析, 并得到系统框图以及其中计数控制部分的状态转换图. 由于本书第 6 章还将就本题展开, 所以这里不再进行详细设计过程的讨论. 这里就一些具体的细节问题提示如下:

关于时序电路的时钟产生问题可以看本章 4.3.1 的介绍.

关于模 1000 计数器的设计, 可以参看本章习题 4 的解答.

关于译码显示部分的设计, 可以参照教材第 2 章的有关介绍.

另外一个要注意的地方是所有的外部输入信号 (复位、发令枪、运动员) 要进行防抖动设计.

17. 设计一个控制 3 相 6 拍步进电机的逻辑电路. 设 A、B、C 为步进电机的 3 个绕组, 则步进电机在正转和反转时的绕组通电顺序分别为如下:

正转: $A \rightarrow AB \rightarrow B \rightarrow BC \rightarrow C \rightarrow CA \rightarrow A \cdots$

反转: $A \rightarrow CA \rightarrow C \rightarrow BC \rightarrow B \rightarrow AB \rightarrow A \cdots$

$A = 1$ 表示 A 绕组通电, $A = 0$ 表示 A 绕组断电; 依次类推. 用 2 个控制端 M_1M_2 控制电机的运转: 当 $M_1M_2 = 10$ 时电机正转, $M_1M_2 = 01$ 时电机反转, $M_1M_2 = 00$ 时电机停止, $M_1M_2 = 11$ 是非法输入.

解 本题的逻辑状态十分明显. 由于电机只有 3 个绕组, 无论正转反转, 绕组通电的状态只有 6 种: A、AB、B、BC、C、CA, 所以我们可以直接用 3 个触发器指示 3 个绕组的通电状态. 根据题意直接写出状态转换表如下:

现　　态	次　　　　态			
ABC	$M_1M_2 = 10$	$M_1M_2 = 01$	$M_1M_2 = 00$	$M_1M_2 = 11$
000	100	100	000	000
001	101	011	000	000
010	011	110	000	000
011	001	010	000	000
100	110	101	000	000
101	100	001	000	000
110	010	100	000	000
111	000	000	000	000

注意在上述状态转换表中，状态 $ABC = 000$ 表示电机停止，$ABC = 111$ 是一种故障状态. 为了保护电机，状态转换表中将 $ABC = 111$ 以及非法输入 $M_1 M_2 = 11$ 的次态全部设计成停止状态.

由此状态转换表，我们可以得到采用 D 触发器构成的触发器的激励函数如下(具体化简过程从略)：

$M_1 M_2 = 10$ 时，$D_A = \overline{B}$，$D_B = A\overline{C} + B\overline{C}$，$D_C = \overline{A}B + \overline{A}C$.

$M_1 M_2 = 01$ 时，$D_A = \overline{C}$，$D_B = \overline{A}B + \overline{A}C$，$D_C = A\overline{B} + \overline{B}C$.

$M_1 M_2 = 00$ 和 $M_1 M_2 = 11$ 时，$D_A = D_B = D_C = 0$.

本题要求用控制端 $M_1 M_2$ 控制电机的运转，实际上是要求状态机的逻辑功能可以随控制信号改变，这类问题最常见的解决方法就是利用数据选择器改变触发器的激励输入.

对于本题来说，在 4 种控制状态下的触发器的激励都已经得到，参照数据选择器的逻辑方程，可以得到合成以后的激励方程如下(逻辑图从略)：

$$D_A = M_1 \overline{M_2}\, \overline{B} + \overline{M_1} M_2 \overline{C}$$
$$D_B = M_1 \overline{M_2}(A\overline{C} + B\overline{C}) + \overline{M_1} M_2 (\overline{A}B + \overline{A}C)$$
$$D_C = M_1 \overline{M_2}(\overline{A}B + \overline{A}C) + \overline{M_1} M_2 (A\overline{B} + \overline{B}C)$$

18. 设计一个单双脉冲发生电路，要求如下：

当控制端 $M = 0$ 时，产生单脉冲序列，如下图(a)所示. 其中脉冲宽度为 1 个时钟周期，间隔宽度为 10 个时钟周期.

当控制端 $M = 1$ 时，产生双脉冲序列，如下图(b)所示. 其中脉冲宽度均为 1 个时钟周期，两个脉冲之间的间隔为 1 个时钟周期，每组脉冲之间的间隔宽度为 10 个时钟周期.

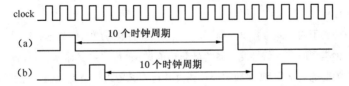

解　本题可以根据时序图分析状态情况.

当控制端 $M = 0$ 时，一个循环周期有 11 个时钟周期，若将每个时钟周期定义为一个状态，则一共有 11 个状态. 当控制端 $M = 1$ 时，一个循环周期有 13 个时钟周期，若将每个时钟周期定义为一个状态，则一共有 13 个状态. 根据题意，可以列出状态转换表如下：

$M = 0$			$M = 0$			$M = 0$		
状态	次态	输出	状态	次态	输出	状态	次态	输出
S_0	S_1	0	S_4	S_5	0	S_8	S_9	0
S_1	S_2	0	S_5	S_6	0	S_9	S_{10}	0
S_2	S_3	0	S_6	S_7	0	S_{10}	S_0	1
S_3	S_4	0	S_7	S_8	0			

(a)

$M = 1$			$M = 1$			$M = 1$		
状态	次态	输出	状态	次态	输出	状态	次态	输出
S_0	S_1	0	S_5	S_6	0	S_9	S_{10}	0
S_1	S_2	0	S_6	S_7	0	S_{10}	S_{11}	1
S_2	S_3	0	S_7	S_8	0	S_{11}	S_{12}	0
S_3	S_4	0	S_8	S_9	0	S_{12}	S_0	1
S_4	S_5	0						

(b)

可以根据上述状态转换表按照一般的状态机的设计过程进行设计,即设立 4 个状态变量,一个输入变量 M,然后建立状态方程、激励方程等,最后得到设计结果.但是这样设计比较复杂,并且当设计任务发生改变(例如要求修改两组脉冲之间的间隔时间)时需要重新进行设计,所以不是一种好的设计方案.

其实本题可以看作一个序列信号发生器.在 $M = 0$ 时序列长度等于 11,要求产生的序列为 00000000001;当 $M = 1$ 时序列长度等于 13,要求产生的序列为 0000000000101.

序列信号发生电路是能够产生一组特定的串行数字信号的电路.由于它是一种比较常用的时序电路,下面我们对此展开一些讨论.

在设计序列信号发生电路时,根据要求产生的数字序列的不同,大致有两种不同类型的设计过程.

一种类型的序列信号发生器要求产生给定的数字序列,例如本题情况.

这种类型的序列信号发生器的最简单的做法,是用并行输入-串行输出移位寄存器来产生所需要的数字序列.将数字序列通过并行方式置入移位寄存器,然后以串行方式移出,即可产生序列信号.此方法的缺点是需要的触发器数量要等于要求的序列长度 m,在序列长度较长时,触发器数量较多.

另一种方法是用计数器和后置的组合逻辑构成序列信号发生电路.组合逻辑可以是数据选择器,例如本章例 10-1;也可以是译码器和其他组合逻辑,例如本章例 10-3.

其实本章例 10-3 已经解决了本题的一半,它产生了 $M = 1$ 时的序列长度为 13 的脉冲序列发生问题.根据我们在前面的讨论,可以利用控制端改变状态机的运行状态:当 $M = 0$ 时,可以改变清零端的反馈信号,使得序列长度改变为 11,就实现了题目的要求.这只要将清零信号从原来的译码器输出 4 改变为从输出 2 取得即可.由于序列长度改变以后,原来的两个脉冲中的后一个被自动忽略,所以输出部分不用改动.这样我们得到了本题解答的逻辑图如下图所示.

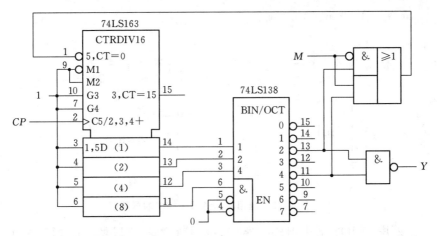

另一种类型的序列信号发生器只要求产生序列长度为 m 的数字序列,对于序列信号的内容没有要求,只要是按照某种规律排列的 1、0 序列即可.这种序列信号发生器可以用带反馈组合逻辑的移位寄存器实现.假定移位寄存器的位数为 n,则它能产生的序列长度 $m \leqslant 2^n - 1$.本章例 10-2 就是一个例子.更常见的形式是用异或结构形成反馈网络.

要注意的一点是:正如在对序列信号发生器分类时指出的,这种形式的序列信号发生器不是任何数字序列都能够发生的.例如试用 3 位移位寄存器产生一个长度为 8 位的数字序列 00001011,由于其中出现两个 000 序列,第一个 000 序列的次态是 000,要求反馈的激励信号为 0;第二个 000 序列的次态是 001,要求反馈的激励信号为 1.这将导致设计无法完成.读者可以结合本章例 10-2 理解上述特点.

§10.3 用于参考的扩充内容

10.3.1 时序电路设计中的时钟信号产生电路

在时序电路中的时钟信号通常由时钟发生电路产生,目前数字系统的时钟发生电路大多利用石英晶体产生高稳定度的振荡信号.

常用的石英晶体时钟发生电路有两种,一种是由专业生产厂家制造的晶体振荡器,其内部已经封装了石英晶体和电路,只要接上电源就可以产生时钟信号,使用比较方便.另外一种是采用石英谐振器,由设计者自行接入电路构成振荡器.

在数字电路中,由设计者自行构成振荡器的电路大致有两种,一种是采用 CMOS 反相器构成的振荡器电路,另一种是采用 TTL 反相器构成的振荡器电路.

这两种电路的形式如图 10-5 所示.

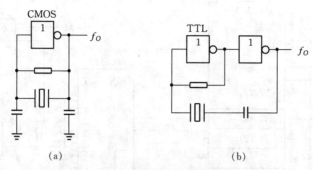

图 10-5　利用晶体谐振器构成的振荡器

在采用 CMOS 反相器的电路中,电阻值大约在 1MΩ 到 3MΩ 之间,电容大约为 10pF 到 30pF 之间. 在采用 TTL 反相器的电路中,电阻值大约在 200Ω 到 330Ω 之间,电容一般为 30pF. 在许多 CMOS 结构的 ASIC 中,通常都包含上述 CMOS 振荡器的结构,只要在芯片外接上一个石英谐振器就可以工作.

在采用石英谐振器构成振荡器电路时,有几个地方要特别注意:

(1) 普通石英谐振器的频率范围大约为 2MHz 到 24MHz(目前也有达到 27MHz 的石英谐振器).

(2) 高于其上限的是所谓泛音谐振器. 采用泛音谐振器构成振荡器时,需要在输出回路中加接 LC 谐振回路,否则振荡频率将是该石英晶体的基频,通常是其标称频率的 1/3 或 1/5.

(3) 低于其下限的一般是音叉型谐振器. 音叉型谐振器的体积一般比较小,通常对它施加的激励电压必须加以限制,否则有可能使谐振器震碎.

10.3.2　同步电路设计中的信号延时与时钟扭曲

在同步时序电路中,要求所有触发器的状态在同一个时钟的驱动下同步改变. 但是,在实际电路中,由于各种延时的存在(门电路的延时以及连线的延时),使得上述要求在某些条件下变得难以实现.

图 10-6 表示一个典型的同步时序电路的结构. 触发器 A 的输出经过一个组合逻辑后作为触发器 B 的激励. 由于触发器 A 的输出在时钟信号的有效边沿后发生改变,而触发器 B 的激励要求在下一个时钟的有效边沿之前达到稳定,所以,组合逻辑的延时(包括连线延时,这在集成电路设计中相当重要)必

须小于 1 个时钟周期.

图 10-6　同步时序电路的结构

更精确的计算还要包括时钟信号的扭曲与抖动. 由于在一个系统中,所有触发器的时钟信号之间,可能由驱动电路的延时不同以及连线延时的不同,它们的实际时钟有效边沿到达的时间之间也有差别,这个差别就是时钟扭曲. 另一方面,由于时钟信号的周期可能有微小的变化,这就是时钟的抖动. 这两种情况都将引起系统时间上的余量的减少. 实际的组合电路的延时 δt 必须满足下列不等式,其中 T 是时钟周期,T_{setup} 是触发器要求的信号稳定时间.

$$\delta t < T - \Delta T_{(\text{max})}(\text{扭曲}) - \Delta T_{(\text{max})}(\text{抖动}) - T_{\text{setup}}$$

由于这种延时大多在 ns 数量级,因此上述讨论在时钟频率较低时几乎没有意义,但是随着现代数字技术的发展,时钟频率不断提高,它的重要性就日益显示出来. 当时钟频率在 50 MHz 以上时,几乎已经无法不考虑这个问题了.

下面将结合一个计数器的实际问题,分析由于信号延时带来的影响.

用计数器模块(例如 74LS163)构成多位计数器时,通常的做法是将低位计数器模块的超前进位输出(RCO)连到高位计数器模块的计数允许(ENT),如图 10-7 所示.

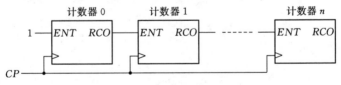

图 10-7　同步计数器的串联结构

但是这样连接会带来一个延时问题. 由于计数器的 $RCO = ENT \cdot Q_3 \cdot Q_2 \cdot Q_1 \cdot Q_0$,第一个计数器模块的 RCO 输出要比 Q 延时一个与门的 t_{PD},而第二个计数器模块的 RCO 输出由于要等待前一个的 ENT,再加上它自己的延时,所以它的 RCO 输出还要增加延时 t_{PD},依此类推,每多一级计数器模块,RCO 输出的延时将增加一个 t_{PD},当计数器的级数增加到总延时大于时钟周期时,后面的计数器模块实际上就无法计数了. 假定计数器的时钟频率为 50 MHz,则 $T = 20$ ns,再假定触发器要求的信号稳定时间 $T_{\text{setup}} = 2$ ns,RCO 的延时为 $t_{\text{PD}} = 3$ ns,则很容易可以算出,当计数器模块大于 6 个时,计数器将无法正常工作.实际上,由于要考虑时钟扭曲与抖动,在这种情况下只有进一步减少计数器模块的数量才能够保证计数器稳定工作.

解决这个问题的一个办法是:不用计数器模块的超前进位输出,直接从每个计数器模块的 Q 输出通过外加的与门形成后级的计数允许信号,亦即将串联的进位信号改成并联.但是这样做就部分失去了采用计数器模块的意义.

第11章 异步时序电路

§11.1 要点与难点分析

异步时序电路的最大特点在于它不存在时钟概念,状态转换由输入信号直接驱动.根据电路中是否包含触发器,将它分为基本型异步时序电路和脉冲型异步时序电路两类.

类似上一章(同步时序电路)的做法,我们在本章首先简单介绍异步时序电路中的一些基本概念和解决问题的基本原理,然后在下面的习题解答中结合具体的问题展开比较详细的讨论,让读者可以通过实际的问题理解解决问题的基本原理.

一、基本型异步时序电路

由于基本型异步时序电路没有触发器,输出直接反馈到输入,所以在分析基本型异步时序电路时,基本型异步时序电路中的总态概念、总态的转移以及在转移过程中出现的竞争现象等是分析的重点.对于初学者来说,一个容易困惑的问题是如何理解基本型异步时序电路的总态与激励态的关系.

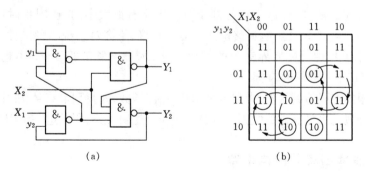

图 11-1 一个基本型异步时序电路的例

例如在图 11-1 中,Y_1Y_2 是激励态,y_1y_2 是系统状态.初学者容易从字面上理解,错误地认为 Y_1Y_2 是系统状态,y_1y_2 是激励态.实际上,若能够很好地理解在基本型异步时序电路中存在延时,并且将此延时理解为存在于 Y_1Y_2 与 y_1y_2 之间的一个存储元件,那么激励态与系统状态之间的关系就容易理解了.

　　同样,在状态流程表中填的是激励态,这可以与同步时序电路类比.但是,由于同步时序电路的激励要在下一个时钟脉冲的时刻才反馈到系统状态,所以每个激励都是可以稳定的.而基本型异步时序电路中的激励经过延时后立即反馈到系统状态,所以不是每个激励都可以稳定存在,即存在稳定总态和非稳定总态的区别.这是与同步时序电路的一个最大的不同.

　　正是这个不同引起总态转移过程中出现了竞争现象.教材中详细讨论了基本型异步时序电路的竞争现象.本章习题10、11也涉及此问题.初学者在学习时应该特别注意,教师在教学过程中也应该重点讲清这个问题.

　　关于基本型异步时序电路的设计问题,基本过程也与同步时序电路相近,分成功能分析和逻辑实现两个部分.同样,由于涉及对于问题的分析和理解,功能分析部分是比较难于掌握的.对于不是很复杂的问题,一般可以通过时序图的分析得到原始的状态关系,然后加以化简就可以得到状态流程表.本章习题解答4～7就是采用这个方法进行的.但是由于时序图只能描述特定的输入序列下的输出情况,对于复杂的问题,有可能不能穷尽所有的输入序列,所以这种方法存在一定的错误可能.比较完善的方法是对问题作状态分析,借助 ASM 图之类的工具建立状态关系,最后得到状态流程表.教材中的例题 5-12 以及本书习题解答 3 就是这个方法的例子.

　　基本型时序电路的逻辑实现的大致步骤是:

　　(1) 化简状态流程表.此过程与同步时序电路中化简状态转换表的过程相同.

　　(2) 状态编码.由于基本型异步时序电路可能存在竞争,所以合理的编码是能否得到稳定电路的关键.这一点与同步时序电路有很大不同.在同步时序电路中,状态编码合理与否只会影响最终电路的复杂程度,不会对系统的稳定性造成影响.教材中介绍了几种解决临界竞争的编码方法,本章习题解答 3～7 中也涉及此问题,读者应该逐一理解并掌握.

　　(3) 根据编码后的状态,得到激励函数、输出函数,并得到最终结构.由于异步时序电路的激励与系统总态的关系实际是一个组合逻辑关系,所以这一步相当简单.

二、脉冲型异步时序电路

　　脉冲型异步时序电路在电路形式上与同步时序电路类似,但是由于触发器时钟的不同,在分析和设计方面两者具有很大的不同.其中的难点主要在于以下的时钟输入、状态机设计和异步计数器设计 3 个问题.

1　时钟输入

由于在脉冲型异步时序电路中将输入信号作为触发器的时钟信号处理,所以分析电路和设计电路时必须考虑原有的触发器特征方程要做相应的修正,将时钟输入显式地表示出来,从而影响到状态转换表、激励方程和激励方程的卡诺图画法.另外,时钟信号的逻辑值也与组合电路输出的逻辑值有所不同,组合电路输出的逻辑值直接与电平相关,而时钟信号的逻辑值在输入信号变化的有效边沿为 1,其余为 0.所以在分析和设计脉冲型时序电路时必须按照选定的触发器的有效边沿确定输入信号的序列.在教材中为了讲述的方便,将输入信号描述成一个个独立的窄脉冲,如教材中的例 11-16 和例 11-17.但是在实际的输入信号中,只要输入信号的有效边沿符合要求,信号脉冲的宽度可以是任意值.例如图 11-2 中的三组信号,对于上升沿触发的触发器都是相同的 $x_1 \rightarrow x_2 \rightarrow x_1$ 输入序列.但若采用下降沿触发的触发器,它们的输入序列完全不同.

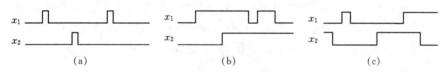

图 11-2　几个相同的脉冲序列 $x_1 \rightarrow x_2 \rightarrow x_1$

2　状态机设计

异步状态机的设计过程与同步状态机的设计过程极其相似,包含功能分析、状态化简、编码、确定激励卡诺图、确定激励函数以及输出函数等步骤.其中功能分析、状态化简、编码等步骤与同步时序电路的设计过程是一样的,但是在逻辑实现时有比较明显的差别,主要是触发器的时钟信号要作为显式输入,由输入信号或输入信号的组合产生;另一个差别是默认输入信号在任何时刻只能有一个发生变化.

时钟序列与输入信号之间的关系已经在前面讲过.通常在脉冲型异步状态机设计中采用 RS 锁存器或者 T′ 触发器进行设计,也可以采用 JK 触发器或 D 触发器进行设计.在用 RS 锁存器或者 T′ 触发器进行设计时,确定激励卡诺图的过程实际上就是确定 RS 输入或者 T′ 触发器的时钟输入.若采用 JK 触发器或 D 触发器进行设计,则必须根据状态变化要求确定触发器的时钟输入,然后根据时钟信号确定 J、K 或 D 的激励输入.

教材中的例 11-16、例 11-17 是采用 RS 锁存器和 T′ 触发器进行设计的例子,本章习题 14 的解答介绍了采用 D 触发器进行设计的过程.

异步时序电路的默认条件每次一个输入发生变化. 反映到具体设计中, 就是激励卡诺图的画法和化简时卡诺圈的画法都与同步时序电路有所不同. 激励卡诺图中对应每个输入都是一个单独的列, 不存在输入信号组合的列, 也不能将不同输入圈到一个卡诺圈中.

3 异步计数器设计

设计异步计数器通常采用 D 触发器或 JK 触发器进行. 设计时有一个时钟信号的选择问题. 教材中介绍了通过观察时序图选择时钟信号的方法. 其实还可以通过对状态转换表的分析选择时钟信号, 或者通过建立状态转换卡诺图选择时钟等方法, 但是以时序图方法最为直观.

所有选择时钟方法的基本原则都相同, 就是要满足以下两条:

(1) 时钟信号必须覆盖所有的状态变化;

(2) 状态不变化时的时钟信号越少越好.

一旦触发器的时钟被确定, 以下的设计过程就与同步时序电路基本一致, 唯一的区别就是在化简激励卡诺图时要注意没有时钟的那些方格都可以当作任意项处理.

教材中的例 11-18 以及本章习题解答 13 描述了设计异步计数器的过程.

§11.2 习 题 解 答

1. 分析下图所示电路.

(1) 写出状态流程表, 画出状态转换图.

(2) 假定系统初始状态为 $y_1 = 0$, 画出下图所示输入波形对应的输出波形, 并据此分析电路功能.

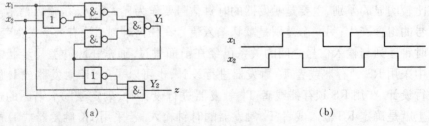

(a)   (b)

解 根据电路图写出激励态的表达式如下:

$$Y_1 = x_1 \overline{x_2} + x_2 y_1$$

$$Y_2 = z = x_1 x_2 \overline{y_1}$$

其状态流程表如下:

$y_1 y_2$	$Y_1 Y_2$			
	$x_1 x_2 = 00$	$x_1 x_2 = 01$	$x_1 x_2 = 11$	$x_1 x_2 = 10$
00	00	00	01	10
01	00	00	01	10
11	00	10	10	10
10	00	10	10	10

状态转换图如下:

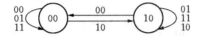

波形图如下:

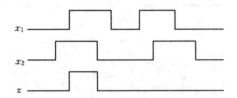

分析波形图得知电路的功能为若 x_2 比 x_1 提前变为 1,则系统输出单脉冲,否则输出为零.

2. 分析下图所示电路.

(1) 写出状态流程表,画出状态转换图.

(2) 假定系统初始状态为 $Y_1 Y_2 = 00$,画出在下图所示输入波形下的输出波形,并据此分析电路功能.

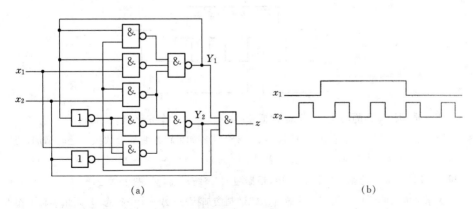

(a)　　　　　　　　　　　　　　　　(b)

解　根据电路图写出激励态的表达式如下:

$$Y_1 = y_1 y_2 + x_1 y_1 + x_2 y_2$$

$$Y_2 = \overline{y}_1 y_2 + x_1 \overline{y}_1 \overline{x}_2 + x_2 y_2$$

$$z = y_1 y_2 x_2$$

其状态流程表如下：

$y_1 y_2$	$Y_1 Y_2$			
	$x_1 x_2 = 00$	$x_1 x_2 = 01$	$x_1 x_2 = 11$	$x_1 x_2 = 10$
00	00	00	00	01
01	01	11	11	01
11	10	11	11	10
10	00	00	10	10

状态转换图如下：

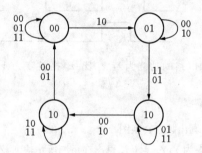

波形图如下：

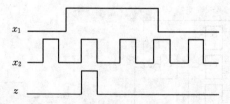

分析波形图知电路的功能为，当 x_1 由低变高后，z 输出一个完整的 x_2 脉冲.

3. 设计一个基本型异步时序电路，输入 x_1，x_2，输出 z. 如果输入变量个数按二进制增加，则输出为 1，反之输出为 0. 所谓按二进制增加是指 $x_1 x_2 = 00 \rightarrow 01 \rightarrow 11$ 或 $00 \rightarrow 10 \rightarrow 11$.

解 该题用 ASM 方法求解比较简单，根据题意，系统只需记忆两个状态，一个是状态 A，在此状态下输入的任何变化都使系统处于二进制增加状态；另一个是状态 B，在此状态下输入的任何变化都使系统处于二进制减小状态. ASM 图如下：

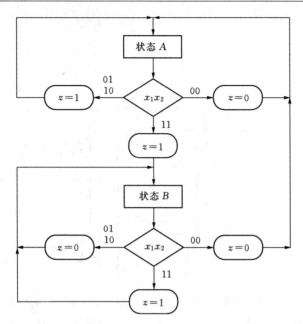

根据 ASM 图画出状态转换图如下：

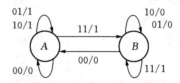

由于只有两个状态，它们肯定相邻，所以编码后的状态流程表如下：

y	Y/z			
	$x_1x_2 = 00$	$x_1x_2 = 01$	$x_1x_2 = 11$	$x_1x_2 = 10$
$A(0)$	0/0	0/1	1/1	0/1
$B(1)$	0/0	1/0	1/1	1/0

Y 和 z 的卡诺图如下：

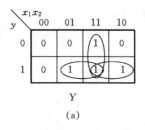

Y

(a)

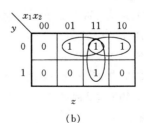

z

(b)

得
$$Y = x_1 x_2 + x_1 y + x_2 y$$
$$z = x_1 x_2 + x_1 \overline{y} + x_2 \overline{y}$$

电路图如下：

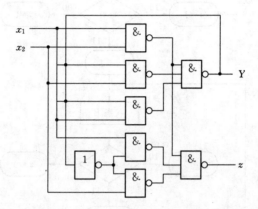

说明 本题一个容易引起误解的地方是：题目要求输入按二进制增加输出 1，反之输出为 0，似乎没有提及输入不变的输出情况. 其实，由于这是异步时序电路，输出是由输入变化 (事件) 驱动的，从某次输入变化到下一次输入变化之间就是一个状态，所以不存在输入不变的状态. 这是与同步时序电路之间的一个比较大的区别. 在同步时序电路中，只要时钟信号到达，不管输入是否变化，系统都进入下一个状态，所以若本题用同步时序电路实现，要考虑输入不变的状态.

4. 设计一个单脉冲发生器. 两个输入为 x_1，x_2，输出 z. 其中 x_1 为连续的脉冲信号，x_2 为一个开关信号. 要求当 x_2 从高跳变到低后，z 输出一个完整的 x_1 脉冲. 并只有在输出 z 变低以后，x_2 才能再次由低到高. 其波形如下图所示.

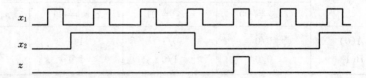

解 根据题意，定义电路状态如下：

状态 A：系统初始状态，$x_2 = 1$ 之前的系统状态；

状态 B：$x_2 = 1$ 或 $x_1 = 1$、$x_2 = 0$ 即 x_2 下降沿之前和接着的 x_1 下降沿之间这一部分的系统状态，系统输出肯定为零；

状态 C：输出单脉冲之前的两个脉冲间隔之间的状态；

状态 D：输出单脉冲状态.

图示如下：

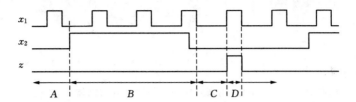

状态流程表如下:

$y_1 y_2$	$Y_1 Y_2$				z
	$x_1 x_2 = 00$	$x_1 x_2 = 01$	$x_1 x_2 = 11$	$x_1 x_2 = 10$	
A	A	B	B	A	0
B	C	B	B	B	0
C	C	—	—	D	0
D	A	—	—	D	1

　　由状态流程表可知,状态 A 的激励态有 B,状态 B 的激励态有 C,状态 C 的激励态有 D,状态 D 的激励态有 A,按照状态相邻的原则,状态编码定为: A: 00、B: 01、C: 11、D: 10.编码后的状态流程表如下:

$y_1 y_2$	$Y_1 Y_2$				z
	$x_1 x_2 = 00$	$x_1 x_2 = 01$	$x_1 x_2 = 11$	$x_1 x_2 = 10$	
00	00	01	01	00	0
01	11	01	01	01	0
11	11	dd	dd	10	0
10	00	dd	dd	10	1

Y_1、Y_2 的卡诺图如下:

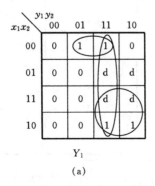

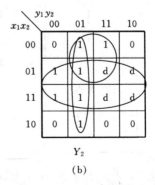

(a)　　　　　　　　　　　　(b)

得
$$Y_1 = y_1 y_2 + x_1 y_1 + \overline{x}_1 \overline{x}_2 y_2$$

$$Y_2 = \overline{y}_1 y_2 + \overline{x}_1 y_2 + x_2$$

$$z = y_1 \overline{y}_2$$

电路图从略.

5. 设计一个基本型异步时序电路,用来分拣两种不同宽度的物体. 物体在传送带上运动,两个间距固定的光电管检测物体的宽度. 若物体宽度大于两个光电管的间距,则输出波形如下图 (b)所示,反之如下图(c). 要求出现宽度大于两个光电管的间距的物体时产生输出 $z = 1$, 并保持到下一个物体来到.

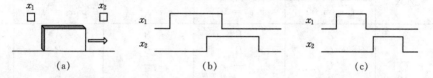

(a) (b) (c)

解 系统波形图和状态定义如下:

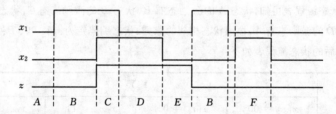

x_1 x_2 z

A B C D E B F

其中 A 状态代表 2 盏灯都没检测到物体,B 代表第一个灯检测到物体,依此类推. 状态流程表如下:

$y_1 y_2$	$Y_1 Y_2$				z
	$x_1 x_2 = 00$	$x_1 x_2 = 01$	$x_1 x_2 = 11$	$x_1 x_2 = 10$	
A	A	F	—	B	0
B	A	—	C	B	0
C	—	D	C	—	1
D	E	D	—	—	1
E	E	—	—	B	1
F	A	F	—	B	0

从流程表可以看出,状态 A、B、F 可以合并为 S_1,C、D、E 可以合并为 S_2,令合并后的编码为 $S_1 = 0$、$S_2 = 1$,状态流程表如下:

y	Y				z
	$x_1 x_2 = 00$	$x_1 x_2 = 01$	$x_1 x_2 = 11$	$x_1 x_2 = 10$	
$S_1(0)$	0	0	1	0	0
$S_2(1)$	1	1	1	0	1

得
$$z = Y = \overline{x}_1 y + x_1 x_2 + x_2 y$$

电路图从略.

6. 一种检测物体转动(例如计算机鼠标)的装置的工作原理如下:通过两个稍稍错开一点距离的光电管检测一个带有许多透光条纹的转盘.当转盘正转时,两个光电管的输出如下图(a)所示;反转则如下图(b)所示.试设计一个基本型异步时序电路检测此转盘的转动方向,正转时输出为1,反转时输出为0.

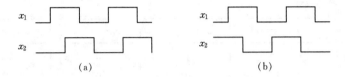

(a)　　　　　　　　　　　　　　　(b)

解　系统波形图和状态定义如下:

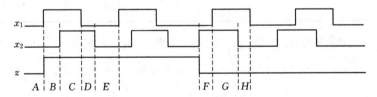

A　B　C　D　E　　　　　F　G　H

状态流程表如下:

$y_1 y_2$	$Y_1 Y_2$				z
	$x_1 x_2 = 00$	$x_1 x_2 = 01$	$x_1 x_2 = 11$	$x_1 x_2 = 10$	
A	A	F	—	B	0
B	—	—	C	B	1
C	—	D	C	—	1
D	E	D	—	—	1
E	E	F	—	B	1
F	—	F	G	—	0
G	—	—	G	H	0
H	A	—	—	H	0

从流程表可以看出,状态 B、C、D 可以合并,状态 F、G、H 可以合并,合并后的状态为 4 个:S_1、S_2、S_3、S_4,合并后的状态流程表如下:

$y_1 y_2$	$Y_1 Y_2$				z
	$x_1 x_2 = 00$	$x_1 x_2 = 01$	$x_1 x_2 = 11$	$x_1 x_2 = 10$	
S_1	S_1	S_4	—	S_2	0
S_2	S_3	S_2	S_2	S_2	1
S_3	S_3	S_4	—	S_2	1
S_4	S_1	S_4	S_4	S_4	0

考虑状态的相邻性, S_1 应该与 S_2、S_4 相邻, S_2 应该与 S_3 相邻, S_3 应该与 S_2、S_4 相邻, S_4 应该与 S_1 相邻,所以状态编码为: S_1: 00, S_2: 01, S_3: 11, S_4: 10.

状态编码后的状态流程表如下:

$y_1 y_2$	$Y_1 Y_2$				z
	$x_1 x_2 = 00$	$x_1 x_2 = 01$	$x_1 x_2 = 11$	$x_1 x_2 = 10$	
00	00	10		01	0
01	11	01	01	01	1
11	11	10		01	1
10	00	10	10	10	0

化简上述状态流程表,考虑消除冒险的冗余项后得到的结果是:

$$Y_1 = x_2 y_1 + x_2 \overline{y_2} + \overline{x_1} \overline{x_2} y_2 + \overline{x_1} y_1 y_2 + x_1 y_1 \overline{y_2}$$

$$Y_2 = \overline{y_1} y_2 + x_1 \overline{y_1} + \overline{x_2} y_2$$

$$z = y_2$$

电路图从略.

说明 在上述解答中,只要检测到转盘正转就输出 1,直到检测到转盘反转又输出 0,对于转盘停止转动的状态不予理会. 由于本题作为教科书的习题,所以上述结果并没有考虑实用性. 在实用中,这一类检测问题不仅要求输出正转和反转 2 个状态,还要求能够给出速度信息,包括停止信息,所以实际的输出不是一个固定的状态,而是一组脉冲:正转的时候 Z_1 输出脉冲,反转的时候 Z_2 输出脉冲,这些脉冲的宽度与 x_1 或 x_2 的宽度相等. 可以通过修改上述答案实现上述设计. 具体的做法是

$$Z_1 = z x_1, \quad Z_2 = \overline{z} x_2$$

7. 试用基本型异步时序电路的设计方法设计一个负边沿触发的 D 触发器,要求写出详细的设计过程. (提示:将时钟 CP 与激励 D 作为异步电路的两个输入.)

解 D 触发器的输入输出波形及状态定义如下:

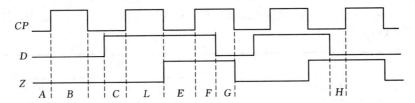

状态说明如下:

A 为初始状态,CP 为 0,输入输出全为 0.

B 为 CP 脉冲上升沿和为 1 持续期间,而输入 D 为 0,输出为 0.

C 为 CP 为 0 时,输入 D 为 1,输出为 0.

L 为 CP 脉冲上升沿和为 1 持续期间,输入 D 为 1,输出为 0.

E 为 CP 为 0 时,输入 D 为 1,输出为 1.

F 为 CP 脉冲上升沿和为 1 持续期间,输入 D 为 1,输出为 1.

G 为 CP 脉冲上升沿和为 1 持续期间,输入 D 为 0,输出为 1.

H 为 CP 为 0 时,输入 D 为 0,输出为 1.

状态流程表如下:

$y_1 y_2$	$Y_1 Y_2$				z
	$D, CP = 00$	$D, CP = 01$	$D, CP = 11$	$D, CP = 10$	
A	A	B	—	C	0
B	A	B	L	—	0
C	A	—	L	C	0
L	—	B	L	E	0
E	H	—	F	E	1
F	—	G	F	E	1
G	A	G	F	—	1
H	H	G	—	E	1

由流程表可见,状态 A、B、C 可以合并为 S_1,L 为 S_2,E、F、H 可以合并为 S_3,G 为 S_4.
合并后的流程表如下:

$y_1 y_2$	$Y_1 Y_2$				z
	$D, CP = 00$	$D, CP = 01$	$D, CP = 11$	$D, CP = 10$	
S_1	S_1	S_1	S_2	S_1	0
S_2	—	S_1	S_2	S_3	0
S_3	S_3	S_4	S_3	S_3	1
S_4	S_1	S_4	S_3	—	1

考虑状态的相邻性，S_1 应该与 S_2 相邻，S_2 应该与 S_1、S_3 相邻，S_3 应该与 S_4 相邻，S_4 应该与 S_1、S_3 相邻，所以状态编码为：S_1：00；S_2：01；S_3：11；S_4：10，状态编码后的状态流程表如下：

y_1y_2	Y_1Y_2				z
	$D, CP = 00$	$D, CP = 01$	$D, CP = 11$	$D, CP = 10$	
00	00	00	01	00	0
01	dd	00	01	11	0
11	11	10	11	11	1
10	00	10	11	dd	1

化简上述状态流程表，考虑消除冒险的冗余项后得到的结果是

$$Y_1 = y_1 CP + y_2 \overline{CP} + y_1 y_2$$

$$Y_2 = D \cdot CP + y_2 \overline{CP} + D \cdot y_2$$

$$z = y_1$$

电路图从略.

8. 试用基本型异步时序电路的设计方法设计一个正边沿触发的 JK 触发器，要求写出详细的设计过程. 提示：将时钟 CP 与激励 J、K 作为异步电路的 3 个输入.

   解 该题可以按照提示，将时钟 CP 与激励 J、K 作为异步电路的 3 个输入，然后模仿上题的做法完成设计. 也有一个简便的方法是利用上题的设计结果，由于 $D = J\overline{Q_n} + \overline{K}Q_n$，所以可以先设计一个上升沿触发的 D 触发器，然后再转换为 JK 触发器. 注意上升沿触发的 D 触发器只需将上题的 CP 与 $\overline{CP}$ 互换即可.

9. 请用你自己的语言，描述基本型异步时序电路中的竞争现象.

   答 竞争可以理解为多个信号到达某一共同点有时差而引起的一种现象，有竞争的地方意味着可能出现暂时性的或永久性的错误输出，但并不是所有竞争的地方都会引起错误的动作，不会产生错误后果的竞争称作非临界竞争，产生错误后果的竞争称作临界竞争.

10. 分析在下面的状态流程表中是否存在临界竞争.

y_1y_2	Y_1Y_2			
	$x_1x_2 = 00$	$x_1x_2 = 01$	$x_1x_2 = 10$	$x_1x_2 = 11$
00	00	01	10	11
01	00	01	01	01
11	01	00	11	10
10	10	11	11	10

解 将状态流程表中的稳定状态圈出如下:

$y_1 y_2$ \\ $x_1 x_2$	00	01	11	10
00	(00)	01	11	10
01	00	(01)	(01)	(01)
11	01	01	10	(11)
10	(10)	11	(10)	11

在总态 0010 时,输入 01,激励态为 11,而 0111 的激励态为 00,产生竞争. 从 11 到 00,如果走 01,则先稳定在 0101;如果走 10,则产生振荡,即出现 0111→0110→0111,故发生临界竞争. 在总态 1110 也有类似情况,可以将 0111 的激励态改为 01,修改后的状态表如下:

$y_1 y_2$ \\ $x_1 x_2$	00	01	11	10
00	(00)	01	11	10
01	00	(01)	(01)	(01)
11	01	01	10	(11)
10	(10)	11	(10)	11

11. 试分析下图电路的可靠性,并在不改变电路逻辑功能的前提下修改电路,以确保工作稳定.

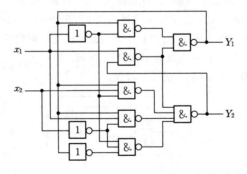

解 电路的逻辑表达式为

$$Y_1 = \bar{x}_1 y_1 + x_1 y_2$$

$$Y_2 = \bar{x}_1 x_2 y_1 + x_1 \bar{x}_2 y_1 + \bar{x}_1 \bar{x}_2 \bar{y}_1 + x_1 y_2$$

分析逻辑表达式(或用卡诺图)发现电路存在冒险现象,可采用增加冗余项的办法消除,增加冗余项后的表达式为

$$Y_1 = \overline{x}_1 y_1 + x_1 y_2 + y_1 y_2$$

$$Y_2 = \overline{x}_1 x_2 y_1 + x_1 \overline{x}_2 y_1 + \overline{x}_1 \overline{x}_2 \overline{y}_1 + x_1 y_2 + x_2 y_1 y_2 + \overline{x}_2 \overline{y}_1 y_2$$

状态流程表如下：

$y_1 y_2$	$Y_1 Y_2$			
	$x_1 x_2 = 00$	$x_1 x_2 = 01$	$x_1 x_2 = 11$	$x_1 x_2 = 10$
00	01	00	00	00
01	01	00	11	11
11	10	11	11	11
10	10	11	00	01

将稳定的状态圈出，如下图所示：

$x_1 x_2$	00	01	11	10
$y_1 y_2$				
00	01	(00)	(00)	(00)
01	(01)	00	11	11
11	10	(11)	(11)	(11)
10	(10)	11	00	01

可以判断电路在第 4 列（系统总态 $x_1 x_2 y_1 y_2$ 从 0010 向 1010 改变时）有临界竞争产生. 题目要求不改变电路逻辑功能. 在不清楚系统功能的情况下，可以认为系统总态 $x_1 x_2 y_1$ $y_2 = 1010$ 的次态应该是状态流程表描述的 1001，而 1001 还是非稳定状态，它的次态是 1011，所以可以认为终态应该是 1011. 由此得到解决这一问题的方法：可以修改状态流程表，将 $x_1 x_2 y_1 y_2 = 1010$ 的次态改为 1011. 以下从略.

12. 分析下图异步时序电路，描述它的工作过程.

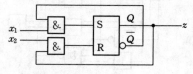

解 RS 触发器的激励方程为

$$S = x_1 \overline{Q}_n$$

$$R = x_2 Q_n$$

触发器的状态方程为

$$Q_{n+1} = S + RQ_n = x_1 \overline{Q}_n + \overline{x_2 Q_n} Q_n = x_1 \overline{Q}_n + x_2 Q_n$$

输出方程为

$$z = Q_{n+1}$$

这是一个 JK 锁存器.

$x_1 = x_2 = 0$ 时,触发器状态保持;

$x_1 = 1$, $x_2 = 0$ 时,$z = 1$;

$x_1 = 0$, $x_2 = 1$ 时, $z = 0$;

$x_1 = 1$, $x_2 = 1$ 时, 输出将不断反转.

13. 试用 D 触发器设计一个 13 进制异步计数器.

　　解　13 进制加法计数器的波形图如下:

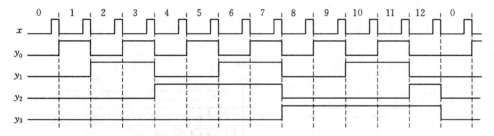

为异步计数器触发器选择时钟信号的原则如下:

(1) 在触发器的状态发生改变时必须有时钟信号,并且该时钟信号具有相同的极性(即都是正跳变或者都是负跳变);

(2) 在触发器不发生状态改变时的时钟信号越少越好.

显然,按照上述原则,触发器 0 和 2 应选 $\overline{x}$ 为时钟信号,触发器 1 应选 $\overline{y_0}$ 为时钟信号,触发器 3 应选 $\overline{y_2}$ 为时钟信号,13 进制加法计数器的状态转换表如下:

状态	$y_3 y_2 y_1 y_0$	$Y_3 Y_2 Y_1 Y_0$	状态	$y_3 y_2 y_1 y_0$	$Y_3 Y_2 Y_1 Y_0$	状态	$y_3 y_2 y_1 y_0$	$Y_3 Y_2 Y_1 Y_0$
S_0	0000	0001	S_5	0101	0110	S_{10}	1010	1011
S_1	0001	0010	S_6	0110	0111	S_{11}	1011	1100
S_2	0010	0011	S_7	0111	1000	S_{12}	1100	0000
S_3	0011	0100	S_8	1000	1001			
S_4	0100	0101	S_9	1001	1010			

对于 D 触发器来说,状态转换表就是状态激励表,但与同步时序电路不同的是:在同步时序电路中,由于每个触发器的时钟是统一的,所以在每个状态下都要考虑激励问题;而在异步时序电路中,不是在每个状态下都有时钟,所以我们只要考虑具有有效时钟信号的那些状态下的激励情况就可以了.

观察波形图可见,触发器 1、触发器 3 在其时钟的下降沿都发生了反转,这正是 T 触发器的特点,将相应的 D 触发器改造为 T 触发器即可,对应的激励是 $D_1 = \overline{y_1}$, $D_3 = \overline{y_3}$. 触发器 0、触发器 2 激励卡诺图如下:

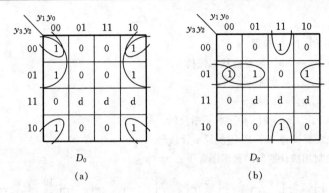

(a) $\qquad$ (b)

所以， $D_0 = \overline{y}_0 \overline{y}_2 + \overline{y}_0 \overline{y}_3$, $D_2 = \overline{y}_1 y_2 \overline{y}_3 + \overline{y}_0 y_2 \overline{y}_3 + y_0 y_1 y_3 + y_0 y_1 \overline{y}_2$

电路图如下：

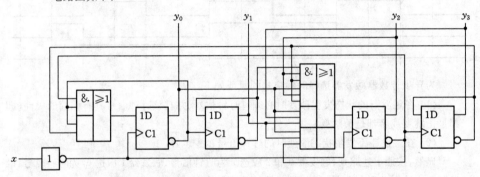

14. 试用脉冲型异步时序电路设计第 6 题的问题.

   解   第 6 题的输入输出波形如下：

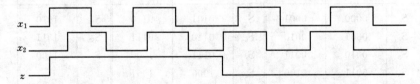

   用脉冲型异步时序电路设计问题时，要根据输出要求以及触发器的有效沿选用合适的输入信号或输入信号的组合作为触发器的时钟信号. 由于本题输出信号的改变发生在输入信号的上升沿，所以应该选用上升沿触发的触发器.

   选用上升沿触发的触发器后，输入信号可以看成只在其上升沿为 1，其余时刻为 0 的输入序列，并可据此建立系统的状态关系. 经过分析，可以用 4 个状态描述本系统，输入信号序列和系统状态如下图所示：

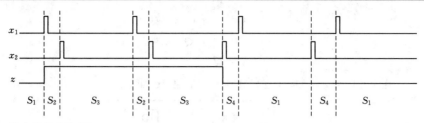

$$S_1 \quad S_2 \quad S_3 \quad S_2 \quad S_3 \quad S_4 \quad S_1 \quad S_4 \quad S_1$$

状态转换图如下:

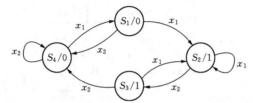

若状态编码为: $S_1 = 00$, $S_2 = 01$, $S_3 = 11$, $S_4 = 10$, 则状态转换表如下所示. 其中表(b)的表格是为了便于设计而将两个触发器分开, 并采用动态记号 ($\alpha = 0 \to 1$, $\beta = 1 \to 0$) 表示的状态转换表.

$Q_1 Q_2$	$Q_{1(n+1)}\ Q_{2(n+1)}$		z
	x_1	x_2	
00	01	10	0
01	01	11	1
11	01	10	1
10	00	10	0

(a)

$Q_1 Q_2$	$Q_{1(n+1)}$		$Q_{2(n+1)}$	
	x_1	x_2	x_1	x_2
00	0	α	α	0
01	0	α	1	1
11	β	1	1	β
10	β	1	0	0

(b)

下面通过选用不同的触发器来完成上述问题的逻辑设计.

方法 1　选用 T' 触发器完成设计

对于 T' 触发器来说, 由于对每个时钟输入触发器均翻转, 所以在上述状态转换表中凡是标有 α 或 β 的都应该有时钟输入, 其余都不应该有时钟输入. 由此得到激励卡诺图以及触发器的时钟函数、输出函数如下:

$Q_1 Q_2$	x_1	x_2
00	0	1
01	0	1
11	1	0
10	1	0

CP_1

(a)

$Q_1 Q_2$	x_1	x_2
00	1	0
01	0	0
11	0	1
10	0	0

CP_2

(b)

$$CP_1 = x_1 Q_1 + x_2 \overline{Q}_1$$

$$CP_2 = x_1 \overline{Q}_1 \overline{Q}_2 + x_2 Q_1 Q_2$$

$$z = Q_2$$

若选用 D 触发器构成 T' 触发器,则最终的逻辑图如下:

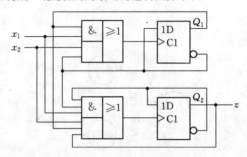

方法 2　选用 D 触发器完成设计

当选用 D 触发器或 JK 触发器构成脉冲型异步时序电路时,与选用 T' 触发器完成设计略有不同. 由于 D 触发器或 JK 触发器的状态转换取决于时钟和激励的双重作用,所以设计时分两步进行.

首先选择触发器的时钟. 由于触发器的状态变化必须在时钟信号下完成,所以在上述采用动态记号表示的状态转换表中,凡是标有 α 和 β 的都应该有时钟信号. 但是和 T' 触发器不同,选用 D 触发器或 JK 触发器时,只要激励信号 D 或 JK 选择合适,在标有 0 或 1 的地方也可以有时钟输入,所以可以适当地将时钟输入的卡诺圈加大,以使得时钟信号的组合关系简单化.

在确定时钟输入信号以后,可以根据触发器的激励表确定触发器的激励输入. 在确定激励输入时,有以下两个原则:

(1) 在有时钟的状态位置,必须根据初态和次态的关系,确定触发器的激励;而在没有时钟的状态位置,激励是任意项.

(2) 激励信号的组合成分中不能包含组成时钟的输入信号. 这是因为时钟输入利用了输入信号的边沿,激励信号要利用输入的电平,若两者同时出现在触发器的时钟输入和激励输入端会造成竞争,引起触发器的次态不稳定.

根据上述原则,触发器的时钟卡诺图、激励卡诺图以及由此得到的时钟函数、激励函数如下:

$Q_1 Q_2$	x_1	x_2	$Q_1 Q_2$	x_1	x_2	$Q_1 Q_2$	x_1	x_2	$Q_1 Q_2$	x_1	x_2
00	0	1	00	1	0	00	d	1	00	1	d
01	0	1	01	1	0	01	d	1	01	1	d
11	1	0	11	0	1	11	0	d	11	d	0
10	1	0	10	0	1	10	0	d	10	d	0
(CP_1)			(CP_2)			D_1			D_2		
(a)			(b)			(c)			(d)		

$$CP_1 = x_1 Q_1 + x_2 \overline{Q}_1$$

$$CP_2 = x_1 \overline{Q}_1 + x_2 Q_1$$

$$D_1 = D_2 = \overline{Q}_1$$

最终的逻辑图如下：

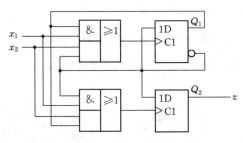

若选用 JK 触发器进行设计，可以得到与上述类似的结果. 读者可以将此题与第 6 题的解答进行对比，从中体会脉冲型时序电路与电平型时序电路的不同.

§11.3 用于参考的扩充内容

当两个数字设备需要相互交换信息的时候，就出现了时序电路的链接（Link）问题. 由于通常情况下两个数字设备的时钟是独立的，所以尽管被链接的两个设备可以是同步时序电路或异步时序电路，但它们的链接一般是一个异步时序问题.

另外，在一些大型数字系统的设计中，可能要将系统分成若干个子系统，在这些子系统之间，也存在时序电路的链接问题. 在这种情况下的链接，可以看成是同步时序问题，但是如果考虑时钟扭曲以及其他引起状态等待的问题，那么也可以看成是异步时序问题.

时序电路的链接需要将一个电路中的状态信息传递到另一个电路. 一般来说，在这些被传递的信息中，有一部分作为另一个电路的状态转换条件. 我们将这种由一个电路引起另一个电路状态转换的状态信息称为"握手"信息. 时序电路链接的设计问题，主要就是两个被链接的时序电路的"握手"过程的设计.

下面以一个实际例子来说明时序电路链接问题.

一种计算机外围设备可以接收计算机发出的命令和数据. 该设备和计算机的接口中除了数据线 DATA 以外，还给出了 2 根握手线：$\overline{\text{STB}}$ 和 $\overline{\text{ACK}}$. $\overline{\text{STB}}$ 是计算机通知该设备的状态线，$\overline{\text{ACK}}$ 是该设备应答计算机的状态线. 计算机将数据准备好以后，以 $\overline{\text{STB}} = 0$（信号有效）脉冲通知该设备；在收到该设备的

$\overline{ACK} = 0$ 脉冲信号后,进入下一个数据的发送过程.时序关系如图 11-3 所示.
试设计该设备的接口电路.

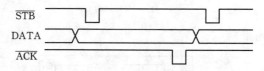

图 11-3 外围设备与计算机通信的时序

根据上面的说明,可以画出本问题的 ASM 图如图 11-4.

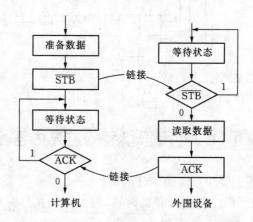

图 11-4 外围设备与计算机通信的 ASM 图

由 ASM 图可以直接画出该外围设备接口部分的状态转换图如图 11-5.在图
中,假定读取数据需要 3 个状态:S_2、S_3、S_4.

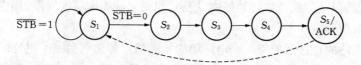

图 11-5 外围设备与计算机通信的状态转换图

根据图 11-5 可以进行电路设计.该电路可以用同步时序电路设计,也可以用
异步时序电路设计.值得注意的是,由于该电路的时钟不可能与计算机同步,所以
即使用同步时序电路设计,在设计时也必须考虑时间关系.假定采用同步时序电路
来设计该接口电路,则 STB 信号作为状态转换条件,是状态机的输入信号.由于同
步时序电路对于输入信号的采样只发生在时钟信号的有效边沿,所以要保证能够
得到 $\overline{STB}$ 信号输入,系统时钟频率必须足够高.这可以用图 11-6 加以说明.若

$\overline{\text{STB}}$ 信号的有效宽度为 τ，则系统时钟频率必须有 $f_{min} > \dfrac{1}{\tau}$. 为了保证系统的可靠

性，一般取 $f = \dfrac{1.5 \sim 2}{\tau}$.

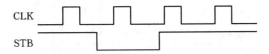

图 11-6　同步时序中的时钟与握手信号的时间关系

若按照上述原则设计系统时钟，在某些情况下可能使得系统时钟频率过高，从而造成另外一些影响. 在这种情况下，还可以采用同步和异步混合设计的方式来解决问题.

例如在上述例子中，如果 $\overline{\text{STB}}$ 信号的有效宽度 τ 特别窄，则根据 $f = \dfrac{1.5 \sim 2}{\tau}$ 来选择接口电路的时钟可能会发生困难. 例如 $\tau = 15$ ns，f 就应该达到 $100 \sim 150$ MHz. 在这样高的时钟频率下，选择合适的器件可能成为一件比较困难的工作. 但是如果系统的其他方面并不需要如此高的时钟频率时，完全可以采用混合设计的方法来解决这个困难. 具体的做法是：将数据接口设计成异步的，以 $\overline{\text{STB}}$ 信号作为异步时序电路的事件输入，将数据线 DATA 进行异步锁存；而系统内部是同步的，利用同步时钟将锁存的数据进行处理. 图 11-7、图 11-8 就是采用混合设计的 ASM 图及其电路结构.

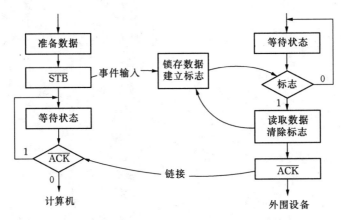

图 11-7　采用混合设计的外围设备与计算机通信的 ASM 图

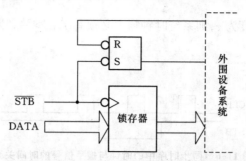

图 11-8   采用混合设计的外围设备与计算机通信的电路结构

　　在时序电路的链接中,除了上面例子的形式外,还可以有其他形式.例如在前面曾经讨论过的迭代设计问题.如果一个状态机的输出可以被迭代为同类状态机的输入,那么就产生了状态机的迭代链接问题.在大部分情况下,迭代链接发生在一个同步时序电路内部,所以一般不会有时序上的问题产生,但是如果链接发生在两个时序电路之间,那么还是要像上面例子那样考虑时序的匹配问题.

第 12 章　可编程逻辑器件与数字系统设计初步

§12.1　要点与难点分析

由于在数字逻辑领域,尤其是数字系统设计领域,可编程逻辑器件和 HDL 已经占据了举足轻重的地位,因此在数字逻辑课程中展开这方面的学习已经是必不可少了.本章是学习可编程逻辑器件、HDL 和数字系统设计的入门篇.学生通过本课程以及与本课程配套的实验课程的学习,可以达到初步掌握用可编程逻辑器件和 HDL 设计数字逻辑,并初步掌握数字系统设计的大致过程.

本章的要点在于:

(1) 对于可编程逻辑器件结构的大致了解;

(2) 对于 VHDL 语言的理解与运用;

(3) 数字系统设计方法入门.

理解可编程逻辑器件的结构对于用可编程逻辑器件进行设计具有较大的帮助和指导意义,也是用可编程逻辑器件进行数字系统设计过程中系统方案分析的一个重要内容.但是由于大规模集成电路的飞速发展,不断有新的器件、新的结构出现,所以教科书中介绍的内容仅具有一定的指导意义和入门教育作用,学生应该在了解已有的结构基础上不断通过其他途径学习,教师也应该向学生不断介绍新器件和新结构原理.

对于 VHDL 语言,必须理解它对应的是一个硬件结构,而不是一组按顺序执行的命令.这是硬件描述语言和所有的计算机语言的根本区别.只有理解了这个区别,才能理解 VHDL 中关于并行语句、顺序语句、进程、敏感变量等概念.至于具体的语言学习,教科书的内容仅仅介绍了 VHDL 语言中最基本的部分,更有效的学习途径是通过配套的实验课程或其他实习内容进行.在本章的习题解答中,将继续介绍一些常用的 VHDL 语句以及用 VHDL 进行设计的方法.习题 7、8、9 这 3 个题涉及 3 个基本时序电路:寄存器、状态机以及计数器的设计,可以作为基本设计模块参考.

关于数字系统设计方法,由于涉及的范围相当广,不可能详细讨论各种情况下的设计过程,所以在教科书中仅仅给出了一个比较笼统的自顶向下的设计概念.在本书的习题解答中列举了一些具体的系统设计的例子:习题 11、12、13 都是系统设计.第 11 题的分析过程在教材中已经解决,本书给出了用 VHDL 实现的过程.第 12、13 两题相对比较复杂,本书介绍了比较详细的系统设计过程.这些设计过程不仅是针对这两个习题的,它们也基本适用于小型或中型的数字系统,读者可以从这些例子中大致了解数字系统设计中的基本过程和基本技巧.

要说明的是,由于课堂教学的时间要求以及教材的篇幅要求,对于 VHDL 以及数字系统设计这里仅作入门的介绍,深入的了解需要读者阅读有关的专业书刊,更为重要的是必须在实际的设计工作中获得知识和经验.

§12.2 习 题 解 答

1. 可编程逻辑器件可以分成哪两种基本结构? 它们各有什么特点?

答 目前的可编程逻辑器件大致可以分成两种基本结构:基于乘积项的 PLD 结构(CPLD)和基于查找表的 PLD 结构(FPGA).

CPLD 的可编程逻辑结构由一个"与"门阵列和一个"或"门阵列组成,可编程连线区处于器件的中心位置,宏单元和 I/O 控制块分布在器件周围靠近引脚的区域,所以当一个信号从某个引脚输入到另一个引脚输出时,它的传输路径基本上是固定的,传输延时基本上也是固定的.

FPGA 以一个二维的逻辑块阵列构成了 PLD 器件的逻辑核心,可编程的连线分布在逻辑块和逻辑块、逻辑块和输入输出块之间.在逻辑块内部则以查找表方式实现逻辑功能.FPGA 在系统设计的灵活性方面要比 CPLD 优秀一些,但是在信号的延时特性方面又不如 CPLD 那样具有固定的延时.

2. 简述可编程逻辑器件的编程过程.

答 用可编程逻辑器件设计逻辑电路的大致过程是:

(1) 逻辑设计.将设计目标转换成逻辑图或硬件描述语言程序并输入计算机.

(2) 综合与仿真.综合是将逻辑图或硬件描述语言程序进行翻译、优化,转换成可编程逻辑器件的实际结构.仿真是根据综合的结果,在计算机上以向量表、时序图等方式显示出在给定输入情况下的输出.

通常第二步过程和第一步过程之间会有多次反复,不断修改设计直至设计结果完全达到预期的目的.

(3) 下载.通过上两步得到一份综合后的数据文件,然后根据这份数据对可编程逻辑器件进行编程.早期的下载工作要在特定的编程器上进行,目前的可编程逻辑器件大部分支持在线下载,就是设计者可以通过一根专用的下载电缆,将计算机和已经安装在用户的电路板上的要编程的可编程逻辑器件联系起来,在计算机上运行下载程序,就可以完成下载任务.

3. 什么是数字系统? 数字系统在结构上有什么特点?

答　数字系统是指由数字逻辑部件构成并且能够传送和处理数字信息的设备.一般来说,完整的数字系统应该包括输入、输出和数字逻辑处理等 3 个部分.任何数字系统都可以从逻辑上划分为数据子系统和控制子系统两个部分,数据子系统是数字系统的数据存储和数据处理单元,它接受控制子系统的控制信息,根据控制信息将输入的数据进行数据处理和传送,并将处理过程中的状态信息反馈给控制子系统.控制子系统是数字系统的核心,它接收外部输入信号,并根据外部输入信号和数据子系统的状态信号决定系统的每一步操作过程.

4. 简述设计数字系统的一般过程.

答　目前在数字系统设计中普遍采用自顶向下的设计方法.该方法的核心就是首先将一个数字系统的功能要求分析清楚,然后根据系统功能将系统层层分解,直到可以用基本模块实现.按照自顶向下的设计方法,大致上可以将数字系统设计分成以下几个步骤:

(1) 系统功能级设计.对系统进行需求分析,明确实现这些需求的系统总体方案.

(2) 行为级设计.从逻辑结构上对系统进行划分,确定系统的结构以及系统的控制算法,结果得到系统的行为级模型.可以借助计算机设计软件对系统的行为级模型进行模拟验证,从而可以以及早确定上述模型是否存在系统级的错误.

(3) 系统仿真与实现.用实际电路实现设计的数字系统.可以采用标准的数字逻辑模块器件实现,也可以采用 PLD 实现.两种实现在方法上略有差别,前者重点在于将逻辑框图(包括控制状态图)选用电路上能够实现的器件来实现,然后通过具体器件搭接的电路进行调试.后者的这一步骤称为寄存器传输级设计,直接将通过验证的行为级设计模型加以修改,变成可综合的设计模型(源代码文件),然后进行逻辑综合(编译)、仿真、下载就可以获得所需要的系统.

5. 什么是 VHDL 的并行语句? 什么是 VHDL 的顺序语句? 顺序语句在执行时是否有时间上的先后?

答　用来描述组合逻辑或进程的语句称为并行语句.在进程内部的语句被称为顺序语句,常用的顺序语句有 IF 语句和 CASE 语句.

　　IF 语句结构中满足哪个条件就执行哪个语句,如果没有条件得到满足则不执行任何语句. CASE 语句结构中条件表达式等于哪一个值就执行哪一个语句. IF 语句是有序的,先处理前面的语句,条件不满足时才处理后续的语句,但是这个先后不是执行时间上的先后,而是在硬件结构上有优先级的区别. CASE 语句则无优先级的差别.

6. 在 VHDL 设计中,一般用两个进程来描述一个有限状态机.其中描述状态机输出的进程是否可以用非进程的并行语句描述? 用进程描述有何优点?

答　由于状态机输出是一个组合逻辑,所以可以用并行语句描述.实际上,进程本身就是一个并行语句.但一般是用进程描述有限状态机的输出,这主要是由于:用两个进程描述一个状态机,其中一个描述状态机的状态转换,另一个描述状态机的输出,这样的程序结构整齐,可读性好.另外由于可以在进程中使用顺序语句,能够使描述的语言更为简洁.

说明　用两个进程描述的状态机结构可以用下图描述:

时钟进程描述了一组 D 触发器以及激励输入的组合电路(状态转移条件),组合进程描述了状态(米利型电路还要加上输入)与输出的关系.也可以用 3 个进程描述状态机,即再用一个组合进程描述激励输入的组合电路.

要注意的是,由于时钟进程(敏感变量中包含时钟,并按照时钟的有效边沿动作)一定包含触发器,所以一般不能用时钟进程描述输出组合电路.若用时钟进程描述输出进程则意味着输出还要通过一个触发器输出,将会造成输出延时一个节拍.

7. 用 VHDL 描述一个 8 位移位寄存器:要求有两个控制端 S_1、S_0,当 $S_1 S_0 = 00$ 时的功能为保持,$S_1 S_0 = 01$ 时的功能为右移,$S_1 S_0 = 10$ 时的功能为左移,$S_1 S_0 = 11$ 时的功能为加载.

解 移位寄存器可以用进程加以描述,本题的 VHDL 程序如下:

```
library IEEE;
use IEEE. std _ logic _ 1164. all;
entity shiftreg is
    port (
        CLK: in STD _ LOGIC;
        S: in STD _ LOGIC _ VECTOR(1 downto 0);
        D: in STD _ LOGIC _ VECTOR (7 downto 0);
        Q: buffer STD _ LOGIC _ VECTOR (7 downto 0)
        );
end shiftreg;

architecture shiftreg _ arch of shiftreg is
begin
  process (CLK)
  begin
      if (CLK 'event and CLK = '1') then
          if (S="11") then              -- 加载
              Q(7 downto 0)<=D(7 downto 0);
          elsif (S="10") then           -- 左移
              Q(0)<=D(0);
              Q(7 downto 1)<=Q(6 downto 0);
          elsif (S="01") then           -- 右移
              Q(7)<=D(7);
              Q(6 downto 0)<=Q(7 downto 1);
```

```
                    end if;
                  end if;
               end process;

           end shiftreg _ arch;
```

　　本题解答用了 IF 语句,所以没有写出 S="00" 的控制状态.这是因为若前 3 个条件不满足就都不执行,也就是保持状态.

　　本题也可以用 CASE 语句实现,但必须写出控制端 S 的所有输入状态.

8. 用 VHDL 设计一个串行 4 位奇偶校验电路.一组 4 位数码从 X_1 输入,输入到第 4 个数码时,字同步信号 $X_2=1$,表示一个字(4 位)输入结束.当 4 个数码中的"1"的个数为奇数时,输出 $Z=1$,否则输出为 0.

解

解法 1　这是一个状态机设计问题.本书第 4 章第 10 题对此已经做了状态机的分析,根据该题的解答,状态图如下:

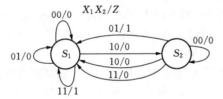

　　设状态编码为 $S_1 \to 0$, $S_2 \to 1$.此状态机的 VHDL 程序如下:

```
library IEEE;
use IEEE. std _ logic _ 1164. all;

entity check is
  port (
          CLK: in STD _ LOGIC;
          X1: in STD _ LOGIC;
          X2: in STD _ LOGIC;
          Z: out STD _ LOGIC
          );
end check;

architecture check _ arch of check is
signal state: STD _ LOGIC;
begin
  state _ machine: process (CLK)
  begin
    if (CLK 'event) and (CLK = '1') then
```

```
            if (X2 = '1') then state <= '0';
            elsif (X1 = '1') then state <= not state;
            end if;
        end if;
    end process;

    state_machine_out: process (state, X1, X2)
    begin
        if (state='0') and (X1='1') and (X2='1') then Z <= '1';
        elsif (state='1') and (X1='0') and (X2='1') then Z <= '1';
        else Z <= '0';
        end if;
    end process;
end check_arch;
```

这是一个有限状态机的 VHDL 描述,包含两个进程. 前面一个时钟进程描述状态机的状态转换,后面一个组合进程描述状态机的输出. 由于可以在组合进程中使用 IF 语句,所以对于输出的描述十分简洁明了.

解法2 本题另一个更为一般的解法是直接利用奇偶校验对应逻辑"异或"运算的关系,先将所有的输入寄存在一个串行输入并行输出的移位寄存器中,然后对输出进行异或运算,最后利用字同步信号将结果输出. 这样结构的 VHDL 描述如下:

```
library IEEE;
use IEEE. std_logic_1164. all;

entity CHECK is
    port (
        X1: in STD_LOGIC;
        X2: in STD_LOGIC;
        CLK: in STD_LOGIC;
        CHECKOUT: out STD_LOGIC
        );
end CHECK;

architecture CHECK_arch of CHECK is
signal reg_a,reg_b,reg_c,reg_d:std_logic;
begin
    process(clk)
    begin
        if(clk'event and clk='1') then
```

```
                    reg _ a <= X1;
                    reg _ b <= reg _ a;
                    reg _ c <= reg _ b;
                    reg _ d <= reg _ c;
                end if;
            end process;
        checkout <= X2 and (reg _ a xor reg _ b xor reg _ c xor reg _ d);
        end CHECK _ arch;
```

9. 用 VHDL 设计一个可控进制的同步计数器.当控制端 $M = 0$ 时为 10 进制计数器,控制端 M $= 1$ 时为 12 进制计数器.

　　解　本题是一个计数器问题,本书第 4 章第 12 题提出了两种解决方案.然而用 VHDL 来描述一个计数器的程序相当简单:

```
        library IEEE;
        use IEEE. std _ logic _ 1164. all;
        use IEEE. std _ logic _ unsigned. all;

        entity counter is
            port (
                CLK: in STD _ LOGIC;
                CLR: in STD _ LOGIC;
                M: in STD _ LOGIC;
                Q: out STD _ LOGIC _ VECTOR (3 downto 0)
                );
        end counter;

        architecture counter _ arch of counter is
        signal cnt: STD _ LOGIC _ VECTOR (3 downto 0);
        begin
            Q <= cnt;
            process (CLK,CLR)
            begin
                if (CLR = '1') then
                    cnt <= "0000";
                elsif (CLK 'event) and (CLK = '1') then
                    if (M='0') then
                      if cnt = "1001" then cnt <= "0000";   --10 进制
                      else cnt <= cnt+1;
                      end if;
```

```
        else
            if cnt = "1011" then cnt <= "0000";   --12 进制
            else cnt <= cnt+1;
            end if;
        end if;
    end if;
end process;
end counter _ arch;
```

本题用了一个信号(signal)作为计数器的中间变量 cnt,这是由于端口 Q 被设置成输出 (out)模式,无法反馈. 若将 Q 设置成缓冲(buffer)模式,可以不要中间变量 cnt.

程序中的 CLR 是一个异步清零端.

10. 用 VHDL 设计一个串行码流转换电路. 一组 4 位 8421 码(LSB 先输入)从 X_1 输入,在输入 第 1 个数码(LSB)时,字同步信号 $X_2 = 1$,表示一个字(4 位)输入开始. 该电路能够将输入 的 8421 码转换为余 3 码输出(LSB 先输出).

解　本书第 4 章第 14 题的分析中将该电路分为两部分:一部分是串行全加器,将 8421 码加 3 可以完成数码转换,另一部分是 0011 序列信号(即数码 3 的串行序列)发生器,用于数码 转换所需的加数. 实际上用数字系统观点来分析本题,串行全加器(包括加数 3)是一个数据 子系统,而控制子系统是在字同步信号同步下的一个状态机. 下面用 VHDL 语言来描述上 述设计过程,采用的方法不同于本书第 4 章第 14 题的解答. 在程序中首先建立一个状态机, 描述序列信号输入的状态以及记录数据和进位,然后建立另一个组合进程描述数据子系统, 该进程根据不同的状态加不同的数据,从而完成加 3 的过程.

```
library IEEE;
use IEEE. std _ logic _ 1164. all;
use IEEE. std _ logic _ unsigned. all;

entity Code _ xch is
    port (
        CLK: in STD _ LOGIC;
        X1: in STD _ LOGIC;
        X2: in STD _ LOGIC;
        Sum: out STD _ LOGIC
        );
end Code _ xch;

architecture Code _ xch _ arch of Code _ xch is
    signal state: STD _ LOGIC _ VECTOR(1 downto 0);
    signal data: STD _ LOGIC;
    signal B: STD _ LOGIC;
```

```
        signal Ci: STD_LOGIC;
        signal Co: STD_LOGIC;
    begin
        state_machine: process (CLK)
        begin
            if (CLK 'event) and (CLK = '1') then
                if (X2 = '1') then
                    state <= "00";
                    Ci <= '0';        -- 进位清零
                else
                    state <= state+1;
                    Ci <= Co;          -- 记录进位
                end if;
                data <= X1;          -- 记录输入数据
            end if;
        end process;
        serial_adder: process (state)
        begin
            case state is
                when "00" =>B <= '1'      -- 最低位,加 1
                when "01" =>B <= '1'      -- 次低位,加 1
                when others => B <= '0'    -- 高 2 位,加 0
            end case;
            Sum <= data xor B xor Ci;
            Co <= (data and B) or (Ci and B) or (data and Ci);
        end process;
    end Code_xch_arch;
```

上述 VHDL 程序对应的硬件结构如下图所示:

11. 用 VHDL 设计一个反应时间测量电路. 该电路用来测量短跑运动员的反应速度,要求时间
    测量精确到 ms. 由于运动员的反应时间不可能小于 200 ms,所以要求当反应时间小于

200 ms时,要给出犯规信号.

解 教材第4章例4-11已给出了本题的电路框图(a)和计数控制部分的状态转换图(b)如下:

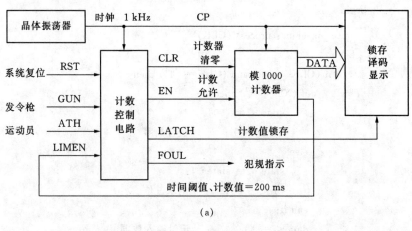

(a)

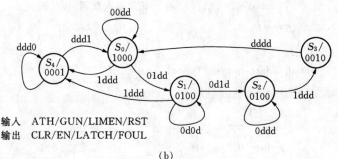

输入 ATH/GUN/LIMEN/RST
输出 CLR/EN/LATCH/FOUL

(b)

根据上述框图和状态转换图,可以得到相应的 VHDL 程序如下.其中不包含锁存译码显示部分.读者可以参照教材中出租车计费器的例子,定义一个 BGD 到 7 段码的过程,再增加一个寄存器就可以完成全部设计.

```
library IEEE;
use IEEE. std _ logic _ 1164. all;
use IEEE. std _ logic _ unsigned. all;

entity reaction is
    port (
        CLK: in STD _ LOGIC;        -- 时钟
        RST: in STD _ LOGIC;        -- 裁判的复位信号
        GUN: in STD _ LOGIC;        -- 发令枪
        ATH: in STD _ LOGIC;        -- 运动员启动检测
        FOUL: out STD _ LOGIC;      -- 犯规输出
```

```vhdl
        LATCH: out STD_LOGIC;       -- 计数值锁存信号
        BCDL: buffer STD_LOGIC_VECTOR (3 downto 0);    -- 计数器低位输出
        BCDM: buffer STD_LOGIC_VECTOR (3 downto 0);    -- 计数器中位输出
        BCDH: buffer STD_LOGIC_VECTOR (3 downto 0)     -- 计数器高位输出
        );
end reaction;

architecture reaction_arch of reaction is
    type state_type is (S0,S1,S2,S3,S4);  -- 状态描述
    signal state: state_type;
    signal LIMEN: STD_LOGIC;
    signal EN: STD_LOGIC;
    signal CLR: STD_LOGIC;
    signal output: STD_LOGIC_VECTOR (3 downto 0);

begin
CLR <= output(3);
EN <= output(2);
LATCH <= output(1);
FOUL <= output(0);

control: process (CLK, RST)  -- 此进程描述控制状态机的状态转换
begin
    if RST = '1' then state <= S0;
    elsif (CLK 'event) and (CLK = '1') then
        case state is
        when S0 =>
            if ATH = '1' then state <= S4;
            elsif GUN = '1' then state <= S1;
            end if;
        when S1 =>
            if ATH = '1' then state <= S4;
            elsif LIMEN = '1' then state <= S2;
            end if;
        when S2 =>
            if ATH ='1' then state <= S3;
            end if;
        when S3 => state <= S0;
```

```
      when S4 =>
         if RST = '1' then state <= S0;
         end if;
      end case;
      end if;
end process;

control_out: process (state)   -- 此进程描述控制状态机的输出(摩尔型输出)
begin
   case state is
   when S0 => output <= "1000";
   when S1 => output <= "0100";
   when S2 => output <= "0100";
   when S3 => output <= "0010";
   when S4 => output <= "0001";
   end case;
end process;

counterL: process (CLK)     -- 此进程描述 3 位 10 进制计数器
begin
   if CLK 'event and CLK = '1' then
      if CLR = '1' then
         BCDL <= "0000";
         BCDM <= "0000";
         BCDH <= "0000";
      elsif EN = '1' then
         if BCDL = "1001" then BCDL <= "0000";
         else BCDL <= BCDL +1;
         end if;
         if BCDL = "1001" then
            if BCDM = "1001" then BCDM <= "0000";
            else BCDM<= BCDM +1;
            end if;
         end if;
         if BCDL = "1001" and BCDM = "1001" then
            if BCDH = "1001" then BCDH <= "0000";
            else BCDH<= BCDH +1;
            end if;
```

> > > end if；
> > > end if；
> > > if BCDH ＝ "0001" and BCDM＝ "1001" and BCDL ＝ "1001" then
> > > 　　LIMEN ＜＝ '1'；　-- 计数值等于 199 时置位 LIMEN
> > > else LIMEN ＜＝ '0'；
> > > end if；
> > > end if；
> > end process；

> > end reaction _ arch；

12. 用可编程逻辑器件设计一个数字密码锁.

该密码锁具有 12 个按键,分别为数字"0"～"9"、"开锁"和"设置". 开锁的过程是先输入 6 个十进制数密码,再按"开锁",若 6 个十进制数与存储在锁内的密码相同,则密码锁开启. 若输入错误,则输出错误提示. 3 次输入错误则进入死锁状态.

设置密码的过程是:先输入原来的密码,然后按"设置"键,再输入新的密码,再按"设置"键. 锁的初始密码(原始状态)是 6 个"0".

在上述开锁和设置过程中,若发生输入顺序错误(例如连续输入 7 个数字)或中断(超过 10 秒无输入),则系统自动中断现行操作,回到初始状态.

解　对本题进行分析如下.

密码是十进制数,输入是 10 个单独的键,所以 BCD 编码器是必需的. 另外,要核对密码,数值比较器也是必需的.

由于要进行密码核对,所以在系统中必须存在一个密码存储单元,由于密码数据量不大,所以该存储单元可以用寄存器堆实现. 由于系统要求可以重新设置密码,所以该寄存器堆应该可以写入. 寄存器堆的地址以及写信号应该由控制部分根据输入情况提供.

考虑到在写密码的过程中允许中断(例如写了一半放弃了),所以不能直接将输入写入密码寄存器,还要设置一个缓冲寄存器堆. 输入的新密码先暂存在缓冲寄存器堆,只有写完全部密码,确认后再将密码转移到密码寄存器堆中. 同样,缓冲寄存器堆的地址以及写信号也应该由控制部分根据输入情况提供.

上述分析实际上已经确定了系统的数据子系统结构,如下图所示:

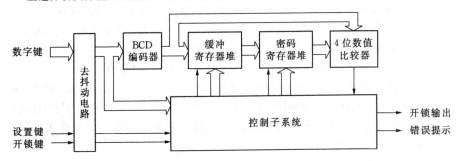

控制子系统的功能分析可以在上述结构图的基础上继续进行.

该子系统共有 4 组外部输入信号:设置键输入、开锁键输入、数字键输入、比较器等于信号.所有键输入都通过去抖动电路处理.

有 6 组外部输出信号:开锁输出、错误提示输出、缓冲寄存器读写信号和地址信号、密码寄存器读写信号和地址信号.

系统的功能要求已经在题目中阐述得很清楚了.但是由于本题目的功能要求比较复杂,若直接根据上述功能要求分析写出控制器的状态图或 ASM 图,将会得到比较复杂的结果,不利于设计与检查.为此可以将上述功能分解成若干模块,每个模块控制一个或几个功能.按照自顶向下的方法,在设计控制器总体功能的时候只关心系统功能的实现,具体的功能实现在每个模块中完成.模块与模块之间通过握手信号联系.由于这种模块化设计方法的条理清楚,结构合理,所以在复杂的数字系统中得到广泛应用.

本题可以将控制器分成如下模块:

(1)输入处理模块

本模块完成输入信号的采集与处理:一是将所有 12 个键输入按照"或"的关系合并成一个键输入信号(key),方便控制模块的处理;二是键输入信号同步,将每个键输入信号变换成与系统时钟同步、只持续 1 个时钟周期的信号;三是在多个键同时输入时,按照优先级排列,只输出一个键值.

(2)输出处理模块

本模块完成输出信号的处理.本题的输出只有 2 个,开锁输出和错误提示输出.开锁输出不需处理,直接输出即可.错误提示输出要进行计数处理,达到 3 次就输出死锁信号(dead)使控制模块不再接受输入.

(3)密码寄存器读写模块和缓冲寄存器读写模块

这两个模块的结构是一样的,都是根据寄存器的读写时序要求产生正确的地址信号和读写信号,区别只是在不同的系统状态下进行读写的对象不同.

(4)控制模块

本模块实际上是一个状态机,根据输入模块的信号进行状态转换,同时它也受定时模块和输出模块的反馈信号的间接控制.本模块的输出是寄存器读写命令和系统输出信号.

(5)定时模块

考虑到系统功能要求中有延时中断(10 秒无输入)的要求,本模块设置一个自由计数器,到达 10 秒就产生一个中断信号(timer_ov).为了使正常工作状态下的控制模块不被它中断,控制模块还有一个清零信号(timer_clr)可以将此计数器清零.在正常工作状态下,控制模块在每个状态下都产生清零信号将此计数器复位,所以不会被它中断.

定时模块的中断信号与控制模块的联系有两种方式:一种方式是作为控制模块的一个输入,此信号一旦有效,控制模块就返回初始状态.另一种方式是直接作为控制模块的异步清零信号,一旦有效,控制模块被强迫返回初始状态.由于第二种方法比较简单,所以在本设计中采用第二种方法.

　　顺便说一下,上述用第二种方法完成超时复位的方案是工业控制用电子设备中的常用手段.由于在工业控制中电子设备受到干扰的几率较大,为了避免由于干扰引起设备工作异常(最典型的是计算机的程序发生执行混乱,俗称程序跑飞),通常就设置这样一个定时模块,称为看门狗(Watch Dog).程序在正常工作时,不断将计数器清零,所以不会产生复位信号.一旦程序跑飞,计数器得不到清零而不断计数,当计数器溢出时就强迫计算机复位,将计算机由非正常状态返回正常状态.设置看门狗的计算机程序应该能够在复位后自动重入.这已经不是本书的讨论范围了.

　　由上述模块构成的控制子系统的结构如下图所示:

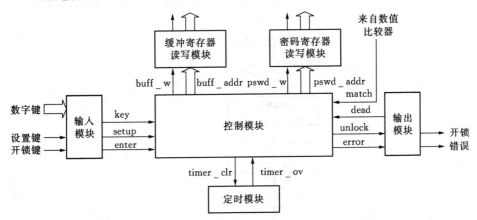

　　其实本题的控制子系统结构是一个比较通用的控制子系统结构.它所划分的模块中,除了定时模块是针对本题的专用模块外,其余模块实际上是任何一个控制子系统都必须具备的.其中寄存器读写模块可以更加一般地称为存储器读写模块.对于本题来说,由于寄存器较小,读写时序相当简单,所以本模块的结构也十分简单,甚至可以直接由控制模块对寄存器进行操作.但是如果设计一个大型的控制系统,可能会涉及例如 SDRAM 这样的具有复杂的读写时序的存储器,所以一般而言总要建立一个存储器读写模块.

　　在上述模块中,控制模块是主模块.下一步的设计过程就是根据要求写出控制模块的控制流程(ASM 图).

　　整个控制流程分成以下几个状态:

　　State 0: 系统初始状态.其中应包含对系统的初始化工作(initial system),对系统中所有要用到的寄存器(不含密码寄存器)、中间变量以及定时器进行复位.

　　State 1: 准备接收键输入,将键输入计数器(key_cnt)清零.

　　State 2: 等待键输入.在此状态停止发送定时器清零信号,所以若 10 秒无输入,系统将被强行复位.

　　State 3: 输入键预处理状态,主要是数码输入计数以及产生寄存器地址.

　　State 4: 输入键处理状态,包含将输入的数码存入缓冲区,以及根据不同的条件向不同的次态转移等处理.其中将数码存入缓冲区的过程可能需要不止一个时钟周期(由寄存器读写模块确定). 在这个状态中对输入的密码进行校验, 并记录输入数码的个数.

State ok 和 State error: 这两个状态分别对应输入正确与错误两种不同的结果. 由于在第一次通电时密码寄存器被清零, 所以初始密码是全零.

State 5: 置位进入设置密码状态的标记.

State 6: 将设置的密码转移存储到密码寄存器(需要的时钟周期由寄存器读写模块确定).

上述状态转移的 ASM 图如下:

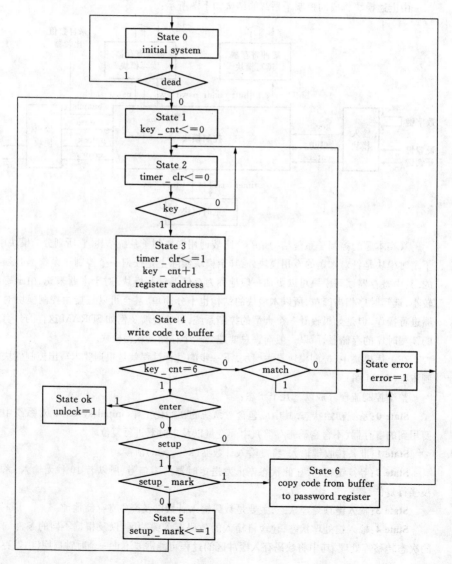

下一步的设计要写出除控制模块外所有其他模块的结构.

由于其他模块都是控制模块与外部设备的接口模块,所以在设计这些模块时,一方面要考虑具体被控制的设备的逻辑特性,另一方面要考虑和控制模块之间的接口关系(状态机之间的链接关系).

控制模块与寄存器读写模块之间的关系要根据寄存器的类型确定.如果寄存器直接由D触发器构成,则接口关系相当简单,由控制模块产生地址和写信号,可以直接对寄存器进行操作,实际上不需要寄存器读写模块.如果采用其他存储器,则在寄存器读写模块中要根据存储器形式确定读写时序,控制模块要写寄存器时,置位"寄存器写",然后等待寄存器读写模块的应答,得到确定的应答后,转移到下一个状态.

控制模块与输出模块之间的关系比较简单,输出模块实际是一个计数器,直接将计数输出通过组合电路产生一个死锁信号(dead)即可.

控制模块与输入模块之间的接口关系也比较简单.输入模块产生合并的键输入信号(key)送往控制模块,另外送两个非数字键即可完成接口关系.

输入模块中要关注的是输入信号的同步.由于控制模块是一个状态机,根据输入的信号进行状态转移,所以输入信号只能维持一个时钟周期,否则会引起输入信号的重叠.另外就是输入信号的去抖动.这可以通过设计一个状态机实现,其状态转换图如下:

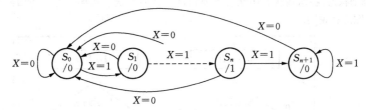

上述状态转换图中,输入 $X = 1$ 必须维持若干状态才能到达输出状态 S_n,所以可以去抖动.由于输出状态只有一个,所以输出只维持一个时钟周期.

以上分析完成了本题的功能分析以及行为设计,也完成了部分寄存器级设计.读者可以根据这些设计自行完成其余设计任务.

最后要指出一点:本题的解题过程基本体现了一个数字系统的设计过程,但是限于篇幅,还有许多实际问题没有考虑,例如忘记密码如何处理、开锁以后如何回到原始状态、掉电以后如何保持密码、进入死锁状态以后如何退出等等,其中有些问题已经超出了本书的讨论范围.要真正实现一个电子密码锁,这些问题是不得不考虑的,读者可以在这些问题上作更深层次的讨论.

13. 用可编程逻辑器件设计一个 5 层电梯控制器.

该控制器有 19 个输入:2 楼到 4 楼每个楼层有 2 个呼唤按钮(向上和向下),1 楼只有向上的呼唤按钮,5 楼只有向下的呼唤按钮.另外有 5 个电梯已经到达某楼层的楼层位置输入信号.电梯内部有 5 个楼层选择按钮.在电梯门上有一个安全传感器,该输入为 1 则不能关门.

该控制器有 4 个输出:电梯向上运行;电梯向下运行;开门和关门.

电梯运行规则是:无论电梯停在哪一层,得到呼唤输入后,能正确地运行到该层,开门 10 秒后自动关门.若在关门时安全传感器为 1,则等它变 0 后再关门.关门后根据电梯内部的楼层按钮运行到指定的楼层,再开门 10 秒后关门,等待下一个输入.

若同时得到几个输入,则输入的优先级如下:电梯门上的安全传感器优先级最高,其次是电梯内部的楼层按钮,最后是呼唤按钮.在楼层按钮和呼唤按钮中,都是层次高的按钮优先级高.在向上和向下的呼唤按钮中,向上的按钮优先级高.

若在运行过程中得到新的输入,系统应该记忆这些输入请求.响应输入的规则是:若电梯处于上升状态,只响应电梯所在层次以上的上楼请求,其他请求等待前面的请求响应结束后处理.若电梯处于下降状态,只响应电梯所在层次以下的下楼请求,其他请求等待前面的请求响应结束后处理.

解 本题基本上是一个状态机问题.电梯有 6 个状态:向上运行、向下运行、停止、开门、关门和延时,状态本身比较简单.但是由于有多达 19 个外部输入,而且这 19 个输入的响应情况还与状态机的运行情况以及目前所在的楼层有关,所以本题中的状态机是一个状态转换条件极其复杂的状态机.

为了简化对此状态机的状态转换过程的分析,可以用下面的 ASM 图描述状态转换过程.整个过程分解为一个上升过程和一个下降过程,其中 SU、SD、SUS、SDS 分别是 4 个执行状态,其中 SUS、SDS 还包含了停靠、开门、延时、关门等一系列子状态,SUE、SDE 是 2 个辅助状态.在这些状态中状态机要执行一系列的状态转换条件的逻辑判断.下面对此 ASM 图进行说明.

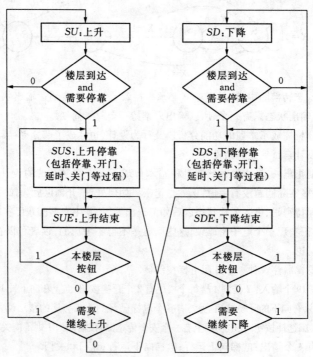

在电梯运行过程(上升或下降)中,电梯到达每个楼层都有一个到达信号输入,状态 SU 和 SD 的状态转换条件就是此楼层到达信号以及是否要在此楼层停靠. 是否要在此楼层停靠的信号来自电梯外每个楼层的呼唤按钮信号以及电梯内的楼层按钮信号. 下面以电梯向上运行(SU)状态进行分析:

第一个停靠条件是:电梯内该楼层按钮被按下或者电梯外该楼层的上升呼唤按钮信号存在,表示有人要在此层到达或进入电梯. 此状态转换条件可以用下图的组合逻辑表示. 楼层的判断是通过楼层到达信号"与"各楼层的需停靠信号或按钮信号完成的. 由于在上升条件下到达最高楼层必须停靠,所以 5 楼的楼层到达信号无条件输出.

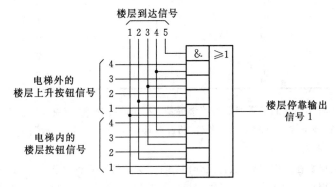

电梯停靠的第二个条件是:电梯外当前楼层的下降呼唤按钮信号存在,且没有高于当前楼层的其他请求信号(包括电梯内的按钮和电梯外的按钮). 此条件的意义是电梯已经上升到了最高的呼唤楼层,要在此层停靠后转入下降过程. 此停靠条件可以用下图的组合逻辑来完成.

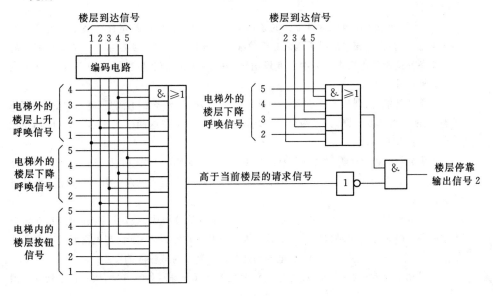

上图中的左半部分逻辑判断是否存在高于当前楼层的请求信号. 编码电路是为了实现"高于当前楼层"逻辑. 例如, 当电梯停在 3 楼, "高于 3 楼"的是 4、5 楼, 若使编码电路的 1、2、3 楼输出为 0, 4、5 楼输出为 1, 则 1、2、3 楼的输入都被屏蔽, 输出只与 4、5 楼的输入有关, 就实现了"高于 3 楼"的逻辑. 所以, 该编码电路的真值表如下:

输		入			输		出		
x_1	x_2	x_3	x_4	x_5	y_1	y_2	y_3	y_4	y_5
1	0	0	0	0	0	1	1	1	1
0	1	0	0	0	0	0	1	1	1
0	0	1	0	0	0	0	0	1	1
0	0	0	1	0	0	0	0	0	1
0	0	0	0	1	0	0	0	0	0

上图右半部分的逻辑判断当前楼层是否有下降呼唤信号存在. 与左半部分输出的"非"相与, 就得到电梯停靠的第二个条件. 将此条件和第一个条件相"或", 就是一个完整的在电梯上升过程中的停靠条件.

一旦电梯在某层停靠, 执行完开门、延时、关门等一系列动作之后, 进入运行结束状态 (SUE 和 SDE), 在此状态下, 若本楼层的按钮(包括电梯外的按钮和电梯内的按钮)按下, 表示有人要进出电梯, 所以电梯应回到开门状态.

若本楼层无人进出, 则状态机需要判断是否继续运行. 这个逻辑的设计同运行状态下判断停靠的逻辑设计十分类似, 我们也以在 SUE 状态下使电梯继续上升的条件为例进行分析如下:

在 SUE 状态下使电梯继续上升的条件实际上只有一个, 那就是存在高于当前楼层的请求信号(电梯到达该楼层时再判断是否停靠). 此条件的逻辑其实已经在前面电梯停靠的第二个条件的判断逻辑中作为中间变量出现, 只要将此中间变量直接作为 SUE 状态下的状态转换条件即可.

如果条件满足, 则状态机进入上升状态继续上升. 如果条件不满足, 状态机进入 SDE 状态, 判断是否需要下降. 如果两个条件均不满足, 状态机在这两个状态中循环, 电梯停止不动, 等待新的输入.

上面分析的都是上升过程中的状态转换关系, 电梯下降过程中的状态转换条件判断逻辑与上升状态下的在形式上基本一致, 只是编码电路的真值表以及上升、下降呼唤信号进行互换而已.

最后要说明一点, 上面对状态机的状态转换条件的分析中, 假定按钮输入信号在状态机进行判断时是存在的. 但是, 实际上若有人按下某个按钮, 不一定状态机正好处在判断的状态, 所以系统应该记忆此输入, 等电梯到达某楼层判断对该输入的反应.

可以用一组 RS 触发器记忆这些输入, 按钮接入 RS 触发器的 S 端, 按钮按下使触发器置 1. 当状态机响应了某个输入后, 在该 RS 触发器的 R 端施加清零信号以清除该输入. 所以在上述状态机中, 还要加入清除输入记忆的逻辑. 由于被清除的输入一定是电梯停靠的楼层的输入, 且在状态机上升阶段一定清除上升呼唤信号, 下降阶段一定清除下降呼唤信号, 电梯内的信号则无论上升还是下降阶段都是停靠哪层清除哪层, 所以可以在停靠状态产生清除信号(输出). 例如, 在上升阶段的停靠状态(SUS)输出清除信号的逻辑如下图所示:

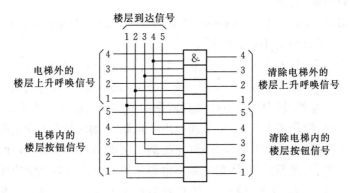

可以看到, 这些输出信号逻辑可以与前面状态转换条件的逻辑复用, 所以实际的逻辑电路结构不会很庞大.

实际上, 采用 RS 触发器记忆输入的办法是在实用中经常采用的手段, 它就是上一章提到的时序电路的异步链接. 除了达到记忆和同步功能外, 它的另一个好处是顺便消除了键抖动.

本设计问题的主要难点是问题的逻辑分析. 在上面的分析中已经明确了状态机的状态转换关系, 读者可以自行完成后续的设计工作. 同样要加以说明的是, 这个题目已经将实际的电梯情况做了一些简化, 所以设计的结果不能作为实用的电梯控制设备使用, 但是其中涉及的设计思想可以运用于其他的逻辑设计.

参 考 文 献

［1］ Stanley G. Burns, Paul R. Bond,董平、陈梦等译.电子电路原理.北京:机械工业出版社,2001

［2］ Paul R. Gray, *Analysis and Design of Analog Integrated Circuits*. John Wiley & Sons, Inc. , 2001

［3］ 谢嘉奎主编.电子线路(第四版).北京:高等教育出版社,1999

［4］ 童诗白、华成英主编.模拟电子技术基础.北京:高等教育出版社,2000

［5］ 何希才编著.新型集成电路及其应用实例.北京:科学出版社,2002

［6］ 赵玉山、周跃庆等编著.电流模式电子电路.天津:天津大学出版社,2001

［7］ 陈光梦编著.模拟电子学基础(第二版).上海:复旦大学出版社,2009

［8］ 宋万年、王勇等编著.模拟与数字电路实验.上海:复旦大学出版社,2004

［9］ 高文焕、汪惠编著.模拟电路的计算机分析与设计.北京:清华大学出版社,1999

［10］ 王楚、余道衡编著.电子线路.北京:北京大学出版社,2003

［11］ 陈光梦编著.数字逻辑基础(第三版).上海:复旦大学出版社,2009

复旦 电子学基础系列

※	模拟电子学基础		陈光梦	编著
□	数字逻辑基础		陈光梦	编著
○	高频电路基础		陈光梦	编著
	模拟与数字电路基础实验		孔庆生	主编
	模拟与数字电路实验		王勇	主编
	微机原理与接口实验	俞承芳	李旦	主编
	近代无线电实验		陆起涌	主编
	电子系统设计	俞承芳	李旦	主编
	模拟电子学基础与数字逻辑基础学习参考	王勇	陈光梦	编著

加"※"者为普通高等教育"十二五"国家级规划教材；

加"□"者为普通高等教育"十一五"国家级规划教材,2011 年荣获中国大学出版社图书奖第二届优秀教材奖一等奖；

加"○"者 2012 年荣获中国电子教育学会全国电子信息类优秀教材奖二等奖.

图书在版编目(CIP)数据

模拟电子学基础与数字逻辑基础学习指南/王勇,陈光梦编著.—上海:
复旦大学出版社,2013.9(2021.4 重印)
(复旦博学·电子学基础系列)
ISBN 978-7-309-10025-9

Ⅰ.模⋯ Ⅱ.①王⋯②陈⋯ Ⅲ.①模拟电路-电子技术-高等学校-教材
②数字逻辑-高等学校-教材 Ⅳ.①TN710②TP331.2

中国版本图书馆 CIP 数据核字(2013)第 206104 号

模拟电子学基础与数字逻辑基础学习指南
王 勇 陈光梦 编著
责任编辑/梁 玲

复旦大学出版社有限公司出版发行
上海市国权路 579 号 邮编:200433
网址:fupnet@ fudanpress.com http://www.fudanpress.com
门市零售:86-21-65102580 团体订购:86-21-65104505
出版部电话:86-21-65642845
上海春秋印刷厂

开本 787×960 1/16 印张 20.75 字数 364 千
2021 年 4 月第 1 版第 3 次印刷

ISBN 978-7-309-10025-9/T·489
定价:42.00 元